建成后的水闸、船闸全景

水闸、船闸控制中心外部实景

水闸廊道实景

水闸、船闸控制中心内部实景

建成后水闸音乐水秀实景

建设过程中冲砂管袋围堰吹填

基坑开挖施工

长螺旋钻孔灌注桩施工

水闸底板钢筋绑扎施工

水闸闸门吊装

水闸底轴安装

底轴与闸门安装完成

单孔长 60m 闸门安装完成

工程蓄水调试

船闸运行调试

北支江综合整治工程

基础施工关键技术

主 编 邓 渊

副主编 张 磊 李 莹 薛炎彬

羊樟发 薛新华

中国水利水电出版社
www.waterpub.com.cn
·北京·

内 容 提 要

本书是杭州市富阳亚运场馆和北支江综合整治工程基础施工关键技术方面的科研成果专著。北支江综合整治工程是改善北支江水系综合环境、提升富阳城区防洪能力、满足亚运会水上运动赛事需求的重大水利工程。全书共分为6章，主要包括北支江综合整治工程的基本概况、多种防渗技术在复杂地质条件下的水利工程地基防渗中的应用、双排灌注桩斜抛撑深基坑支护结构设计及施工工艺、长螺旋钻孔灌注桩在水利工程中的设计及施工工艺、复杂条件下河道软基超大深基坑潜水与地下承压水降水处理关键技术、河道砂性底泥清淤疏浚关键技术等。

本书可供从事水利水电工程设计、施工、管理和科研工作的人员使用，同时可供相关专业的大专院校师生参考。

图书在版编目（CIP）数据

北支江综合整治工程基础施工关键技术 / 邓渊主编
. -- 北京 : 中国水利水电出版社, 2022.10
ISBN 978-7-5226-0947-8

Ⅰ. ①北… Ⅱ. ①邓… Ⅲ. ①河道整治－水利工程－工程施工－富阳 Ⅳ. ①TV882.855.1

中国版本图书馆CIP数据核字(2022)第158246号

书　名	**北支江综合整治工程基础施工关键技术** BEIZHI JIANG ZONGHE ZHENGZHI GONGCHENG JICHU SHIGONG GUANJIAN JISHU
作　者	主　编　邓　渊 副主编　张　磊　李　莹　薛炎彬　羊樟发　薛新华
出版发行	中国水利水电出版社 （北京市海淀区玉渊潭南路1号D座　100038） 网址：www.waterpub.com.cn E-mail：sales@mwr.gov.cn 电话：（010）68545888（营销中心）
经　售	北京科水图书销售有限公司 电话：（010）68545874、63202643 全国各地新华书店和相关出版物销售网点
排　版	中国水利水电出版社微机排版中心
印　刷	北京印匠彩色印刷有限公司
规　格	184mm×260mm　16开本　18印张　441千字　4插页
版　次	2022年10月第1版　2022年10月第1次印刷
印　数	001—800册
定　价	**180.00**元

本书编委会

编委会名誉主任　时雷鸣

编委会主任　吴关叶　周垂一

编委会副主任　朱　鹏　陆　健　姚国华

编委会委员　任金明　李通拉嘎　杨　君　杨建波　王帅军　沈泽民　吴　忠　宋　胜　刘纪恩　匡　义　潘国勇　钟绍柱　王永明　邬　志　胡小坚

主编　邓　渊

副主编　张　磊　李　莹　薛炎彬　羊樟发　薛新华

参编人员　（排名按姓氏笔画）

王小明　王旭东　王国祥　王建棠　王晓勃　王雪锋　方　冰　巴达荣贵　叶昊阳　吕向炜　刘明志　刘淑敏　孙　震　李　强　李东杰　李琳湘　杨世潮　余　讯　张　倩　张　萍　张立锋　张志鹏　张译恺　陈　强　陈罗宇　陈逸帆　邵　卿　邵洪泽　苗新峰　周永红　胡　敏　相汉雨　高林东　唐棋滨　葛建军　詹国峰　薛虹宇

顾问　王小丁　曹雨农

北支江综合整治工程主要科研单位及本书编制单位：

中国电建集团华东勘测设计研究院有限公司

浙江华东工程建设管理有限公司

四川大学

北支江综合整治工程主要参建单位：

建设单位：中电建北亚（杭州）投资有限责任公司

工程总承包单位：中国电建集团华东勘测设计研究院有限公司

设计单位：中国电建集团华东勘测设计研究院有限公司

监理单位：杭州亚太建设监理咨询有限公司

施工单位：中国水利水电第六工程局有限公司

浙江华东工程建设管理有限公司

前言

FOREWORD

随着长三角城市群深化发展，水利工程建设已成为城乡一体化加速推进的重要手段之一，亦是杭州市实施“拥江发展”战略的重点领域。同时，水利工程建设也是解决水资源空间分布与人口、资源、环境、社会经济发展之间矛盾的重要途径，亦是实现水资源优化配置的重大战略举措。

北支江位于杭州市富阳主城区下游3km处，富春江东洲岛之北，西起东洲大岭山脚，东至江丰紫铜村，河段全长约12.5km（其中富阳区境内约7.1km，西湖区境内约5.4km），一般江面宽150～300m。随着社会经济发展和城市化建设的崛起，北支江河道区域内泥沙沉积、垃圾挂岸和冲刷等问题日益严重，严重影响两岸景观，且与现状发展、开发不协调，不满足亚运会水上运动的基本条件，更不适应东洲岛发展定位和富春山居的美好愿景。因此，富阳区北支江综合整治工程是在富阳撤县设区及杭州“三江两岸”“拥江发展”的战略背景下，适应新形势下“治水兴城”理念提出的新要求。该工程的实施是实现区域防洪排涝、水环境改善、水景观提升以及水经济发展等的重要基础，也是打造拥江旅游景观和运休经济的需要。北支江综合整治工程的主要任务为分流行洪、生态配水、提升两岸水景观以及兼顾水上休闲运动等，其主要建设内容是上下堵坝拆除及清淤工程、上游水闸船闸工程、下游水闸船闸工程、南岸堤防加固及综合整治工程等四项。在工程建设过程中，涉及诸多工程技术问题。为了能够将该工程提出的施工关键技术予以推广，本书特总结了北支江综合整治工程基础施工关键技术。

本书共分6章，主要包括北支江综合整治工程的基本概况、多种防渗技术在复杂地质条件下的水利工程地基防渗中的应用、双排灌注桩斜抛撑深基坑支护结构设计及施工工艺、长螺旋钻孔灌注桩在水利工程中的设计及施工工艺、复杂条件下河道软基超大深基坑潜水与地下承压水降水处理关键技术、河道砂性底泥大规模“疏浚、固化、储存、利用”全过程关键技术等。

本书由中国电建集团华东勘测设计研究院有限公司、浙江华东工程建设管理有限公司和四川大学合作编著，在本书编写过程中，得到了地方政府部门、指挥部和各参建单位的大力支持，在此表示感谢。由于编者水平有限，疏漏、不妥、错误之处在所难免，敬请读者批评指正。

编者

2022 年 4 月

CONTENTS

目录

第一篇 工程总结篇

第1章 绪　论

1.1 北支江综合整治工程概述

1.1.1 工程概况及特点

随着长三角城市群深化发展，水利工程建设已成为城乡一体化加速推进的重要手段之一，亦是杭州市实施“拥江发展”战略的重点领域。同时，水利工程建设也是解决水资源空间分布与人口、资源、环境、社会经济发展之间矛盾的重要途径，亦是实现水资源优化配置的重大战略举措。

北支江位于杭州市富阳主城区下游3km处，富春江东洲岛之北，西起东洲大岭山脚，东至江丰紫铜村，河段全长约12.5km（其中富阳区境内约7.1km，西湖区境内约5.4km），一般江面宽150～300m。随着社会经济发展和城市化建设的崛起，北支江河道区域内泥沙沉积、垃圾挂岸和冲刷等问题日益严重，严重影响两岸景观，且与现状发展开发不协调，不满足亚运会水上运动的基本条件，更不适应东洲岛发展定位和富春山居的美好愿景。因此，富阳区北支江综合整治工程是在富阳撤县设区及杭州“三江两岸”“拥江发展”的战略背景下，为适应新形势“治水兴城”理念下提出的新要求。该工程的实施是实现区域防洪排涝、水环境改善、水景观提升以及水经济发展等的重要基础，也是打造拥江旅游景观和运休经济的需要。北支江综合整治工程的主要任务为分流行洪、生态配水、提升两岸水景观和兼顾水上休闲运动等，其主要建设内容包括上下堵坝拆除及清淤工程，上游水闸、船闸工程，下游水闸、船闸工程，南岸堤防加固及综合整治工程等四项，见图1.1-1。

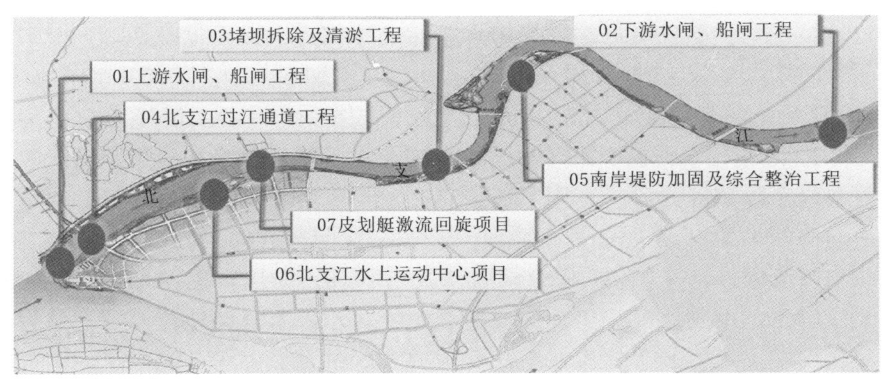

图1.1-1　北支江综合整治工程整体示意图

上游水闸、船闸工程位于北支江进口上堵坝下游 50m 处，左岸与北支江配水泵站相邻。工程等别为Ⅲ等，水闸为 2 级建筑物，船闸上、下闸首和闸室为 3 级建筑物。水闸洪水标准采用 20 年一遇设计、50 年一遇校核。

下游水闸、船闸工程位于周浦港大桥下游 1.2km 处，其工程等别为Ⅲ等，水闸为 2 级建筑物，船闸上、下闸首和闸室为 3 级建筑物。水闸洪水标准采用 20 年一遇设计、50 年一遇校核。

北支江上、下游堵坝全部拆除到与堵坝上、下游的岸坡一致、平顺衔接，上堵坝暂定拆至高程 0.5m 处，左岸拆除至配水泵站，右岸完全拆除，拆除长度约 265m。两岸与上、下游河道顺接（上游河道宽约 300m），拆除长度约 310m。

南岸堤防加固及综合整治工程共分为两期，一期工程综合整治面积约 40.75hm^2（不含赛艇皮划艇场馆规划范围 7.61hm^2 和激流回旋场馆规划范围 4.59hm^2）；上游水闸至中桥约 4.2km 河段南岸堤防，按照 2022 年杭州亚运会赛艇皮划艇等水上项目比赛场馆设计要求，高程加高部分到达 50 年一遇防洪高程。加固堤线沿规划东洲堤堤线布置，局部根据场馆布置进行调整。二期工程综合整治面积约 86.63hm^2，主要包括从中桥至应沙排涝站约 7.9km 河段南岸。

1.1.2 工程地质条件

1.1.2.1 区域构造

工程区大地构造隶属于扬子准地台（$Ⅰ_1$）钱塘台褶带（$Ⅱ_2$）华埠—新登坳褶带（$Ⅲ_4$）上方—罗村坳褶束（$Ⅳ_6$）的钱塘槽背斜的富阳复向斜，其基底大体构成一个复式向斜构造。新构造运动不明显。区域上位于北东向的萧山—球川断裂之西北，近东西向的昌化—普陀断裂之南，孝丰—三门湾断裂从场区东侧萧山—球川断裂与昌化—普陀断裂交汇处附近通过。

萧山—球川断裂：产状为 N50°E/NW∠65°，正断层，延伸长度大于 200km，萧山—球川断裂自球川经建德至萧山于海宁盐官一带隐伏于杭嘉湖平原之下。萧山—球川断裂带在建德段基本上沿新安江分布，主要发育于下古生界、上侏罗系火山岩及白垩系地层中。断裂以东主要为上侏罗系火山岩广布区，断裂以西主要为下古生界。萧山闻堰以北至海盐据浅层地震勘探揭示晚更新世晚期断裂有过活动。萧山闻堰以南控制钱塘江河谷发育，并控制第四纪地层发育。据浅层地震勘探揭示，活动年代为中更新世晚期。

昌化—普陀断裂：产状近 EW/N∠70°～80°，延伸长度大于 200km，由多条 30～50km 断层段斜列、羽列或断续出现构成断裂主体，地貌上为浙北沉降区与浙南山区的分界，杭州附近据浅层人工地震勘探揭示该断裂错断晚更新世中晚期地层，为晚更新世活动断裂段。萧山以东段热释光测年证明断裂最新活动年代为中更新世晚期，杭州以西早中更新世有过活动的断裂。

孝丰—三门湾断裂：产状 N50°～60°W/NE∠60°，正断层，延伸长度大于 200km，由多条逆冲断层斜列、羽列或断续出现构成断裂主体，地貌上断裂使富春江河道发生直角转折形成反“之”字，并控制了支流浦阳江河道分布；同时是杭嘉湖平原与浙西山区分界，发生过 5 级左右地震据浅层人工地震勘探揭示该断裂错断晚更新世地层，热释光测年证明该断裂最后活动年代为晚更新世早中期，采集到的断层泥经中国地震局地壳应力研究所热释光实验室测定为（116.49±9.91）×10^3 a，为晚更新世（Q_3）早期有过活动的断层。1998 年 8 月 17 日嵊州 M_L4.5 级地震的发震构造就是孝丰—三门湾断裂，沿断裂附近的杭州及安吉局部地区有震感，其影响范围较大。

富阳复向斜：构造线北东 40°～45°，轴部不明显，次级褶皱发育。次级褶皱为长轴不对称褶皱，局部有倒转。多数轴面倾向北西，其排列组合由北西侧宽展向斜夹狭窄背斜，向南东过渡为宽阔背斜夹狭窄向斜。

1.1.2.2　地震

场区地震活动主要受下扬子-南黄海地震带控制。根据文献记载，杭州市自公元 2 世纪以来有记载的 4.8 级以上地震 2 次，分别为 929 年发生在浙江杭州（纬度 30.3°、经度 120.2°）的 5 级地震和 1855 年发生在浙江富阳（纬度 30.1°、经度 120.0°）的 4.8 级地震。地震活动水平较弱，自 1970 年以来，地震仪器仅记录到近场区 1.0 级及以上地震 10 次，其中 2.0 级及以上地震 6 次，最大为 2.7 级，杭州地区附近自 1970 年以来仪器记录到地震为 20 次，其中 2.0 级及以上有 7 次。

根据《中国地震动参数区划图》（GB 18306—2015），Ⅱ类场地条件下，场址区 50 年超越概率 10%的基本地震动峰值加速度为 0.05g（g 为重力加速度，取值为 9.8m/s^2），相当于地震基本烈度为Ⅵ度，抗震设计分组为第一组。该场地土类型为中软土，覆盖层厚度小于 50m，综合判定该场地类别为Ⅱ类，设计特征周期为 0.35s。

1.1.2.3　地层岩性

根据勘探揭露的地层情况，按地质时代、成因类型及工程特性，自上而下可划分为 7 个大层，细分为 17 个亚层和 1 个夹层。各地基土层性状及其工程性能叙述如下。

①-1 层：填土，杂色，松散，稍湿，由黏性土、碎石、砖块混合组成，含建筑垃圾，含腐殖物，最大粒径为 10～15cm，局部孔以黏性土为主。该层主要分布于河道岸侧，本次勘察分别在 SJT1、SZK16、SJT04、SZK23 孔中，厚度为 0.60～4.30m，SZK01 孔厚度达 12.70m。

①-2 层：塘泥，灰色，流塑，饱和，主要成分为含砂的淤泥，含较多的有机质和腐殖质，局部含少量角砾及贝壳碎屑。该层主要沿河道底分布，层顶高程 3.02～5.81m，层厚 0.50～2.90m，工程性能差。

②-2 层：粉细砂，灰黄色，稍密，饱和，含云母，偶夹层状黏性土，中等压缩性。实测标贯锤击数 7～31 击/30cm，平均值为 13.2 击/30cm；该层顶埋深 0.6～5.90m，相应层顶高程 0.47～6.89m，层厚 3.30～14.40m，工程性能一般。

③-1 层：淤泥质粉质黏土夹粉砂，灰色，流塑，具层理，层面夹粉砂或砂质粉土，粉砂单层厚一般为 0.1～0.5cm，整层以淤泥质粉质黏土为主，约占 70%～80%，局部相变为黏质粉土。实测标贯锤击数 3～6 击/30cm，平均值为 3.8 击/30cm；该层层顶埋深 6.6～14.2m，相应层顶高程－0.31～－7.88m，层厚 1.10～2.90m，场区局部分布，工程性能差，属高压缩性土。

③-2 层：黏质粉土夹粉砂，灰色，稍密，湿，黏质粉土与粉砂呈互层状，以黏质粉土为主，中等压缩性。实测标贯锤击数 4～17 击/30cm，平均值为 9.0 击/30cm，层顶埋

深 1.0～15.6m，相应层顶高程－9.28～5.69m，层厚 1.70～4.80m，工程性能一般。

④-1 层：粉细砂，灰、灰黄色，稍密～中密，饱和，含云母碎片，部分孔段夹层状淤泥质黏土或黏质粉土团块，中等压缩性。实测标贯锤击数 13～27 击/30cm，平均值为 18.0 击/30cm；层顶埋深 2.70～18.90m，相应层顶高程－12.45～3.99m；该层场区局部分布，厚度较大，为 2.70～8.70m，工程性能一般。

④-2 层：含砾细砂，灰色，稍密～中密，饱和，含圆砾，砾石含量约 10%～30%不等，粒径 0.5～2cm 为主，中等偏低压缩性。实测标贯锤击数 16～21 击/30cm，平均值为 18.8 击/30cm；层顶埋深 11.40～17.50m，相应层顶高程－11.18～－3.63m；该层场区局部分布，层厚 1.50～3.10m，工程性能一般。

⑤-1 层：淤泥质粉质黏土，灰色，流塑，局部呈软塑状，饱和，切面光滑，含腐殖质，高压缩性。实测标贯锤击数 2～4 击/30cm，平均值为 3.7 击/30cm；该层场区局部缺失，层顶埋深 10.90～19.20m，相应层顶高程－12.88～－4.39m，层厚 1.20～8.80m，工程性能差。

⑤-2 层：粉质黏土，灰色，可-硬可塑，含腐殖质，粉土含量高，局部孔段夹粉砂，中等偏高压缩性。实测标贯锤击数 8～13 击/30cm，平均值为 11.3 击/30cm；层顶埋深 14.10～20.40m，相应层顶高程－14.08～－7.81m；该层场区局部分布，层厚 0.70～3.70m，工程性能一般。

⑤-3 层：粉质黏土与粉砂互层，灰色，粉质黏土与粉砂互层，粉质黏土为软塑状，粉砂为稍密状，单层厚度约 1～3m，中等压缩性。测标贯锤击数 18～21 击/30cm，平均值为 19.7 击/30cm；层顶埋深 16.70～21.70m，相应层顶高程－15.38～－10.33m；该层场区局部分布，层厚 0.70～2.90m，工程性能一般。

⑥-1 层：含砾粉质黏土，灰、灰黄色，软塑～可塑，以粉质黏土为主，含少量圆砾，粒径多为 1～3cm，含量约 20%～30%，中等偏低压缩性。实测标贯锤击数 5～18 击/30cm，平均值为 13.4 击/30cm；该层局部分布，层顶埋深 15.90～23.40m，相应层顶高程－14.31～－9.44m，层厚 1.40～5.10m，工程性能一般。

⑥-2 层：圆砾，灰色，中密为主，饱和，砾石含量占 60%以上，其余为砂及黏性土。砾石粒径一般为 0.5～5cm，砾石致密坚硬，母岩成分以石英砂岩为主，呈亚圆形或次棱角状，低压缩性。重型圆锥动力触探锤击数为 8～50 击/10cm，平均值为 25.1 击/10cm；层顶埋深 15.50～19.40m，相应层顶高程－11.99～－8.63m，层厚 2.30～7.50m，工程性能较好。

⑥夹层：含砂粉质黏土，灰、青灰色为主，软塑～可塑，含云母，含砂量较大，局部含圆砾，中等偏高压缩性。实测标贯锤击数 3～7 击/30cm，平均值为 4.7 击/30cm；该层局部分布，层顶埋深 17.80～22.40m，相应层顶高程－12.23～－11.28m，层厚 0.60～5.00m，工程性能一般。

⑥-3 层：中砂，灰色，中密，饱和，砾石含量为 10%～30%，粒径以 0.5～3cm 为主，中等偏低压缩性。重型圆锥动力触探锤击数为 18～26 击/10cm，平均值为 21.7 击/10cm；层顶埋深 20.90～23.00m，相应层顶高程－16.28～－12.83m，层厚 2.00～4.30m，工程性能较好。

⑥-4层：卵石，灰，灰黄色，中密～密实，饱和，低压缩性。卵石含量约占50%，其余为砾砂及黏性土充填，卵石粒径以3～6cm为主，少数粒径可达12cm以上，卵砾石致密坚硬，母岩成分为石英砂岩为主，呈亚圆形或次棱角状。重型圆锥动力触探锤击数为9～50击/10cm，平均值为30.2击/10cm；层顶埋深17.30～27.30m，相应层顶高程－19.35～－10.92m，层厚6.00～31.20m，工程性能较好。

⑦-1层：全风化花岗闪长岩，灰黄色，原岩结构已完全破坏，风化呈土状，硬可塑～硬塑，局部含少量未完全风化的岩块。该层层顶埋深30.90～48.50m，相应层顶高程－42.16～－24.38m，层厚0.60～4.30m，工程性能一般。

⑦-2层：强风化花岗闪长岩，浅灰白色，风化裂隙发育，岩芯呈碎块状、短柱状，局部夹中风化岩块，裂隙面上见有方解石充填，整体强度低，锤击声哑。该层层顶埋深33.50～50.30m，相应层顶高程－43.35～－23.33m，层厚0.50～10.10m，工程性能较好，重型动力触探试验击数38～50击/10cm，平均值为49.1击/10cm。

⑦-3层：中风化花岗闪长岩，灰白色，岩芯较完整，多呈长柱状、少量短柱状，节理不甚发育，岩质坚硬，锤击声脆，岩石质量指标（*RQD*）约50%。该层层顶埋深42.30～58.50m，相应层顶高程－52.12～－36.00m，孔内最大揭示层厚11.00m，工程性能较好。

地基土承载力及桩基参数建议值见表1.1－1。

水闸基础底板埋置高程约为－4.90m，基础底板位于②-2层粉细砂、③-2黏质粉土夹粉砂、④-1层粉细砂、⑤-1层淤泥质粉质黏土。其中②-2层粉细砂稍密，中等压缩性，实测标贯锤击数7～31击/30cm，平均值为13.2击/30cm，工程性能一般；③-2层黏质粉土夹粉砂呈稍密状，实测标贯锤击数4～17击/30cm，平均值为9.0击/30cm，工程性能一般；④-1层粉细砂呈稍密～中密，实测标贯锤击数13～27击/30cm，平均值为18.0击/30cm，工程性能一般较好；⑤-1层淤泥质粉质黏土呈流塑状，工程性能极差。

水闸主体结构底板以下大部以②-2层粉细砂为主，局部存在⑤-1层淤泥质粉质黏土，其工程性能极差，不宜直接作为水闸主体结构天然地基持力层。主体结构底板以下存在软弱下卧层，建议主体结构位置采用桩基础。结构底板以下有⑥-2层圆砾、⑥-3层中砂、⑥-4层卵石和⑦-3层中风化花岗闪长岩均可考虑作为桩基持力层。

⑥-2层圆砾、⑥-3层中砂、⑥-4层卵石和⑦-3层中风化花岗闪长岩工程性能较好，可供桩基持力层选择。其中⑥-2层圆砾层局部分布，厚度为2.30～7.50m，局部夹有黏性土、粉土含量较高孔段，其下夹有厚层的⑥夹层粉质黏土，⑥-3层中砂厚度不大，以上⑥-2层圆砾、⑥-3层中砂均不宜作桩基持力层，考虑水闸设计荷载不大，建议将⑥-4层卵石层作为桩基持力层，若上述土层不能满足承载力要求，可采用将⑦-3层中风化花岗闪长岩作为桩基持力层，该层埋深较深，是桩基良好的持力层，但施工难度较大，需穿越上部厚度达15m以上的圆砾、卵石层。

1.1.3 水文气象条件

1. 流域概况

富阳区北支江位于钱塘江流域富阳—闻家堰的富春江河段。钱塘江是浙江省第一大

表 1.1-1 地基土承载力及桩基参数建议值

层号	岩土名称	物理性质指标									原位测试实测锤击数		饱和抗压强度 f_{rk}/MPa
		含水量 w_0/%	天然重度 γ/(kN/m³)	土粒比重 G_s	孔隙比 e	饱和度 S_r/%	液限 w_L/%	塑限 w_P/%	塑性指数 I_P	液性指数 I_L	标贯 N/(击/30cm)	动探 $N_{63.5}$/(击/10cm)	
①-1	填土		18.15										
①-2	塘泥		15.00										
②-2	粉细砂	22.9	18.81	2.66	0.704	86.72					13.2	12.3	
③-1	淤泥质粉质黏土夹粉砂	42.3	17.07	2.72	1.225	94.08	36.1	21.4	14.7	1.44	3.8		
③-2	黏质粉土夹粉砂	28.1	18.80	2.71	0.817	93.32	31.3	19.7	11.6	0.76	9.0		
④-1	粉细砂	20.7	19.00	2.65	0.652	83.98					18.0	17.3	
④-2	含砾细砂		19.50								18.8	21.1	
⑤-1	淤泥质粉质黏土	41.7	17.21	2.73	1.205	94.59	36.7	21.4	15.3	1.34	3.7		
⑤-2	粉质黏土	24.9	19.40	2.72	0.718	94.10	31.5	19.8	11.8	0.43	11.3	10.0	
⑤-3	粉质黏土与粉砂互层	27.4	18.98	2.72	0.791	94.31	34.7	21.3	13.4	0.44	19.7	20.7	
⑥-1	含砾粉质黏土	25.1	19.21	2.72	0.737	92.69	31.9	19.4	12.5	0.45	13.4	10.2	
⑥-2	圆砾		21.50									25.1	
⑥-3	中砂		21.00									21.7	
⑥-4	卵石		22.00									30.2	
⑥-夹	含砂粉质黏土	25.1	19.21	2.72	0.737	90.25	30.8	18.7	12.1	0.40	4.7		
⑦-1	全风化花岗闪长岩		19.50									41.0	
⑦-2	强风化花岗闪长岩											49.1	
⑦-3	中风化花岗闪长岩												21.8

续表

层号	岩土名称	渗透参数											
		钻孔灌注桩		水泥搅拌桩		垂直 k_v/(cm/s)	水平 k_H/(cm/s)	土体允许比降 $J_允$	允许不冲流速 v/(m/s)	固结快剪		快剪	
		桩的极限侧阻力标准值 q_{sik}/kPa	桩的极限端阻力标准值 q_{pk}/kPa	侧阻力特征值 q_{sia}/kPa	端阻力特征值 q_{pa}/kPa					凝聚力 c/kPa	内摩擦角 φ/(°)	凝聚力 c/kPa	内摩擦角 φ/(°)
①-1	填土	—				1.0E−01	1.0E−02	—	—	8.0	10.5	—	—
①-2	塘泥	—				1.00E−06	1.00E−06	—	—	4.0	3.0	—	—
②-2	粉细砂	32		16	100	6.2E−03	5.7E−03	0.15～0.20	0.60～0.70	4.5	23.0	—	—
③-1	淤泥质粉质黏土夹粉砂	18		9	—	5.7E−07	4.9E−07	0.25～0.30	0.65～0.70	11.0	10.5	9.0	7.0
③-2	黏质粉土夹粉砂	24		12	95	4.4E−04	3.9E−04	0.20～0.25	0.60～0.70	15.0	22.0	10.0	20.0
④-1	粉细砂	36		18	130	5.00E−04	5.00E−03	0.15～0.20	0.60～0.70	4.0	26.0	—	—
④-2	含砾细砂	40		20	140	5.00E−04	5.00E−03	0.15～0.20	0.60～0.70	4.0	27.0	—	—
⑤-1	淤泥质粉质黏土	18		10	—	5.00E−07	5.00E−07	0.25～0.30	0.65～0.70	10.5	10.0	9.0	7.0
⑤-2	粉质黏土	30		15	120	5.00E−06	5.00E−06	0.30～0.35	0.70～0.75	25.0	18.0	23.0	16.0
⑤-3	粉质黏土与粉砂互层	30		15	135	5.00E−05	5.00E−05	0.30～0.35	0.70～0.75	35.0	20.0	—	—
⑥-1	含砾粉质黏土	50		25	150	5.00E−05	5.00E−05	0.30～0.35	0.70～0.75	40.0	20.5	35.0	20.0
⑥-2	圆砾	90	3000			5.00E−02	5.00E−02	0.20～0.25	0.90～1.00				
⑥-3	中砂	70	2400			5.00E−03	5.00E−03	0.15～0.20	0.70～0.75				
⑥-4	卵石	110	3500			8.00E−02	9.00E−02	0.20～0.25	0.90～1.00				
⑥-夹	含砂粉质黏土	60	—									40.0	19.0
⑦-1	全风化花岗闪长岩	65	—										
⑦-2	强风化花岗闪长岩	120	3500										
⑦-3	中风化花岗闪长岩	150	9000										

河，穿流于E117°48′～121°05′、N28°07′～30°36′之间。全流域面积约为55558km²，干流长约为668km。其主干流新安江发源于安徽省休宁县境内的怀玉山主峰六股尖，流向自西向东，经新安江水库后在浙江省建德市梅城镇与兰江汇合后称为富春江，经富春江水库后向东北流经桐庐、富阳至杭州后称为钱塘江，再向东注入杭州湾。

富春江属钱塘江河口区的河流段，以径流作用为主，但外海潮汐的涨落及潮流上溯仍然影响着该河段水动力条件的变化。钱塘江河口潮汐为不正规半日潮，一天内两涨两落，大潮期潮波可达富春江电站大坝下。钱塘江河口从感潮末端的芦茨埠（富春江水电站）至杭州湾口的芦潮港镇海断面，全长约291km，其中闻家堰以上的77km江道为起主要作用的径流河段，澉浦以下的98km杭州湾为潮流控制的潮流段，其间116km江道为径流与潮流共同作用的过渡段。河流段及潮流段河床相对较稳定，而过渡段（又称河口段）水下存有庞大的沙坎，河道宽浅，游荡不定，存在涌潮。

钱塘江流域已建的新安江水电站位于浙江省建德市白沙镇上游4.5km处，坝址以上河长为323km，集水面积为10442km²，占新安江全流域面积（11850km²）的88.1%、富春江水电站坝址以上流域面积的35%、钱塘江流域面积的21.4%。富春江水电站位于桐庐县七里垅峡谷出口处，距上游新安江水电站68km，距离下游富阳水文站约52km、闻家堰水文站约78km，坝址集水面积为31645km²，占钱塘江全流域面积的64.4%。

潮区界富春江水电站以上流域面积约为31300km²，多年平均流量为952m³/s。据富阳水文站潮汐特征值资料统计，多年平均高潮位为4.52m（1985国家高程基准），多年平均低潮位为4.14m，平均潮差为0.41m，历史最高洪水位为11.11m。

北支江水闸工程位于富春江上最大的江中岛——东洲岛之北，上闸址位于东洲大岭山脚，下闸址位于江丰紫铜村附近，上、下闸址之间全长约12.5km，江面宽150～300m。东洲岛南侧、富春江干流段右侧主要支流有大源溪、浦阳江。大源溪流域面积142km²，河流长约25.8km。浦阳江流域面积为3452km²，河流长约150km。北支江水系图见图1.1-2。

2. 气象及气候特征

工程所属区域为亚热带季风气候区，四季分明，气候温和，日照充足，雨量丰沛。根据富阳气象站实测资料统计，多年平均气温16.1℃，7月最高气温平均值为33.6℃，极端最高为40.2℃（1966年8月），1月最低气温平均值为0.1℃，极端最低为-14.4℃（1977年1月）。多年平均年蒸发量为1283.1mm，最多达1523.3mm（1967年），最少为1024.1mm（1982年）。多年平均年日照时数为1927.7h，最多达2322h（1971年），最少为1692.8h（1977年）。全年无霜期较长，平均约232d。富阳多年平均年降水量为1441.9mm，降水量地域分布以东南山区最多，达1500mm以上；西北丘陵地区次之，约1500mm；沿江两岸最少，介于1400～1500mm之间。降水量年际变化较大，最多为1871.6mm（1973年），最少为992.3mm（1978年）；年内呈明显的季节性变化，70%集中在3—9月的春雨、梅雨和台风雨期。

根据地下水赋存条件、水理性质和水动力特征，可将工程区的地下水分为地表水、松散岩类孔隙水和基岩裂隙水三类。松散岩类孔隙水又可分为孔隙潜水和孔隙承压水两类。

（1）地表水。拟建场为北支江河道，水位随季节性变化及江水变化较大，补给以主要

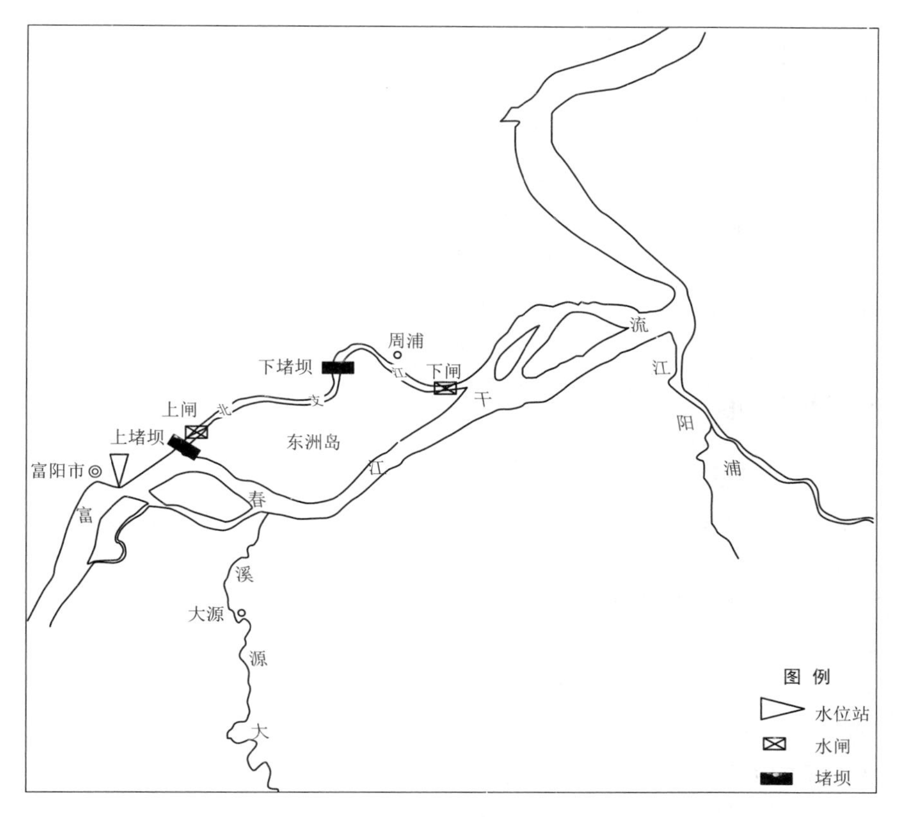

图 1.1-2 北支江水系图

受大气降水为主、排泄以蒸发和地表径流为主，勘探期间北支江河道水深为 1.6～3.3m，相应高程为 3.02～5.81m。

（2）松散岩类孔隙潜水。主要分布于第四系松散地层中，接受大气降水垂直入渗补给以及地表水体下渗补给，地下水径流条件较差，径流缓慢，排泄方式以地表蒸发排泄和通过地下径流向河道排泄为主。本场区内松散岩类孔隙潜水赋水性和渗透性具各向异性，地下水位随季节变化明显，一般夏季地下水位浅，冬季地下水位埋藏略深。勘探期间测得场地松散岩类孔隙潜水地下水埋深为 0.70～2.70m，相应高程为 4.93～6.39m。

（3）孔隙承压水。工程区承压水含水层主要分布于下部的⑥-4 层卵石中。相对隔水层为上部的③层淤泥质黏土夹粉砂层及⑤-1 层淤泥质黏土层、⑤-2 层粉质黏土层。经外业对钻孔 SZK27 号孔进行承压水水位观测，同时⑥-4 层卵石承压水观测资料显示，其承压水稳定水位高程为 4.26m，表现为层间无压水性质。

1.1.4 勘测设计过程

2018 年 1—3 月，中国电建集团华东勘测设计研究院有限公司进行课题规划。

2018 年 4—6 月，现场主要开展高压灌浆防渗生产性试验研究，改进高压喷射灌浆钻进机具，检查高压喷射灌浆成桩情况。

2018 年 7 月至 2019 年 3 月，中国电建集团华东勘测设计研究院有限公司、浙江华东工程建设管理有限公司、四川大学现场开展三轴水泥土搅拌桩、钢板桩、高压灌浆等多种防渗型式在深层地基防渗中的设计和施工工艺等工作。

2019 年 4 月，围堰闭气开始基坑降水，防渗效果良好。项目部采用公司项目管理云平台对深基坑危大工程、防洪度汛等重要领域进行智慧化管理。平稳度过 2019 年 7 月主汛期，2020 年 7 月，遭遇富春江超标洪水，围堰基坑安全度汛。

1.2 水闸、船闸工程

1.2.1 工程等级和标准

1.2.1.1 工程等级及洪水标准

水闸、船闸工程布置于北支江下游与富春江汇合口下游，依据《防洪标准》（GB 50201—2014）和《水利水电工程等级划分及洪水标准》（SL 252—2017）规定，并根据富阳东洲街道城市防洪保护人口及其他保护对象指标，确定本工程等级为Ⅲ等。

上、下游水闸过闸流量均超过 2000m^3/s，根据《水利水电工程等级划分及洪水标准》（SL 252—2017）规定，上、下游水闸建筑物级别提高一级，为 2 级建筑物，水闸上、下游翼墙等次要建筑物为 4 级水工建筑物。船闸上、下闸首和闸室为 3 级建筑物，上下游导航、靠船墩及临时建筑物为 5 级水工建筑物。本工程等别为Ⅲ等，工程规模为中型。

工程位于平原滨海区，依据《防洪标准》（GB 50201—2014）和《水利水电工程等级划分及洪水标准》（SL 252—2017）规定，水闸防洪标准为 20 年一遇设计，50 年一遇校核。根据浙江省水利厅浙水计〔2003〕55 号《关于钱塘江富阳东洲段北支综合整治工程可行性研究报告审查意见的函》和浙江省发展计划委员会浙计投资〔2003〕756 号《关于钱塘江富阳东洲段北支综合整治工程可行性研究报告的批复》，确定防洪堤防洪标准 50 年一遇。因此本工程右岸管理房及左岸水闸检修通道出口防洪标准确定为 50 年一遇，与规划防洪堤衔接。

依据《水利水电工程合理使用年限及耐久性设计规范》（SL 654—2014），本工程为Ⅲ等工程，水闸、船闸上、下闸首和闸室合理使用年限为 50 年，其他建筑物合理使用年限为 30 年。

1.2.1.2 抗震设计标准

根据《中国地震动参数区划图》（GB 18306—2015）附录 A，本工程施工区域地基动参数为 0.05g，其相应地震基本烈度为Ⅵ度。根据《水工建筑物抗震设计规范》（SL 203—1997）、《水闸设计规范》（SL 265—2016）规定可不进行抗震验算，但应采取适当的抗震措施。

1.2.1.3 设计安全系数

（1）抗滑稳定安全系数。水闸抗滑稳定安全系数见表 1.2-1，船闸抗滑、抗倾稳定安全系数见表 1.2-2。

表 1.2-1 水闸抗滑稳定安全系数

建筑物荷载组合	工况	抗滑稳定安全系数 K	建筑物荷载组合	工况	抗滑稳定安全系数 K
基本组合	完建	1.25	基本组合	正常运行	1.25
基本组合	设计洪水位	1.25	特殊组合	检修水位	1.10
特殊组合	校核洪水位	1.10			

表 1.2-2 船闸抗滑、抗倾稳定安全系数

建筑物荷载组合	工　况	抗滑稳定安全系数 K	抗倾稳定安全系数 K_0
基本组合	正常运行	1.3	1.5
基本组合	完建	1.2	1.4
基本组合	检修水位	1.2	1.4
特殊组合	校核洪水位	1.2	1.4

（2）抗浮稳定安全系数。水闸抗浮稳定安全系数见表 1.2-3，船闸抗浮稳定安全系数见表 1.2-4。

表 1.2-3 水闸抗浮稳定安全系数

建筑物荷载组合	工况	抗滑稳定安全系数	建筑物荷载组合	工况	抗浮稳定安全系数
基本组合	完建	1.10	基本组合	正常运行	1.10
基本组合	设计洪水位	1.10	特殊组合	检修水位	1.05
特殊组合	校核洪水位	1.05			

表 1.2-4 船闸抗浮稳定安全系数

建筑物荷载组合	工况	抗滑稳定安全系数	建筑物荷载组合	工况	抗浮稳定安全系数
基本组合	正常运行	1.05	基本组合	完建	1.05
基本组合	检修水位	1.05	特殊组合	校核洪水位	1.05

（3）土基闸室基底应力最大值与最小值之比允许值见表 1.2-5。

表 1.2-5 水闸基底应力最大值与最小值之比允许值

地基土质	荷　载　组　合	
	基本组合	特殊组合
松软	1.50	2.00

（4）天然土质地基上水闸地基最大沉降量不宜超过 15cm，相邻部位的最大沉降差不宜超过 5cm。桩基础采用钻孔灌注桩，桩顶水平位移值宜控制不大于 0.5cm。

（5）桩基竖向承载力要求。轴心竖向力作用下须满足式（1.2-1）：

$$N_k \leqslant R \tag{1.2-1}$$

偏心竖向力作用下除满足式（1.2-1）外，还应满足式（1.2-2）要求：

$$N_{k\max} \leqslant 1.2R \tag{1.2-2}$$

式中：N_k——荷载效应标准组合轴心竖向力作用下，基桩或符合基桩的平均竖向力；

$N_{k\max}$——荷载效应标准组合偏心竖向力作用下，桩顶最大竖向力；

R——桩基或复合桩基竖向承载力特征值。

（6）桩基水平承载力需满足以下要求：

$$N_{ik} \leqslant R_h \tag{1.2-3}$$

式中：N_{ik}——荷载效应标准组合下，作用于基桩 i 桩顶处的水平力；

R_h——单桩基础或群桩中基桩的水平承载力特征值。

1.2.2 闸址、闸型及枢纽布置

1.2.2.1 闸址选择

根据北支江综合整治工程要求，东洲北支江河段上、下游堵坝拆除后，在上、下游堵坝附近另建水闸，使整治后的北支江河道内常年保持一定水位。上堵坝拆除后，根据富阳区总体路网规划，拟建北支江大桥作为富阳“内环”规划线位跨北支江的过江通道。北支江大桥下游即为亚运会水上运动中心，赛道长2.3km，宽250m，见图1.2-1。

图1.2-1 亚运会赛艇、皮划艇主航道位置图

为保障亚运会水上运动开展不受富春江水位的影响，上游水闸须布置在上游侧。因此采用以下两个方案进行比较：①上闸址1位于上堵坝下游50m，采用3孔水闸，每孔净宽60.0m，总宽225.0m；②上闸址2位于上堵坝下游600m处，为拟建北支江大桥桥址处，采用闸桥结合方案，采用3孔水闸，每孔净宽75.0m，总宽261m。上闸址位置见图1.2-2。经综合比较推荐上闸址1方案。图1.2-3为上闸址位置原状图。

北支江出口下游水闸初拟对以下3个闸址进行比较：①上闸址位于周浦港大桥下游约650.0m，该位置河道宽度最窄；②中闸址位于周浦港大桥下游约1200m，采用3孔水闸；③下闸址位于下堵坝下游约1450m处。3个闸址均布置3孔水闸，每孔净宽45.0m，总宽180.0m。下闸址位置见图1.2-4。

北支江下游河道宽度自上而下游逐渐加宽，河道宽度为200～250m，上闸址处河道宽度最窄，中闸址和下闸址河道宽度相当。上闸址右岸现有应沙排涝站，为保证船只进出

图 1.2-2 上闸址位置示意图

图 1.2-3 上闸址位置原状图

闸航行安全，船闸需要布置在左岸。中闸址和下闸址方案左岸为4号浦排灌站，因此船闸需要布置在右岸，闸轴线距4号浦排灌站约100m，确保施工期排灌站正常运行。上闸址和中闸址均位于较顺直河段，船舶进出闸较为有利。下闸址距离北支江与富春江汇合口约200m，闸址左岸滩地为训练场地，水闸布置于此将影响训练。而船闸下游引航道位于两江会合口处，该区域流态复杂，不利于船舶停靠过闸，即使采取相应隔流措施也未能保证

图 1.2-4 下闸址位置示意图

引航道内横向、纵向流速满足船只安全行驶的要求，而且设置过长的隔流措施会影响富春江泄洪断面。因此，船闸布置不考虑采用下闸址方案。

上闸址位于现有4号浦排灌站上游550m，中闸址位于4号浦排灌站上游150m处，两闸址均在4号浦排灌站上游，4号浦排灌站取水维持现状水平。上闸址方案水闸上游河道长度较短，水域面积较小，且水闸下游至富春江汇合口河道长度较长，淤积范围较大，运行期清淤面积较大。中闸址方案水闸上游河道长度较长，水域面积较大，水闸下游河道长度较短，运行期清淤面积较小。上、中闸址各方面的比较结果见表1.2-6。

表 1.2-6　　上、中闸址方案比选

项目	上　闸　址	中　闸　址	比较意见
枢纽布置	180m宽水闸+32m宽船闸。船闸布置在左岸，因施工影响，钱塘江标准塘改建长约400m	180m宽水闸+32m宽船闸。水闸布置在左岸，因施工影响，钱塘江标准塘改建范围长约80m	中闸址优
正常蓄水位	5.40m	5.40m	相同
地质条件	河床淤泥、淤泥质黏土层不适宜做闸基，需要进行工程处理	河床淤泥、淤泥质黏土层不适宜做闸基，需要进行工程处理	相同
水景观影响	水域面积稍小	水域面积比上闸址增加101万m^2	中闸址优
闸下淤积面积	靠近富春江汇合口，易出现淤积，需要定期清淤。淤积面积比中闸址增加101万m^2	靠近富春江汇合口，易出现淤积，需要定期清淤	中闸址优
与排灌站关系	离4号浦排灌站550m，取水维持现状水平	离4号浦排灌站150m，取水维持现状水平	相同
船过闸平顺性	位于较顺直河段，船舶进出闸较为有利	位于较顺直河段，船舶进出闸较为有利	基本相同
施工导流	采用全年围堰，右岸明渠导流，导流明渠长约430m，明渠进口布置影响应沙排灌站出水渠，需要对其临时改道，改道长度约130m，施工程序相对复杂	采用全年围堰，右岸明渠导流，导流明渠长约543m，施工程序相对简单，投资略小	中闸址优
工程投资	14915万元	13150万元	中闸址优

综合比较各方面利弊，中闸址方案在枢纽布置、水景观影响、闸下淤积范围、施工导流和工程投资方面均相对较优，因此本阶段基本确定中闸址方案作为推荐闸址，即下游水闸、船闸布置于杭新景高速周浦港大桥下游约 1200m 处。

1.2.2.2 闸型比选

1. 闸室结构类型

水闸按照闸室结构类型可分为开敞式、胸墙式和涵洞式。胸墙式闸室结构型式优点为闸室整体性好，抗震能力强，没有越浪，闸门高度可以相对较低；缺点为洪水时易产生部分时段排漂困难的情况，同时超泄能力不如开敞式闸室结构。选择胸墙式或涵洞式对枢纽过流能力影响较大，尤其是涵洞式。开敞式闸室结构型式最大优点为超泄能力较强，排漂方便。本工程区域属钱塘江中段，水位受到上游径流和下游潮位综合作用影响，但设计频率量级洪水水位基本取决于上游来水。而下游高潮对河段的冲淤变化影响较为明显，大潮期挟沙量较大，造成河床淤积，本次设计北支江河段亦受此影响。考虑到 50 年一遇校核洪水位达 10m 高程，采用有胸墙式结构型式，则容易产生下泄能力不足的情况。因此，推荐采用超泄能力更强的开敞式闸室方案作为推荐方案。

2. 闸室型式比选

闸室型式主要有整体式和分离式两种类型。整体式闸室在垂直水流方向将闸墩和底板组成的闸孔分成若干闸段，每个闸段一般由一个至数个完整的闸孔组成，沉降缝设在闸墩中间，采用人工处理的软弱土质地基上一般宜采用整体式。分离式闸室在底板中部设置一条或两条沉降缝，同闸墩构成整体结构型式，适用于基础较为坚实的水闸工程。

北支江水闸基础坐落于粉细砂层上，工程力学性质差，采用分离式闸室型式，在运行期闸底板中部结构缝两侧易产生一定沉降差，对闸门止水效果及启闭运行会产生一定影响。因此，本工程闸室推荐采用整体式闸室型式。同时，考虑推荐闸室单孔净宽较大，因此每个闸段推荐由一个闸孔组成，即每个闸段为一个闸孔的两侧闸墩及中部闸室底板组成的 U 形结构。

3. 门型比选

北支江水闸工程闸门的主要作用有 4 个，①关闭闸门维持内江侧常水位 5.4m；②开启闸门泄洪；③关闭闸门挡潮，设计高潮位为 6.0m（亚运会期间最高挡潮位）；④定期开闸放水减少北支江河道淤积。根据以上功能要求，水闸、船闸闸门需满足双向挡水要求。其中护镜门、拱门、船闸人字门不满足双向挡水要求，船闸横拉门需设置较大门库，同时人字门、横拉门操作设备在外江高水位状态均存在浸水，故不推荐以上闸门型式。为此，本枢纽工程闸门可选择的门型主要有底轴驱动翻板闸门、平板闸门、弧形闸门等。

底轴驱动翻板闸门在承受潮浪时，允许门顶越浪，平时挡水维持内河景观水位，门顶过水可形成瀑布景观。翻板闸门底部设有启闭驱动轴，启闭机通过拐臂驱动翻板闸门，拐臂设在底轴两端的边墩启闭机房内，翻板闸门最大特点是可适应不同孔口跨度；闸门开启时，门叶绕底轴旋转下卧至平躺状，挡水门几近“消失”，闸上不设置上部建筑物，对泄洪不存在影响，同时对周边景观协调性好；闸门开启速度快，适应水位暴涨暴落情况。为确保设备的安全、可靠运行，地下廊道及启闭机设备空腔内考虑设置除湿机及通风设备，但其最大缺点是翻板闸门底槛凹型门库易产生淤积，可以通过减小闸门宽度，设置拦沙坎等结构措施改善淤积情况，并采取设置冲淤系统，利用泄洪、人工清淤等多种手段，保证清淤效果。为不影响两岸观光视线，启闭设备及检修室可布置于闸墩内部，通过交通廊道与外部联通，在闸墩顶部设置防水盖板，便于日后的检修、维护。因此，上、下游闸墩顶高程仅比正常蓄水位分别高 1.3m 和 0.6m，江面建筑物简化，且闸门上可通过配水形成溢流瀑布，与周边环境完美融合，景观效果较好。国内已建成的几座大型翻板闸门工程，至今运行良好，如福建东关水利枢纽单个闸孔净宽 25.0m，共 8 孔；上海苏州河单孔净宽 100.0m，1 孔；宁波梅山水道超强台风避风锚地工程船闸单孔闸口净宽 12.0m 等。翻板闸门长期处于水下，对闸门设备材料的选择要求较高，闸门日后的检修、维护等均相对较为困难，为此，闸门、启闭设备均按照 10～20 年免维护设计，延长检修周期。

平面闸门对工程各项功能的适应性较好，闸门制造、安装等难度相对较低。闸门可采用平面滚动或平面滑动支承；为提高闸门结构的整体刚度，闸门主梁可采用桁架式结构；平面闸门可满足动水启闭要求。根据枢纽布置平面闸门需要提升至闸顶，闸门的日常检修和维护可在闸顶进行或移至专设安装检修场进行；平面闸门操作简单、灵活，闸门开启后，底板过流平顺，不易产生淤积；操作设备可选用液压启闭机或卷扬式启闭机等；闸门、启闭设备整体枢纽布置简单。国内外多个已建工程设计孔口尺寸均较大，例如，曹娥江大闸单个闸孔净宽 20m，28 孔；荷兰东塞尔德挡潮闸单个闸孔净宽 45m，65 孔；英国伦敦泰晤士河挡潮闸闸孔净宽 61m，4 孔等。平面直升闸门最大不足是启闭机排架相对较高，本工程闸门挡水高度约 5m，但校核洪水位高达 10.05m，闸上建筑物须高于校核洪水位，且主体设计高度需要约 15m，因此将高出下游北支江两岸路面高程，影响观光者视线，景观将受影响；另外，江面孤立存在整排闸墩，顶部为一长条形房屋，总体布置与周边环境协调性较差。为降低启闭设备排架高程，闸门设计可以选用升卧式平面闸门，但升卧门闸门检修较困难，同时启闭机下吊点长期浸水，上、下游方向闸墩长度较直升门加长较多，增加了土建工程量。

本工程挡水高度低，无须利用闸门控制下泄流量，因此弧形闸门方案优势无法体现，并且由于本工程需要双向挡水，单个弧形闸门只能满足单向挡水。为满足双向挡水要求，在富春江侧和北支江侧需要各布置一道弧形闸门。由于上、下游各布置一扇弧形闸门将直接导致闸室长度增加较多，增加了土建工程量，同时闸门和启闭机的数量均增加一倍，增加了闸门调度运行的复杂性。此外，弧形闸门也存在闸顶高程和弧门轨道高于两岸堤防路面高程，总体布置与周边环境协调性较差。为此，本工程不予推荐。

综上所述，对翻板闸门和平板闸门两方案进行工程投资比较。翻板闸门共 3 孔，每孔净宽 60.0m，总净宽 180.0m，底板最小厚度为 3.0m，闸底板顺水流方向长 30.0m，每孔泄洪闸采用缝墩，缝墩厚 7.5m，闸室总宽 225m（不含船闸），闸墩顶高程为 6.0m。平板闸门共 7 孔，每孔净宽 28.0m，总净宽 196.0m，底板厚度为 2.5m，闸底板顺水流方向长 30m，每孔泄洪闸采用缝墩，缝墩厚 2m，闸室总宽 224m（不含船闸），闸墩顶高程为 12.5m。各方案对比见表 1.2－7。

表 1.2-7 翻板闸门方案与平板闸门方案比较

项目	翻板闸门	平板闸门	比较意见
结构布置	水闸、船闸结构简洁，闸顶高略高于景观水位，无上部建筑物	平面直升闸门最大不足是启闭机排架相对较高，需要沿江布置整排闸墩，顶部为一长条形启闭机房，结构布置相对繁缛	翻板闸门较优
景观效果	水闸与北支江的景观有机融合，更符合"天人合一"的生态化水闸设计理念，满足富阳区东洲新城的发展要求	江中存在超过20m高的启闭机房，人工建筑物痕迹明显，景观效果较差	翻板闸门较优
施工难度	采用整体式结构，两边墩与中底板间设置后浇带施工，施工存在一些不便	采用整体式结构，但分段宽度较小，可以一次浇筑完成，施工工序较简单	平板闸门较优
运行管理	闸门开启速度快，适应水位暴涨暴落情况	闸门数量较多，对开启次序要求较高，需要分级逐步开启	翻板闸门较优
可比投资	22187.5万元	23263.5万元	翻板闸门较优

翻板闸门方案较平板闸门方案投资省一些，且翻板闸门方案景观效果佳，与周边环境协调性好。考虑到东洲岛定位为杭州近郊度假运动休闲新城和高档社区，而水闸作为北支江内主要建筑物之一，其选型是否合理、美观，在一定程度上决定了东洲岛的定位层次，故选定景观效果较好的翻板闸门方案作为推荐方案。

1.2.2.3 通航形式比选

为保障亚运会水上运动项目开展及旅游船只进出北支江，本工程需要设置通航建筑物。设计船型参照该区域过往游艇、画舫以及富春江现有游艇类型。通航建筑物可选择升船机或者船闸。升船机根据船舶在升降过程中的支承方式，有干运和湿运两种。干运是船舶停放在不盛水的承船架或承船车上，湿运是船舶载于盛水的承船厢内。干运比湿运可减少升船机传动机构的功率，但船体受力相对不利。升船机是一个技术复杂的系统工程，特别是湿运升船机机械设备数量繁多，如福建水口卷扬提升全平衡垂直升船机、三峡齿轮齿条爬升式全平衡垂直升船机等。干运升船机主要由起升机构、运行机构、承船架、导向装置、运行轨道、塔柱（门架）等结构组成。船舶提升过程：通过控制系统启动机械传动机构，使承船架停放水中与上游水位对接，满足船舶进入承船架上的要求；提升承船架越过坝体，至下游位，满足船舶驶出承船架的要求，船舶自承船架驶入下游引航道。船舶从下游河段到上游河段，按上述程序反向进行。

本工程位于富春江河口段，上下游通航水位差仅2～3m，挡水闸门挡水高度不是特别大，过坝建筑物采用常规船闸设计较合理，船闸闸门设计可采用常规闸门，设备制造、安装等均相对独立，且难度相对较低，整体运行保证率较高。为与水闸统一考虑，船闸工作闸门设计推荐选用底轴驱动翻板闸门，闸门启闭选用液压启闭机操作，设备布置在闸孔两侧闸墙内。为防止翻板闸门底部淤结，船闸上、下闸首设一套冲淤系统，冲淤设备与启闭机布置在同一侧闸墩空箱内。船闸闸室充、泄水设备选用法兰式伸缩蝶阀，采用短廊道对冲输水方式进行，充、泄水系统设备布置在船闸两侧的闸墩空箱内。

从景观效果方面考虑，船闸采用翻板闸门，与水闸相协调，景观效果较好；升船机塔柱（门架）需高于校核洪水位，其主体结构较高，与周围景观协调性较差。从系统运行方面考虑，船闸结构简单，整体运行保证率较高；升船机机械设备数量繁多，检修维护成本较高，运行保证率相比船闸较低；从过闸时间方面考虑，升船机单次过闸时间较短，船闸单次过闸时间较长，但一次可通过多只船闸，因此过闸效率并不低。从工程投资角度考虑，船闸可比投资为7665.03万元，升船机可比投资为7708.37万元，两者基本相当。考虑到东洲岛定位为杭州近郊度假运动休闲新城，通航建筑物作为北支江内主要建筑物之一，其选型要合理、美观，运行要可靠，因此通航建筑物推荐采用船闸方案。

（1）上游水闸、船闸工程。选定闸址左岸受正在施工的北支江补水泵站平面布置及泵站运行时进出口流速影响所限，为避免其对船只进出闸影响，船闸布置在右岸。工程主要由水闸、船闸、两岸衔接堤等建筑物组成，水闸、船闸布置于北支江上堵坝下游50m处，距离拟建北支江大桥约550m。左岸为在建的北支江补水泵站工程，泵站位于水闸上游约70m处，泵站出水箱涵沿着左岸护坡向下游延伸至水闸下游北支江。船闸布置于河道右岸，其上闸首与水闸相邻。

（2）下游水闸、船闸工程。选定闸址左岸受4号浦排灌站运行时进出口流速影响所限，为避免其对船只进出闸影响，船闸布置在右岸。工程主要由水闸、船闸、管理房等建筑物组成，水闸、船闸布置于周浦港大桥下游约1200m处。左岸为已建的4号浦排灌站，排灌站位于水闸下游约150m处。船闸布置于河道右岸，其上闸首与水闸相邻。

1.2.2.4 船闸主要结构选型

1. 船闸输水系统型式选择

随着船舶尺寸、吨位日趋增大，船闸机械电气设备、船舶导航装置现代化程度也日趋提高，相应地需要提高船闸的周转率，节约耗水量和运费，这在很大程度上取决于船闸输水系统型式的合理选择。主要从以下两个方面综合分析船闸集中输水系统和分散输水系统两方案。

（1）从船闸水力学特性指标分析，分散输水系统水力特性指标较集中输水系统为优，船舶在闸室中的泊稳条件更好。

（2）集中输水系统型式船闸闸室墙由于无须设置输水廊道，而对地形地质条件有较好的适应性，从工程投资、土建结构、工程施工、船闸检修方面比较，集中输水系统相对较好。

本船闸最大运行水头 $H=2.16$m，船闸充泄水历时 $T=8$min。根据《船闸输水系统设计规范》（JTJ 306—2001），输水系统类型的选择公式：判别系数 $m=T/\sqrt{H}=5.44>3.50$。经综合分析后，推荐采用集中输水系统方案。

2. 船闸闸室结构型式选择

船闸闸室结构分为整体式和分离式两种结构。①整体式：该结构型式整体性好，不易出现局部不均匀沉降问题，适用于地质条件相对较好的场地，施工难度较分离式结构小，但结构断面较大，投资较高；②分离式：该结构型式整体性较差，适用于软弱基础的建设场地，施工难度较高，但闸底板和闸墙可采用不同的地基处理方式，且适应不同结构部位的承载力要求，因此投资相对较小。

本工程船闸有效尺寸为40m×16m×2.2m，闸室规模较小，闸墙高度仅6.1m，采用整体式结构断面不大，且不易出现局部不均匀沉降情况。闸室基础为软土基础，厚度超过

30m，地层较复杂，上部相对隔水层不连续，下部卵石层透水性大，采用整体式结构不存在防渗问题，若采用分离式结构，其防渗结构布置较复杂，工程投资超过整体式。综合比选后，推荐采用整体式闸室结构。

1.2.3 枢纽布置

1.2.3.1 总体布置

1. 上游水闸、船闸工程

本工程主要由上游水闸、船闸、管理用房等建筑物组成，上游水闸、船闸布置于北支江上堵坝下游50m处，距离拟建北支江大桥约550m。左岸为北支江配水泵站工程，泵站位于水闸上游约70m处，泵站出水箱涵沿着左岸边坡向下游延伸至水闸下游北支江。为减少补水泵站运行对过往船闸通航影响，船闸布置于河道右岸，其闸室与水闸相邻。上游水闸在洪水期过水以满足行洪需要，枯水期水闸挡水，使北支江流域能保持一定的景观及通航水位，配合在建的配水泵站工程，维持上、下水闸之间的景观水位，满足北支江河道内排灌站及其他用水需求。

通航建筑物为一线单级船闸，布置在枢纽右岸，左邻泄洪建筑物水闸，右毗岸侧的亲水平台。船闸主要建筑物包括上闸首、下闸首、闸室和上、下游引航道五部分，根据船闸设计船型和运行方式等要求，船闸主体建筑物及上下游引航道总长346m。船闸布置在满足功能要求的同时，考虑与岸侧护坡协调布置，以达到良好的景观效果。

泵站主体建筑物布置在富春江与北支江交界处，上堵坝左侧端部主要由主泵房、进水渠、出水池、出水箱涵、管理房等建筑物组成。泵站内布置3台水泵，单泵设计流量为$5m^3/s$，从富春江向北支江补水，泵站采用正向进水正向排水方式布置。泵房长14.4m，宽11.9m，泵房内布置3台轴流潜水泵及配套机电设备，安装高程－0.10m，底高程－3.30m，泵顶高程为11.00m。泵站进水渠位于富春江内，泵站出水系统包括出水池及箱涵，布置于水闸左岸护坡下方，箱涵中心线至水闸边墩约24m。左岸检修通道出口和右岸启闭机房高程均为11.20m，满足50年一遇防洪标准要求。

2. 下游水闸、船闸工程

本工程主要由下游水闸、船闸、管理房等建筑物组成，下游水闸、船闸布置于周浦港大桥下游约1200m处。左岸为已建的4号浦排灌站，排灌站位于水闸下游约150m处。为减少4号浦排灌站运行对过往船闸通航影响，船闸布置于河道右岸，其上闸首与水闸相邻。下游水闸在洪水期过水以满足行洪需要，枯水期水闸挡水，使北支江流域能保持一定的景观及通航水位，配合已建的配水泵站工程，维持上、下水闸之间的景观水位，满足北支江河道内排灌站及其他用水需求。

1.2.3.2 上游水闸

1.2.3.2.1 堰顶高程及闸顶高程确定

为满足富阳防洪要求，根据《关于钱塘江富阳东洲段北支综合整治工程初步设计批复》(浙发改计〔2005〕344号)，上堵坝拆除至高程0.18m，下堵坝拆至高程0.00m；下堵坝附近江段按面宽160～120m、底宽90～75m进行疏浚，因此水闸的泄洪能力需满足行洪断面要求。

为确保水闸泄洪、防泥沙淤积效果良好，堰顶高程一般以接近原河床高程较好。如过高会加剧对下游河床的冲刷，同时对冲沙也不利；如过低会引起泥沙淤积，降低建筑物泄洪及输沙效果。北支江上游原河床平均高程约为0.10m，借鉴同类工程经验，初拟堰顶高程1.10m、1.50m、2.00m三个方案进行比较，水闸孔口净宽均为60m，具体见表1.2-8。

表1.2-8 堰顶高程比较

项目	方案一 堰顶高程1.10m	方案二 堰顶高程1.50m	方案三 堰顶高程2.00m	比较意见
泥沙淤积	基本与上游原河床平均高程相同，泥沙容易淤积至闸室内	高于上游原河床平均高程1.00m，泥沙淤积影响较小	高于上游原河床平均高程1.40m，泥沙淤积影响最小	方案一最差
闸门高度	闸门高度增加对闸门整体结构强度、刚度要求增加很多，同样闸门启闭机容量增加较多，对闸门的操作运行等各方面提出了更高的要求。加大了设备制造、安装难度	对大跨度闸门，闸门高度的降低对闸门强度、刚度的要求影响降低，降低了启闭机容量，闸门、启闭设备安装难度也相对降低	较前两个方案，从闸门结构设计及制造、安装等方面要求均降低较多	方案一最差
分流比	10.4%	10.3%	10.1%	基本相当
富阳水位变化	−0.11	−0.11	−0.11	基本相当
工程可比投资	3413万元	1704万元	779万元	方案三投资相对最省

考虑到补水、防沙及泄洪效果，方案二和方案三相对较好，考虑到方案二泄洪面积相对较大，经综合比较，基本选定方案二，即上游水闸槛顶高程为1.50m。

上游水闸位于上堵坝下游50m处，闸门双向挡水。汛期时，洪水由富春江流向北支江内，闸门开启；枯水期，则为维持北支江内景观水位，闸门关闭挡水。在亚运会水上项目比赛期间，闸门最高可挡富春江6.00m高水位，降低潮汐对亚运赛事的影响。根据综合比较结果，枯水期时需保持北支江景观水位5.40m，同时满足启闭机设备检修维护空间需要，水闸闸顶高程定为6.00m。

1.2.3.2.2 闸孔尺寸比选

1. 闸孔方案主要影响因素

工程闸址处江面宽约270m，主要由水闸、船闸等建筑物组成。左岸为在建的北支江配水泵站工程，泵站位于水闸上游约70m处，泵站出水箱涵沿着左岸护坡向下游延伸至水闸下游北支江。为减少补水泵站运行对过往船闸通航影响，船闸布置于河道右岸，与水闸相邻。影响北支江综合整治上游水闸闸孔布置的主要因素有翻板钢闸门设计、水闸结构设计及基础处理方案。

(1) 翻板钢闸门设计。翻板闸门最大特点是可适应不同孔口跨度，底轴驱动翻板闸门底部设有启闭驱动轴，启闭机可通过拐臂驱动翻板闸门，拐臂设在底轴两端边墩的启闭机房内。国内已建成孔口宽度尺寸大小不等的几十座翻板闸门工程，其中孔口宽度尺寸最大的是上海苏州河水闸（单孔尺寸100m），目前运行良好。

考虑到本工程实际运行情况，以及工程运行前期亚运场馆的应用，闸门挡最大外江水位6.00m，同时维持内河水位5.40m；在非洪水期，维持内河水位5.40m，当外江水位低于内江水位时，水闸处关闭，挡水水位差3.61m；在洪水期，外江水位高于内水位时，水闸开启以满足行洪要求，工程满足双向挡水要求。闸门操作水位差控制在小于0.5m范围内。

采用3孔水闸枢纽布置，翻板钢闸门孔口宽度尺寸60m。水闸闸孔内设闸墩，底轴驱动翻板闸门采用两侧双缸布置设计，液压启闭操作设备布置在闸孔两侧闸墩空腔内，闸门通过电气实现同步操作。水闸翻板闸门上、下游预设检修门槽，3孔设一套检修门，检修门采用小插板门形式；液压启闭机的一般检修在空腔内进行。3孔方案从设计、制造、安装、检修维护等相对更容易控制，技术更成熟。

采用2孔水闸枢纽布置，翻板钢闸门孔口宽度为97.5m。闸门及启闭机的布置形式同3孔方案，水闸闸孔内设闸墩，底轴驱动翻板闸门同样采用两侧双缸布置设计，液压启闭操作设备布置在闸孔两侧闸墩空腔内，闸门通过电气实现同步操作。水闸翻板闸门上、下游预设检修门槽，2孔设一套检修门，检修门采用小插板门形式；液压启闭机的一般检修在空腔内进行。2孔方案孔口宽度尺寸基本接近于上海苏州河水闸，且挡水高度小于上海苏州河闸。2孔方案从设计、制造、安装、检修维护方案等均相对成熟。

采用1孔水闸枢纽布置，翻板钢闸门孔口宽达222m。水闸闸孔内不设闸墩，考虑工程枢纽总体布置及景观要求，启闭机操作设备布置在岸侧启闭机房，船闸侧翻板闸门底轴穿过船闸底板。门叶整体总宽度方向考虑分两个独立部分设计，底轴驱动翻板闸门单侧采用双缸操作布置设计，闸门通过电气实现同步操作。水闸翻板闸门上、下游同样预设检修门槽，上、下游各设一套检修门，检修门同样采用小插板门形式；液压启闭机的一般检修在空腔内进行。1孔方案从结构及布置设计等方面均不存在太大难题，但由于闸孔超宽、底轴超长，时间较紧，为此对设计、制造、安装等提出了更高的要求。

（2）水闸结构设计及基础处理方案。由于底轴驱动翻板闸门采用多支点支承受力，而底轴为整体结构，闸门结构对闸底板的不均匀沉降较为敏感，单孔闸门各支点的不均匀沉降需控制在5mm以内，特别是单孔水闸结构宽度达220m，对结构受力、施工难度、运行期变形，裂缝控制、闸门检修等均提出较高的要求。

水闸基础约13m深度范围内为粉细砂、淤泥质粉质黏土等软土地基，各地层相互交错，工程性能极差；13～34m深度范围内为卵石层，34m深度以下为花岗闪长岩，工程性能较好。因此大跨度水闸的基础处理措施也是闸孔比选的关键性问题。

2. 闸孔比选方案拟定

北支江综合整治工程的主要任务是清除北支江堵坝等阻水障碍物，进行河道疏浚，在满足行洪、防洪的同时，结合杭州市政府关于开展“三江两岸”生态景观保护与建设工作要求，打造“山、水、林、城”于一体的特色滨河景观风景线。根据富阳城区发展规划及综合整治要求，上游水闸、船闸需满足行洪、景观、通航等综合要求。水闸闸型根据规划定位和景观效果考虑采用翻板闸，闸室为平底开敞式结构，由闸底板、闸墩、工作闸门等组成。闸孔比选主要有3孔方案、2孔方案和1孔方案，3个方案布置如下。

（1）3孔方案（图1.2-5）：水闸、船闸结构均为独立结构段，水闸每孔净宽60m，采用厚7.5m缝墩，单个闸室段宽75m，共3孔，闸室总宽225m（不含船闸）。底板最小厚度为3m，翻板闸门上游侧底槛高程为1.50m，下游侧高程为－1.40m，闸底板顺水流方向长30m，闸墩顶高程为6.00m。

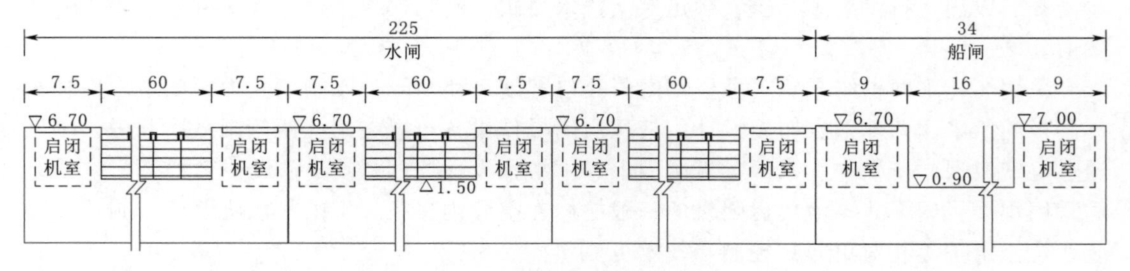

图1.2-5 3孔方案布置图（单位：m）

（2）2孔方案（图1.2-6）：水闸、船闸结构均为独立结构段，水闸每孔净宽97.5m，采用厚7.5m缝墩，单个闸室段宽112.5m，共2孔，闸室总宽225m（不含船闸）。底板最小厚度为3m，翻板闸门上游侧底槛高程为1.50m，下游侧高程为－1.40m，闸底板顺水流方向长30m，闸墩顶高程为6.00m。

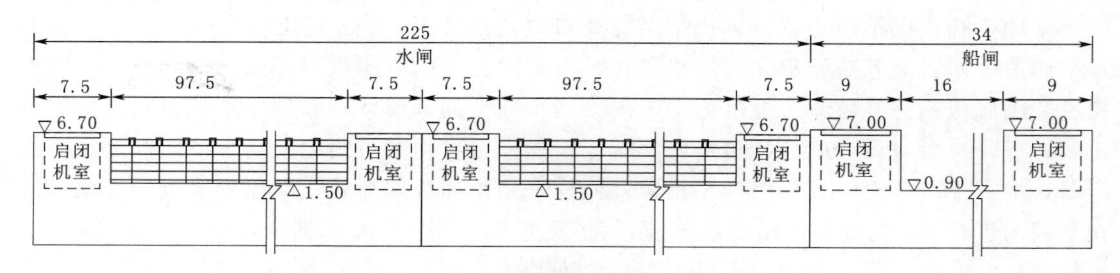

图1.2-6 2孔方案布置图（单位：m）

（3）1孔方案（图1.2-7）：水闸、船闸结合布置，将船闸整体上移，使得船闸闸室与水闸闸室齐平，将水闸右闸墩布置在船闸闸室右侧，水闸翻板闸门底轴穿船闸闸室布置，尽量减少江中出露建筑物。因此水闸一孔净宽222m，左闸墩宽10.5m，右闸墩结合水闸闸室布置，闸室总宽232.5m（不含船闸及右闸墩）。底板最小厚度为3m，翻板闸门上游侧底槛高程为1.50m，下游侧高程为－2.40m，闸底板顺水流方向长35m，水闸闸墩顶高程为7.00m。

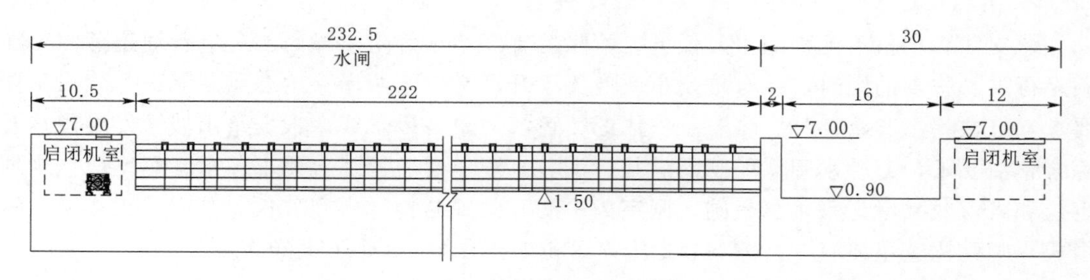

图1.2-7 1孔方案布置图（单位：m）

3. 闸孔比较

（1）闸室结构。3孔方案和2孔方案，水闸单孔结构段采用整体式底板结构。整体式底板可按倒置固支梁考虑，根据《水工混凝土结构设计手册》中对于一般梁的构造要求，独立连续梁的截面高度参考值取梁的计算跨度的1/15，并结合类似工程经验，取底板最小厚度为3m。3孔方案闸室单孔净宽60m，加两侧闸墩分段长度达75m，2孔方案闸室单孔净宽97.5m，加两侧闸墩分段长112.5m，均超过《水闸设计规范》（SL 265—2016）规定的“土基上的分段长度不宜超过35m”的限制。结构段较长容易出现施工冷缝，为防止出现施工冷缝，需要采取以下工程处理措施。

1）将结构段分为若干个施工段，施工段间设1m宽后浇筑段，施工段之间受力钢筋不切断，后浇筑段采用氧化镁微膨胀混凝土来弥补混凝土收缩。南京秦淮河上的三汊河口水闸底板宽达80m，整个结构均分为3个施工段，设2个后浇段，2个水闸已竣工，底板浇筑质量良好。

2）适当增加限裂钢筋的用量，同时选用低热水泥及掺外加剂。1孔方案的水闸单孔结构段长度达232.5m，没有类似工程经验，采用整体式底板结构存在结构受力、混凝土温控、裂缝控制等一系列问题。苏州河河口水闸底板长99m，其受闸门设计和现场施工条件限制，必须满足浮运、不能分段、挠度变形不能过大等条件，因此采用钢壳混凝土薄壁式结构。本工程从结构设计的成熟度和稳妥性考虑，闸室采用分离式结构，并做好基础处理，严格控制结构的变形，以满足翻板闸底轴对不均匀沉降要求。分离式底板结构按照左岸闸墩10.5m宽单独分段，底板共分7段，宽31～33m，底板最小厚度为3m。

（2）基础处理。水闸闸址场地上部以高压缩性的淤泥质土、密实度低的粉土、粉细砂为主，工程性能较差，场地不具备浅基础条件，须采用钻孔灌注桩进行加固处理。

3孔和2孔方案采用⑥-4层卵石层作为桩基持力层，灌注桩桩径0.8m，间排距3m，矩形布置，桩长约18m。1孔方案结构段长度超过200m，而基础不均匀沉降要求仍旧为5mm，因此对灌注桩布置进行调整，采用⑦-3层中风化花岗闪长岩作为桩基础持力层。灌注桩桩径1m，间排距4.5m，矩形布置，桩长约41m。

（3）检修方案。为满足水闸工作闸门检修需要，在工作门上、下游侧各设一道检修闸门门槽，用于翻板闸门和门槽检修时安放检修闸门进行挡水。本工程闸门将按照10～20年免维护设计，考虑到闸门和启闭设备的检修维护周期长，且单次检修时间约30日，因此选取在富春江枯水期、低潮期进行检修。

1孔检修方案：当富春江退潮时，开启上、下游水闸工作闸门，将北支江景观水位从5.40m降低至富春江低潮位，随后关闭工作闸门保持北支江水位不随富春江涨潮变化。当北支江内水位经过多次预降达到检修水位后，即可安装水闸上、下游侧检修闸门进行挡水检修。1孔方案闸墩的油缸更换仅采用汽车吊即可，江中无闸墩。

3孔方案每孔可单独检修，其余2孔仍可正常启闭，检修水位预降较灵活，且检修闸门数量不到1孔方案的1/3。3孔方案江中闸墩内油缸小型检修采用闸墩内就地检修，特大检修（少）的更换采用切开顶板混凝土＋船吊浮运方案。

2孔方案检修类同于3孔。

（4）方案比较。

1）枢纽布置比较。1孔方案枢纽布置更紧凑，水闸闸室与船闸闸室紧密结合，水闸翻板闸门底轴需要穿船闸布置，结构设计难度较大，但闸墩布置在两岸，更换油缸较方便。2孔、3孔方案水闸、船闸均为独立结构段，江中闸墩占据一定过流宽度，河中闸墩内油缸更换不便，但其更换概率较低，一般可用20年以上，极端情况采用切开顶板混凝土＋船吊浮运方案。

2）翻板闸门制造安装。1孔方案闸门跨度超长对闸门整体结构强度、刚度要求更高，特别是底轴长度的加大，对制造、安装偏差的敏感性加大，同时启闭机设备容量增加，设备制造、安装难度增加。因此，从闸门制造、安装方面比较，3孔方案较优，2孔方案次之。

3）基础处理。1孔方案采用分离式结构，水闸基础灌注桩以中风化花岗闪长岩作为桩基础持力层，平均桩长约41m，数量约410根。2孔、3孔方案水闸基础灌注桩以卵石层为持力层，平均桩长约18m，数量约750根。根据目前机械挖孔灌注桩施工设备和工艺，1孔方案40m桩长较为普遍，没有技术上的制约因素；2孔、3孔方案桩基相对较密，数量较多；因此三方案基本相当，2孔、3孔方案略优。

4）过流能力。富春江富阳河段属钱塘江河口的河流段，其洪水水位和流场既受流域洪水条件控制，也受闸口以下河床和潮汐影响，在大洪水期间，洪水对闸口以下江道的冲刷直接影响闸口水位条件。为此委托浙江省水利河口研究院进行数值模拟计算分析，结果表明，建闸后相比疏浚工况闸上水位有所壅高，闸下水位有所降低，但是变化的幅度均不大，都控制在3cm以内。50年一遇工况下，北支江分流比初步分析为10.3%～10.8%，比《钱塘江流域北支江综合整治工程初步设计》提出的16%略有减少，主要原因与多年来南支河道采砂及江道条件变化有关。而水闸布置对于北支的分流比及富阳水位影响不敏感，因此3个方案相当。

5）施工难度。1孔方案采用分离式结构，单次最大浇筑量小，温控简单，施工难度较小；3孔、2孔方案采用整体式结构，两边墩与中底板采用后浇带施工，施工存在一些不便。总体上来说，3种方案的施工难度均不大。

6）裂缝控制。1孔方案采用分离式结构，由于各结构段有永久结构缝，因此所受约束弱，裂缝控制简单。3孔、2孔方案采用整体式结构，底板面积较大，约束较强，裂缝控制相对稍困难，若并缝后温度应力未完全消散，容易引起收缩裂缝。总的来说，3孔、2孔方案的裂缝控制难度稍大，因此需要合理控制施工程序，保证施工质量。

7）检修方案。3孔方案每孔钢闸门可单独检修，对检修水位控制较灵活，且检修门3孔可共用一套，投资较省。1孔方案钢闸门检修必须一次检修完成，对检修水位控制较复杂，需要提前预降。2孔方案类同于3孔方案。

8）景观效果。1孔方案完全取消了江中的3组宽15m的闸墩，使水闸与北支江的景观有机融合，更符合“天人合一”的生态化水闸设计理念，满足富阳区东洲新城的发展要求，优势较为明显。2孔方案江中存在2组闸墩，3孔方案江中存在3组闸墩。效果图分别见图1.2-8～图1.2-10。

图 1.2-8 1孔方案效果图

图 1.2-9 2孔方案效果图

图 1.2-10 3孔方案效果图

9）工程投资。3孔、2孔和1孔方案工程投资对比见表1.2-9。

表1.2-9　　各方案工程投资对比　　单位：万元

序号	工程名称	①3孔方案	②2孔方案	③1孔方案	差值	
					（②－①）	（③－②）
一	水闸主体建筑工程	17769.49	17978.44	24109.53	208.95	6131.09
二	其他临时工程	693.38	702.27	835.62	8.89	133.35
三	机电设备及安装	1076.70	1075.06	1069.22	－1.64	－5.85
四	金属结构设备及安装	15505.89	16263.41	17639.27	757.52	1375.86
合计		35045.46	36019.18	43653.64	973.72	7634.45

注　本次投资对比仅做方案比选使用，且为可比投资。

（5）闸孔比选结论。3方案比选分析见表1.2-10。从枢纽布置及水闸结构、翻板钢闸门制造安装、闸门底轴安装精度控制、基础处理、检修方案、工程可比投资角度考虑，3孔方案最优；从景观效果考虑，为减少河中闸墩数量，闸孔宽度越大越好，而2孔方案闸门制造安装技术较为成熟，风险相对可控，且可比投资增加不多，2孔方案较优。3孔方案技术相对较成熟，技术风险基本可控，经综合比选推荐采用3孔方案。

表1.2-10　　闸孔比选对比

项目	3孔方案	2孔方案	1孔方案	比较意见
枢纽布置及水闸结构	水闸、船闸均为独立结构段，但在河道中间设有2个闸墩及启闭机设备，需在闸板底部设置廊道以便于启闭机设备的检修维护	水闸、船闸均为独立结构段，但在河道中间设有1个闸墩及启闭机设备，需在闸板底部设置廊道以便于启闭机设备的检修维护	枢纽布置更紧凑，水闸闸室与船闸闸室紧密结合，结构设计难度较大，但闸墩仅布置在岸边，启闭机设备的检修维护相对方便	3孔、2孔方案略优
翻板闸门制造安装	3孔方案闸门尺寸适中，对闸门整体结构强度、刚度要求不大，每扇闸门采用两边双驱动，闸门及启闭设备制造、安装及调试难度相对较低，技术亦较为成熟	2孔方案闸门尺寸较大，每扇闸门采用两边双驱动，闸门及启闭设备制造、安装及调试均有一定的技术难度，只要采取相应技术措施，严格根据实际情况制订制造、安装及调试相关技术要求，技术风险也是可控的	1孔方案闸门尺寸是目前国内孔口尺寸最大的，启闭机设备布置在河岸两侧，其中船闸侧闸门底轴要穿过船闸底板至启闭机室。闸门及启闭设备制造、安装及调试难度极高，关键技术研究及模型试验等工作较多，存在一定的技术风险	3孔方案较优
基础处理	基础灌注桩以卵石层为持力层，平均桩长约18m，数量约750根	基础灌注桩以卵石层为持力层，平均桩长约20m，数量约750根	基础灌注桩以中风化花岗闪长岩作为桩基础持力层，平均桩长约40m，数量约410根	3孔方案略优
过流能力	水闸布置方案不同，对于北支的分流比及富阳水位影响不敏感	水闸布置方案不同，对于北支的分流比及富阳水位影响不敏感	水闸布置方案不同，对于北支的分流比及富阳水位影响不敏感	三方案相当

续表

项目	3孔方案	2孔方案	1孔方案	比较意见
检修方案	闸门检修较灵活，江中闸墩内油缸更换需要船吊浮运	闸门检修灵活性适中，江中闸墩内油缸更换需要船吊浮运	闸门检修灵活性最差，仅岸边设置闸墩，油缸更换仅汽车吊即可	3孔方案略优
景观效果	江中存在3组宽15m的闸墩，人工建筑物痕迹较为明显	江中存在2组宽15m的闸墩，人工建筑物痕迹较为明显	水闸与北支江的景观有机融合，更符合“天人合一”的生态化水闸设计理念，满足富阳区东洲新城的发展要求	1孔方案较优
工程投资	35045万元	36019万元	43654万元	3孔方案较优

1.2.3.2.3 上游水闸结构布置

水闸由上游钢筋混凝土铺盖、闸室、下游钢筋混凝土护坦组成。左岸与护坡相接，右岸与船闸上闸首相邻。

1. 水闸闸室

闸室段为水闸工程的主体，闸室为平底开敞式结构，由闸底板、闸墩、工作闸门等组成。水闸共3孔，每孔净宽60m，底板最小厚度为3m，翻板闸门上游侧底槛高程为1.50m，下游侧高程为－1.40m，闸底板顺水流方向长30m，闸室总宽225m（不含船闸），闸墩宽7.5m，闸墩顶高程为6.00m。闸门采用底轴驱动式翻板闸门，孔口尺寸为60.0m×4.5m（宽×高），亚运会期间最大挡水高程为6.00m，亚运会结束后拆除临时加高部分至5.4m，闸门采用液压启闭机操作，液压启闭机布置在两侧闸墩空腔内。考虑底轴翻板闸按照10～20年免维护设计，闸室上、下游设检修闸门，预留闸门安装槽孔，采用检修闸门进行挡水检修。闸墩顶部设置8m×1.5m（长×宽）油缸吊装盖板，考虑闸墩顶部不具备检修通道，盖板维护困难，因此采用不锈钢材质盖板。

闸室底板设一条2.5m×3.5m（宽×高）检修廊道兼做电缆道。右岸启闭机室检修廊道与船闸上、下闸首启闭机室相连，并通至高程11.2m的管理用房内，闸外检修廊道采用箱涵型式。《水利水电工程劳动安全与工业卫生设计规范》（GB 50706—2011）规定，建筑物内检修廊道出入口不应少于2个，因此在水闸左岸边坡顶设置1个出口，高程为11.20m，兼做通风口。检修廊道内设置排水沟，并在闸外检修廊道设置集水井，通过水泵将检修室内渗水抽排至北支江。

闸室单孔净宽60m，加两侧闸墩分段长度达75m，超过《水闸设计规范》（SL 265—2016）规定的“土基上的分段长度不宜超过35m”的限制。结构段较长容易出现施工冷缝，为防止出现施工冷缝，采取以下工程处理措施：①将结构段分为3个施工段，其中两侧闸墩19m一段，中间底板35m一段，施工段间设1m宽后浇筑段，施工段之间受力钢筋不切断，后浇筑段采用氧化镁微膨胀混凝土来弥补混凝土收缩；②适当增加限裂钢筋的用量，同时选用低热水泥及掺外加剂。

2. 上、下游连接段

闸室上游设长20m、厚0.5m，顶高程1.50m的钢筋混凝土铺盖，下设20cm厚碎石垫层和1层400g/m²土工布。铺盖前端设置1m高的拦沙坎，底部设置防冲齿槽，防冲槽前5m范围回填合金网兜。齿槽下部设置三轴水泥土搅拌桩防冲墙，桩径85cm，间距60cm，深5m。闸室下游设长20m、厚0.5m，顶高程1.00m的钢筋混凝土护坦，下设20cm厚碎石垫层和1层400g/m²土工布。护坦尾部设置三轴水泥土搅拌桩防冲墙，桩径85cm，间距60cm，深5m。护坦下游设置厚1.5m、长10m的合金网兜防冲槽。

水闸左岸上、下游翼墙紧挨已完工的泵站箱涵，为保证水闸施工期箱涵结构稳定，采用双排灌注桩基坑维护结构，灌注桩直径0.8m，前排桩间距0.9m，后排桩间距1.8m，两排桩排距3.5m，并通过冠梁和联系梁组成整体结构。桩间土采用三轴水泥土搅拌桩加固，桩后设置三轴水泥土搅拌止水帷幕，防止水闸基坑降水影响箱涵基础。基坑开挖完成后，在灌注桩外侧设置0.5m厚贴面混凝土，顶高5.8m，底高1.0m。上游翼墙长度为78.8m，与泵站衔接，下游翼墙长度为25m，与泵站箱涵出口挡墙衔接。本工程对景观要求较高，闸墩、翼墙出露水面部分采用清水混凝土，考虑闸址处受潮水上溯影响，主要结构混凝土考虑掺配海水耐蚀剂。

1.2.3.2.4 基础防渗设计

水闸闸址场地上部以高压缩性的淤泥质土、密实度低的粉土、粉细砂为主，工程性能较差，场地不具备浅基础条件，须采用钻孔灌注桩进行加固处理。

⑥-4层卵石层及以下工程性能较好，均可考虑作为桩基持力层，因此本阶段结合水闸、翼墙荷载情况，以⑥-4层卵石层作为桩端持力层，水闸基础灌注桩桩径0.8m，间排距3m，矩形布置，桩长约18m，桩顶嵌入闸室底板10cm。为防止不均匀沉降，上、下游钢筋混凝土铺盖和护坦采用水泥搅拌桩进行处理，桩径0.7m，间排距1m，矩形布置，上、下游桩长为5m。建筑物底板建在淤泥质土上，为延长渗径降低渗透坡降，增加基础渗透稳定性，同时考虑到桩间土由于固结湿陷，有可能与闸底板脱开，形成渗漏通道，因此基础考虑设60cm厚混凝土防渗墙，防渗墙底高程为－10.00m，深入淤泥质粉质黏土相对隔水层。防渗墙设置于闸室底板下游侧，右岸伸入岸坡20m，左岸深入岸坡10m与水闸基坑维护上下游方向长约90m的防渗墙衔接。

1.2.3.2.5 结构设计计算

1. 闸室整体稳定应力计算

选取上游水闸单孔闸进行整体闸室抗滑稳定计算，根据《水闸设计规范》(SL 265—2016)，采用抗剪强度公式，基底应力按材料力学法计算。

(1) 计算工况。

1) 完建工况：基坑内无水，计扬压力。

2) 正常蓄水位工况：内江正常水位5.40m，富春江水位（最低水位）1.79m。

3) 设计洪水位工况：内江水位10.11m，富春江水位10.11m。

4) 检修水位工况：内江检修水位4.50m，外江检修水位（多年平均高水位）4.50m。

5) 校核洪水位工况：内江水位10.78m，富春江水位10.78m。

(2) 荷载组合。作用在闸室上的荷载主要有：自重、水压力、扬压力、浪压力等。计算工况及荷载组合见表1.2-11。

表 1.2-11 计算工况及荷载组合

荷载组合	计算工况	荷载				
		自重	水压力	扬压力	浪压力	其他
基本组合	完建	√		√		
	正常蓄水位	√	√	√	√	
	设计洪水位	√	√	√	√	
特殊组合	校核洪水位	√	√	√	√	

(3) 计算公式。沿基底面的抗滑稳定计算公式:

$$K_c = f\sum G_f / \sum H \tag{1.2-4}$$

式中:K_c——沿闸基底的抗滑安全系数;

f——沿闸基底的抗滑摩擦系数;

$\sum G_f$——作用在闸室上的全部垂直荷载;

$\sum H$——作用在闸室上的全部水平荷载。

基底应力计算公式:

$$P_{\min}^{\max} = \frac{\sum G}{A} \pm \frac{\sum M}{W} \tag{1.2-5}$$

式中:$P_{\min}^{\max}$——闸室基底压力的最大或最小值;

$\sum G$——作用在闸室上的全部竖向荷载;

$\sum M$——作用在闸室上的全部竖向荷载和水平荷载对基底中心轴力矩;

A——闸室压力面积;

W——闸室基底对基底中心轴的截面矩。

(4) 计算参数。闸室基底与地基之间的摩擦系数取为0.2,天然地基承载力为80kPa。

(5) 计算成果。闸室整体稳定与应力计算成果见表1.2-12。

表 1.2-12 闸室整体稳定与应力计算成果

计算工况		抗滑稳定安全系数	抗滑稳定安全系数允许值	应力			应力不均匀系数允许值
				P_{max}/kPa	P_{min}/kPa	P_{max}/P_{min}	
基本组合	完建	/	1.25	154	113	1.36	1.5
	正常蓄水位	2.04	1.25	88	71	1.24	1.5
	设计洪水位	16.20	1.25	78	74	1.05	1.5
特殊组合	检修水位	2.18	1.10	45	36	1.25	2.0
	校核洪水位	17.08	1.10	84	76	1.11	2.0

由表1.2-12可以看出:①在各工况下,水闸沿基础底面的抗滑稳定均满足规范要求;②水闸基底最大压应力为154kPa,而地基承载力为80kPa,天然地基承载力不满足要求;③基础底面的应力不均匀系数满足规范要求。因此,天然地基承载力不满足要求,需要采用桩基进行加固处理。

2. 闸室段桩基计算

(1) 闸室基底荷载。水闸基底荷载计算结果见表1.2-13。

表1.2-13 水闸基底荷载计算结果

工 况	水 位/m		ΣG/kN	ΣH/kN	ΣM_X/(kN·m)
	外江	内江			
完建	无水	无水	300036	0	227354
正常运行	1.79	5.4	178425	17524	98529
设计洪水位	10.11	10.11	170856	−2109	19027
检修水位	4.51	3.50	90736	−6300	53766
校核洪水位	10.78	10.78	180156	−2109	−48398

(2) 桩基布置。假定闸室底板上全部荷载均由桩基承担，闸室桩基采用混凝土钻孔灌注桩。灌注桩按摩擦端承桩设计，即桩顶竖向荷载由桩侧阻力和桩端阻力共同承受，桩端进入⑥-4层卵石层。桩基初拟采用桩径0.8m、@3×3m、矩形布置，深入⑥-4层卵石层2m，平均桩长约18m。

(3) 地基土计算参数。地基土分6层，各层土的极限侧阻力及极限端阻力标准值见表1.2-14。

表1.2-14 地基土层计算参数 单位：kPa

土 层	极限侧阻力	极限端阻力	土 层	极限侧阻力	极限端阻力
粉细砂	36		淤泥质粉质黏土夹粉砂	18	
含砾细砂	40		粉质黏土	30	
卵石	110	3500	全风化花岗闪长岩	65	—
强风化花岗闪长岩	120		中风化花岗闪长岩	150	9000

(4) 单桩承载力设计值。

1) 单桩竖向承载力。根据《建筑桩基技术规范》(JGJ 94—2008)，单桩的竖向承载力计算公式如下：

$$R_a=\frac{Q_{uk}}{K} \tag{1.2-6}$$

$$Q_{uk}=Q_{sk}+Q_{pk}=u\psi_{si}\sum q_{sik}l_i+\psi_p q_{pk}A_p \tag{1.2-7}$$

式中：K——安全系数，取$K=2$；

Q_{uk}——单桩竖向极限承载力标准值；

Q_{sk}、Q_{pk}——单桩总极限侧阻力和总极限端阻力标准值；

u——桩身周长；

q_{sik}——桩侧第i层土的极限侧阻力标准值；

q_{pk}——极限端阻力标准值；

l_i——桩周第i层土的厚度；

A_p——桩端面积；

ψ_{si}、ψ_p——大直径桩侧阻、端阻尺寸效应系数。

计算得 $R_a=1917\text{kN}$。

2）单桩水平承载力。桩基水平承载力计算公式如下：

$$R_h=\eta_h R_{ha} \tag{1.2-8}$$

$$R_{ha}=0.75\frac{\alpha^3 EI}{v_x}x_{0a} \tag{1.2-9}$$

$$\eta_h=\eta_i\eta_r+\eta_l+\eta_b \tag{1.2-10}$$

$$\eta_i=\frac{(S_a/d)^{0.015n_2+0.45}}{0.15n_1+0.10n_2+1.9} \tag{1.2-11}$$

$$\alpha=\sqrt[5]{\frac{mb_0}{EI}} \tag{1.2-12}$$

式中：η_h——群桩效应综合系数，计算为1.57；

η_r——桩顶约束效应系数，取2.05；

η_i——桩的相互影响效应系数，计算为0.766；

η_l——承台侧向土抗力效应系数，取0；

η_b——承台底摩阻效应系数，取0；

S_a/d——沿水平荷载方向的距径比，计算为4.5；

n_1、n_2——水平荷载方向与垂直于水平荷载方向每排桩中的桩数；

m——承台侧面土水平抗力系数的比例系数，14000kN/m^4；

x_{0a}——桩顶容许水平位移，取5mm；

R_h——单桩水平承载力设计值；

R_{ha}——单桩水平承载力特征值；

α——桩的水平变形系数，计算为0.46；

EI——桩身抗弯刚度，$EI=0.85E_cI_0=1177500\text{kN/m}^2$；

v_x——桩顶水平位移系数，取0.94；

b_0——桩身的计算宽度，为1.8m。

计算得：$R_h=735\text{kN}$。

（5）计算成果。根据《建筑桩基技术规范》（JGJ 94—2008），水闸底板（承台）、桩、桩间土按照协同受力进行设计计算。将土视为弹性变形介质，其水平抗力系数随深度线性增加（m法）。由于闸室底板下桩基础深入含黏性土圆砾层，压缩变形小，而底板底面土层可能会因为自重固结、自重湿陷等作用与闸室底板脱离，计算时假定地基土与承台脱开，按照《建筑桩基技术规范》（JGJ 94—2008），此时承台属于高桩承台。经计算，灌注桩内力成果见表1.2-15，闸室垂直水流向不同部位位移成果见表1.2-16。

表1.2-15　灌注桩内力成果　单位：kN

计算工况	平均单桩轴力 N_i	单桩最大轴力 $N_{i\max}$	单桩所受水平力 H_i
完建	1200	1364	0
正常运行	717	809	70
设计洪水位	683	694	8

续表

计算工况	平均单桩轴力 N_i	单桩最大轴力 $N_{i\max}$	单桩所受水平力 H_i
检修水位	363	393	25
校核洪水位	721	773	8

表 1.2-16　　闸室垂直水流向不同部位位移成果

计算工况	桩顶水平位移 1X	桩顶竖向位移 1Z	桩顶水平位移 2X	桩顶竖向位移 2Z	桩顶水平位移 3X	桩顶竖向位移 3Z
完建	0.07	3.21	0.03	1.88	0.04	2.32
正常运行	1.70	1.91	0.74	1.14	1.11	1.39
设计洪水位	0.20	1.83	0.09	1.09	0.13	1.33
检修水位	0.59	0.97	0.26	0.58	0.39	0.71
校核洪水位	0.21	1.93	0.10	1.15	0.14	1.41

从表1.2-15和表1.2-16可以看出，各工况下，闸室基础单桩所受最大竖向力 $N_{\max}=1364\text{kN}<R_a=1917\text{kN}$。闸室基础单桩所受最大水平力 $H_{\max}=70\text{kN}<R_h=735\text{kN}$。因此，各工况下，闸室基础钻孔灌注桩竖向、水平向承载力均满足规范要求。各工况下，闸室基础桩顶水平位移最大为1.70mm，满足《水闸设计规范》(SL 265—2016) 对钻孔灌注桩桩顶水平位移控制不超过5mm的要求；顶桩顶竖向位移最大为3.21mm，满足《水闸设计规范》(SL 265—2016) 对闸基最大沉降量不宜超过15cm和相邻部位的最大沉降差不宜超过5cm的要求。水闸基础采用以上钻孔灌注桩处理方案可满足承载力及闸室整体变形控制要求。

3. 水闸上下游翼墙灌注桩稳定计算

水闸上、下游翼墙采用灌注桩形式对泵站箱涵进行支护，待基坑形成后再进行外侧贴面混凝土施工，因此翼墙结构按照深基坑支护结构进行计算。

(1) 计算工况。

1) 完建工况：基坑内无水。

2) 正常蓄水位工况：挡墙外侧正常水位5.40m，挡墙内侧地下水位5.80m。

3) 水位骤降工况：挡墙外侧1.79m，挡墙内侧水位4.05m。

4) 校核洪水位工况：挡墙外侧10.78m，挡墙内侧水位10.78m。

(2) 计算参数。深基坑支护计算程序采用GEO5深基坑支护结构设计模块。基坑内侧考虑按照间距5m设置扶壁作为内支持，基坑底部设置水平底板作为支座。

(3) 计算成果。计算成果统计见表1.2-17。由表1.2-17可知，所有工况下水闸翼墙边坡稳定安全系数均满足要求。

表 1.2-17　　水闸翼墙计算成果

计算工况	计算安全系数	允许安全系数	弯矩/(kN·m)	剪力/kN	位移/mm
完建	1.30	1.15	94	117	3.6
正常蓄水位	1.54	1.20	50	74	3.4

续表

计算工况	计算安全系数	允许安全系数	弯矩/(kN·m)	剪力/kN	位移/mm
水位骤降	1.25	1.20	158	133	3.4
校核洪水位	1.99	1.15	39	61	3.4

4. 水闸渗透稳定计算

闸基渗流稳定采用《水闸设计规范》(SL 265—2016)中的改进阻力系数法，水位组合按照运行期可能出现的最大水位差工况。

(1) 确定地基计算深度。水闸地基的有效深度 T_e 值可按式(1.2-13)和式(1.2-14)确定：

当$\frac{L_0}{S_0}\geqslant 5$时

$$T_e=0.5L_0 \tag{1.2-13}$$

当$\frac{L_0}{S_0}<5$时

$$T_e=\frac{5L_0}{1.6\frac{L_0}{S_0}+2} \tag{1.2-14}$$

式中：L_0——地下轮廓的水平投影长度，m；

S_0——地下轮廓的铅直投影长度，m。

待有效深度算出后，再与实际深度相比较，应取其中的小值作为计算深度 T_c。

计算 T_e、T_c 和 S_0 时，均应从地下轮廓最高处往下计算。

(2) 分段阻力系数计算。

1) 进、出口段(图 1.2-11)：

$$\xi_0=1.5\left(\frac{S}{T}\right)^{1.5}+0.441 \tag{1.2-15}$$

式中：ξ_0——进、出口段的阻力系数；

S——板桩或齿墙的入土深度，m；

T——地基透水层深度，m。

2) 内部垂直段(图 1.2-12)：

$$\xi_y=\frac{2}{\pi}\ln\cot\left[\frac{\pi}{4}\left(1-\frac{S}{T}\right)\right] \tag{1.2-16}$$

式中：ξ_y——内部垂直段的阻力系数；其余参数含意同前。

3) 水平段(图 1.2-13)：

$$\xi_x=\frac{L_x-0.7(S_1+S_2)}{T} \tag{1.2-17}$$

式中：ξ_x——水平段的阻力系数；

L_x——水平段长度，m；

S_1、S_2——进、出口段板桩或齿墙的入土深度，m。

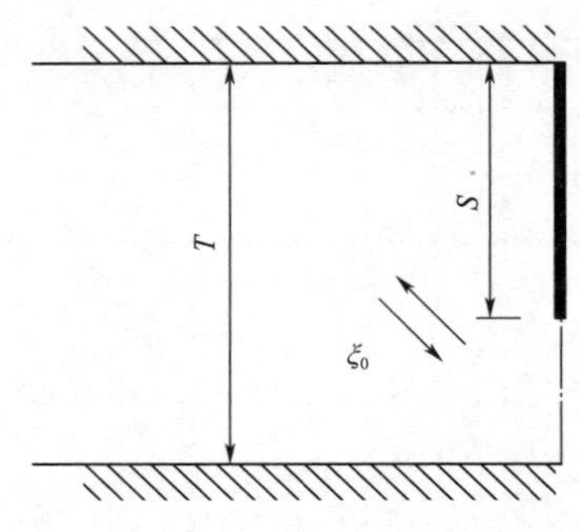

图 1.2-11　进、出口段

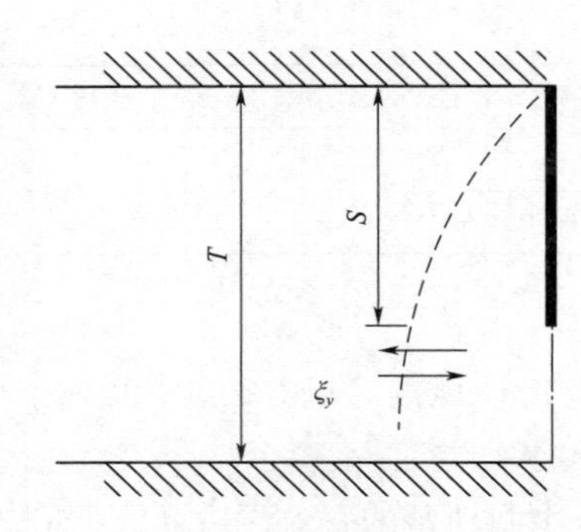

图 1.2-12　内部垂直段

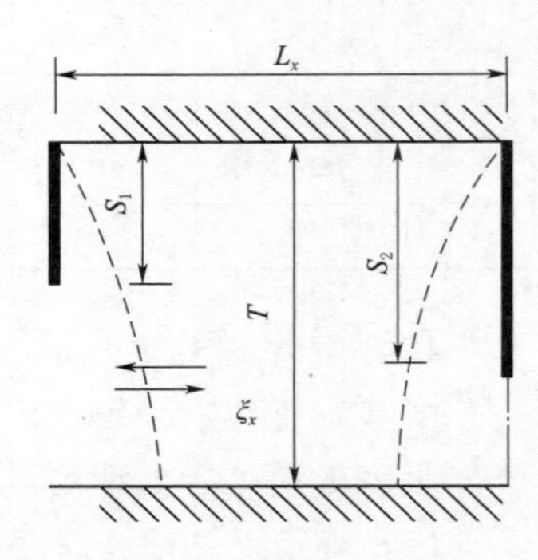

图 1.2-13　水平段

（3）各分段水头损失值计算：

$$h_i = \xi_i \frac{\Delta H}{\sum_{i=1}^{n} \xi_i} \tag{1.2-18}$$

式中：h_i——各分段水头损失值，m；

ΔH——上、下游水头差，m；

ξ_i——各分段的阻力系数；

n——总分段数（包括进出、口段）。

（4）进、出段水头损失值和渗透压力分布图形的局部修正。

1）进、出口段修正后的水头损失值按下式计算（图 1.2-14）：

$$h_0' = \beta' h_0 \tag{1.2-19}$$

$$\beta' = 1.21 - \frac{1}{\left(\frac{S'}{T} + 0.059\right)\left[2 + 12\left(\frac{T'}{T}\right)^2\right]} \tag{1.2-20}$$

式中：h_0'——修正后的进、出口段水头损失值，m；

h_0——进、出口段水头损失值，m；

β'——阻力修正系数，当计算 $\beta' \geqslant 1.0$ 时，采用 $\beta' = 1.0$；

S'——底板埋深与板桩入土深度之和，m；

T'——板桩另一侧地基透水层深度，m。

修正后水头损失的减小值：

$$\Delta h = (1 - \beta') h_0 \tag{1.2-21}$$

式中：Δh——修正后水头损失的减小值，m。

2）水力坡降呈急变形式的长度及出口段渗透压力分布图形的修正：

$$L_x' = \frac{\frac{\Delta h}{\Delta H} T}{\sum_{i=1}^{n} \xi_i} \tag{1.2-22}$$

式中：L_x'——水力坡降呈急变形式的长度，m。出口段渗透压力分布图形可以按图 1.2-15 进行修正。

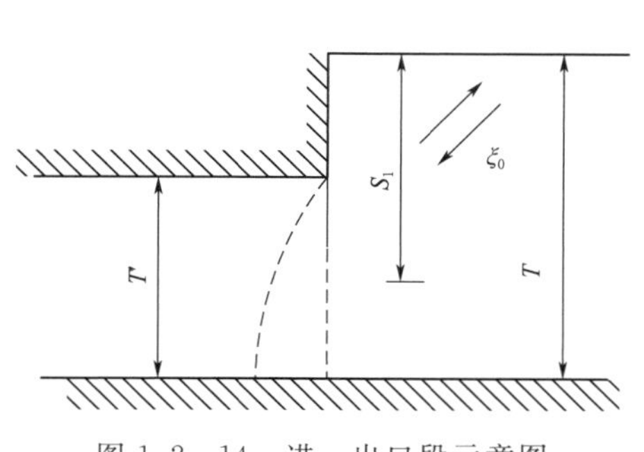

图 1.2-14 进、出口段示意图

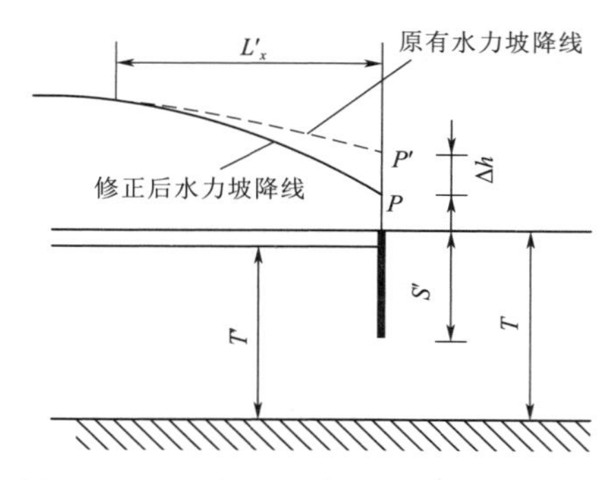

图 1.2-15 出口段渗透压力修正示意图

3）进、出口齿墙不规则部位渗透压力的修正（图 1.2-16 和图 1.2-17）：

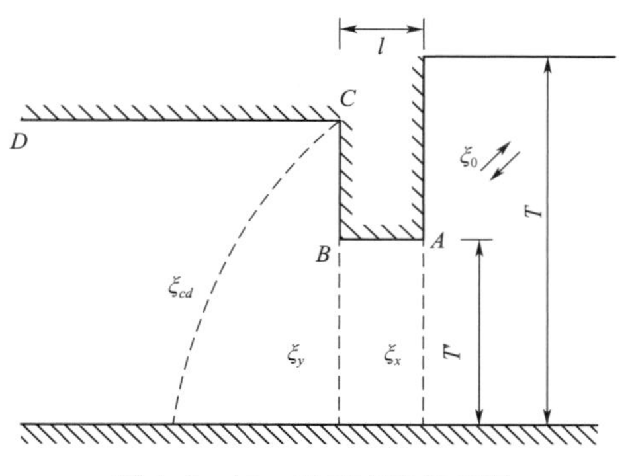

图 1.2-16 无垂直防渗情况

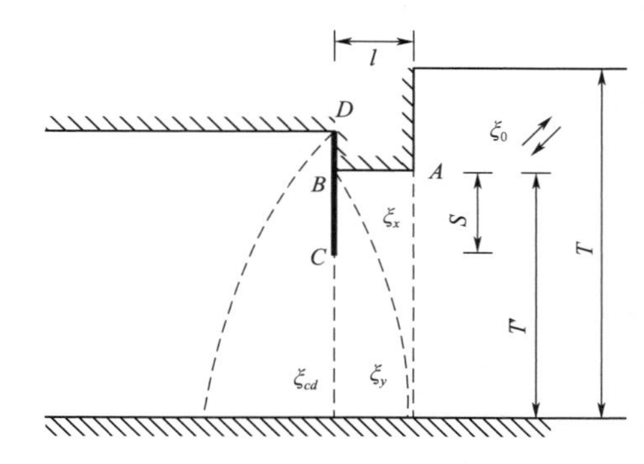

图 1.2-17 有垂直防渗情况

当 $h_x \geqslant \Delta h$ 时，按下式进行修正：

$$h'_x = h_x + \Delta h \tag{1.2-23}$$

式中：h_x——水平段的水头损失，m；

h'_x——修正后的水平段水头损失，m。

当 $h_x < \Delta h$ 时，可按下列两种情况分别进行修正：

若 $h_x + h_y \geqslant \Delta h$：

$$h'_y = 2h_x \tag{1.2-24}$$

$$h'_y = h_y + \Delta h - h_x \tag{1.2-25}$$

式中：h_y——内部垂直段的水头损失值，m；

h'_y——修正后内部垂直段水头损失值，m。

若 $h_x + h_y \leqslant \Delta h$：

$$h'_y = 2h_y \tag{1.2-26}$$

$$h'_{cd} = h_{cd} + \Delta h - (h_x + h_y) \tag{1.2-27}$$

式中：h_{cd}——CD 段的水头损失值，m；

h'_{cd}——修正后 CD 段水头损失值，m。

以直线连接修正后的各分段计算点的水头值，即得修正后的渗透压力分布图。

（5）各段渗流坡降值计算。出口段渗流坡降值按下式计算：

$$J=\frac{h_0'}{S'} \tag{1.2-28}$$

式中：J——出口段渗透坡降值，其他各段的渗透坡降值由相应各段的水头损失值除以其计算轮廓长度求得。

（6）计算结果。闸基承受的水平段最大水力渗透坡降为 0.049，小于淤泥土允许水力比降 0.125；出口段最大水力渗透坡降为 0.194，小于淤泥土允许水力比降 0.30，计算成果表明，铺盖水平段、闸室水平段、闸室出口段的渗透坡降均满足规范要求。

1.2.3.2.6 消能防冲

由于水闸高度不大、水头小，采用底流消能方式。泄洪时闸门翻倒，上、下游水位差很小，经计算，泄洪时下游不需设消力池，仅在闸室下游设长 20m、厚 0.5m 的钢筋混凝护坦，下设 20cm 厚碎石垫层和 1 层 400g/m^2 土工布。护坦尾部设置三轴水泥土搅拌桩防冲墙，桩径 85cm，间距 60cm，深 5m。护坦下游设置厚 1.5m、长 10m 的合金网兜防冲槽。

1.2.3.2.7 闸门检修

为满足水闸工作闸门检修需要，在工作门上、下游侧各设 1 道检修闸门门槽，用于翻板闸门和门槽检修时安放检修闸门进行挡水。为减少检修闸门孔口跨度和闸门的启闭容量，闸室孔口范围预留门槽插孔，插孔深度满足检修门支承要求。为此，单个闸孔检修闸门由多扇小闸门组成。

本工程闸门将按照 10～20 年免维护设计，考虑到闸门和启闭设备的检修维护周期长，且单次检修时间约 30 日，因此选取在富春江枯水期、低潮期进行检修。检修方案如下：当富春江退潮时，开启上、下游水闸工作闸门，将北支江景观水位从 5.40m 降低至富春江低潮位，随后关闭工作闸门保持北支江水位不随富春江涨潮变化。当北支江内水位经过多次预降达到检修水位后，即可安装水闸上、下游侧检修闸门进行挡水检修。

根据富阳站 2002—2014 年逐时潮位资料，统计富阳站水位超过设定水位的概率及时间见表 1.2-18。外江侧检修水位取 4.50m（多年平均高潮位为 4.51m），枯水期 11 月、12 月和 1 月各月保证率均高于 85%，平均每天有 20h 低于该水位。要求检修期间进行水位预警，当外江水位接近 4.50m 时组织有关人员和设备撤离，待潮位降落可继续进行检修，因此外江侧检修水位取 4.50m，满足检修时间要求。

表 1.2-18　　富阳站潮位超过某一水位特征

水位 （1985 国家高程）	项　目	年	11 月	12 月	1 月
<4.50m	出现概率/%	75.7	86.3	93.0	93.0
	历时/h	6636	621	691	691
<3.50m	出现概率/%	18.8	21.4	25.5	28.6
	历时/h	1644	135	208	213

1.2.3.3 下游水闸

1.2.3.3.1 闸孔规模比选

1. 方案拟定

北支江全长约12.5km，现状条件下江道较为复杂。上下堵坝之间约7km长河段内，河宽多在200～300m。该河段在梳山弯道和蔡家渡弯道河宽相对较窄，其中梳山弯道河宽仅120m左右，蔡家渡弯道最窄处约150m。2017年3—5月期间，因西湖区富春江引水工程所需，西湖区林水局对下堵坝至三阳闸河段进行了河道疏浚，疏浚底宽平均约100m，河底高程约2.00m，疏浚底泥暂堆放在沿岸。根据1.2.2节选定的中闸址方案和闸孔规模比选成果，可选择如下四个方案：

方案一：水闸每孔净宽60m，共3个闸室段，闸室总宽225m，闸顶高程6.00m，槛顶高程为1.50m；船闸布置在水闸的右侧，闸孔净宽16m，船闸总宽32m。枢纽总宽257m，加上船闸引航道展宽，其宽度宽于原河道，管理房布置困难。项目建议书阶段水闸施工采用临时改道左岸钱塘江标准塘，施工完成后复建方案，现根据实际情况，采用深基坑围护方案进行施工。

方案二：水闸每孔净宽55m，共3个闸室段，闸室总宽210m，闸顶高程6.00m，槛顶高程为1.00m；船闸布置在水闸的右侧，闸孔净宽16m，船闸总宽32m。枢纽总宽242m，加上船闸引航道展宽，其宽度略宽于原河道，需对两岸防洪堤堤脚进行防护，管理房布置局促。

方案三：在尽量不影响富阳城区防洪水位前提下缩窄枢纽宽度，水闸每孔净宽缩窄至45m，共3个闸室段，闸室总宽180m，闸顶高程6.00m，槛顶高程降低至0.00m；船闸布置在水闸的右侧，闸孔净宽16m，船闸总宽32m。枢纽总宽212m，加上船闸引航道展宽，其宽度小于原河道，对两岸堤防影响小，管理房布置空间宽敞。

方案四：水闸每孔净宽55m，共3个闸室段，闸室总宽210m，闸顶高程6.00m，槛顶高程为1.50m；船闸布置在水闸的右侧，闸孔净宽16m，船闸总宽32m。枢纽总宽242m，在大洪水期开启船闸上闸首闸门行洪，因此行洪净宽181m，行洪面积略大于方案一。

考虑船闸开闸门行洪存在推移质进入闸室的问题，本工程配置的日常清淤船对推移质清理效果较差，因此需要安装检修闸门，排空船闸后方可清理推移质。上游水闸船闸工程运行不考虑船闸开闸门行洪，洪水仅从门顶溢流，故下游水闸船闸工程从运行方案一致原则考虑，不推荐方案四。因此本节仅对方案一、方案二和方案三进行综合比较。

2. 方案比选

影响水闸方案选择的主要因素有枢纽布置条件、泄流行洪能力、闸下淤积、翻板钢闸门设计、施工难度及工程可比投资。

(1) 枢纽布置条件。下游水闸闸址处河道常水位宽约230m，两岸堤距约285m，左岸为50年一遇设防的钱塘江标准塘，右岸堤外为永久农田。根据林水局要求，枢纽布置不能破坏钱塘江标准塘，不能占用永久农田，并且要为标准塘设防标准提升至100年一遇预留空间。方案一水闸加上船闸引航道展宽和管理房布置，枢纽总宽达280m，为不占用基本农田，右岸管理房布置场地困难，左岸水闸结构需内嵌标准塘堤身断面约12m。方案二水闸加上船闸引航道展宽和管理房布置，枢纽总宽约265m，虽然右岸管理房布置场地仍然十分紧张，但左岸水闸结构可以沿堤防外侧约5m布置，不占用标准塘堤身断面，枢纽布置基本与原河道相适应，对过流断面影响较小。方案三水闸加上船闸引航道展宽和管理房布置，枢纽总宽约245m，右岸管理房布置场地宽敞，后期运行管理较为方便，左岸水闸结构距离堤防约20m，为后续堤防提升改建预留足够空间，基本不影响水闸正常运行，但枢纽布置束窄原过流断面较多。从枢纽布置角度考虑，方案二与原始河道地形相适应，优于方案三和方案一。

（2）泄流行洪能力。根据水利计算成果，在50年一遇洪水时，方案一与方案二泄流能力基本一致，北支江分流比为9.7%，富阳城区水位下降0.10m，方案三泄流能力略小，北支江分流比为9.5%，富阳城区水位下降0.097m，三个方案对闻家堰水位几乎无影响。下游水闸上游至下堵坝之间，方案三较方案一和方案二水位高3～4cm；梳山断面附近，方案三较方案一和方案二水位高约1cm；北支江上口段，方案三较方案一和方案二影响差别在1cm以内。闸孔规模对富阳城区防洪水位影响不敏感，主要因为北支江梳山断面为瓶颈断面，水闸规模不同仅对下堵坝至下游水闸间河段水位略有影响。因此从泄流能力角度考虑，方案一和方案二相当，略优于方案三。

（3）闸下淤积。由于下游水闸的建设，使北支下游闸下段成为盲肠段，钱塘江河口涨潮流挟带泥沙进入闸下河段后，遇闸阻挡水流，流速急剧放缓，泥沙落淤；加之随后长达10多个小时的落潮过程中，由于水闸阻挡落淤的泥沙没有重新扬起带走，因此水闸闸下淤积难免。假定闸门长期处于关闭状态，闸下初始河床高程按疏浚后的高程考虑，利用本次建立的泥沙淤积模型预测得到的闸下河段的年回淤强度见图1.2-18，对应的一年后的河床面貌见图1.2-19。

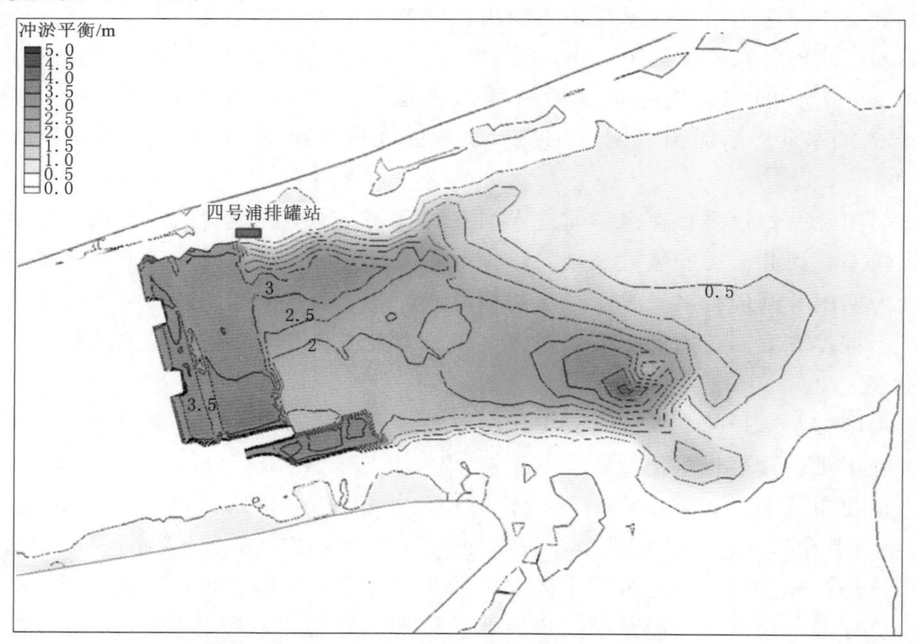

图1.2-18　年回淤强度分布图

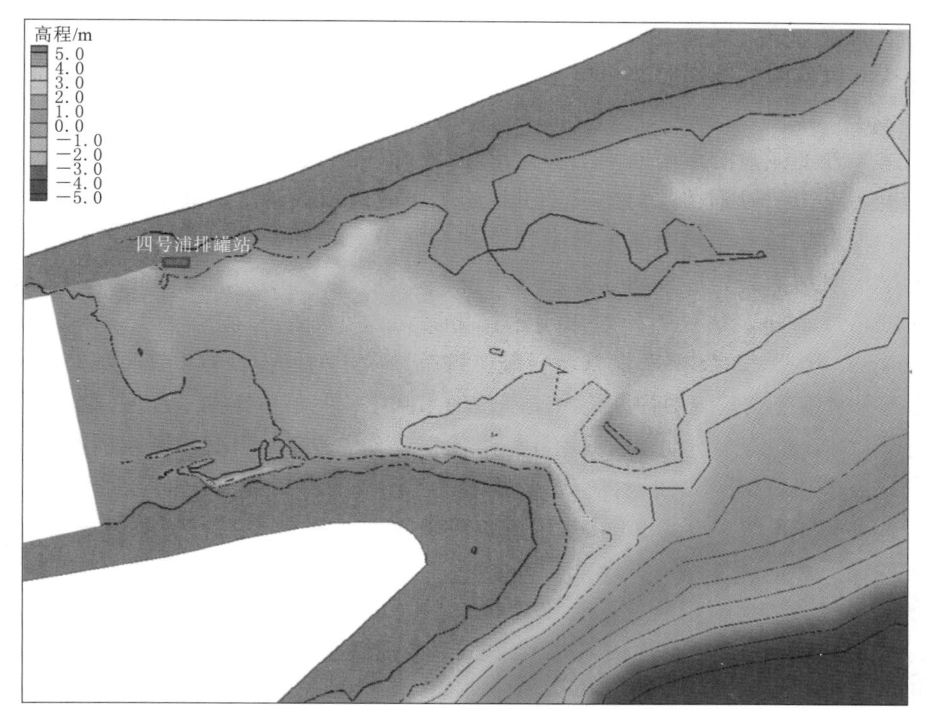

图 1.2-19 一年后的河床面貌图

由图 1.2-18 可知，闸门若长期处于关闭状态，闸下冲淤厚度可达 3.5～4m，闸下 100m 位置淤积平衡厚度为 2～3m，闸下 650m 位置淤积平衡厚度为 0.5～1m。四号浦排灌站闸下平衡淤积厚度为 1～2m，冲淤平衡后四号浦排灌站闸下底高程将会超过 3m，若不及时清淤，将会影响四号浦排灌站的正常运行。

从闸下淤积分析情况看，3 个方案均不可避免需要通过工程运行方式，结合防洪调度方案，在洪水期当外江水位高于内水位 5.40m 时，开启闸门行洪冲淤。非洪水期则通过本工程配备的吸泥船定期清淤。从清淤频次和难度角度考虑，方案一（闸槛高程 1.50m）略优于方案二（闸槛高程 1.00m）和方案三（闸槛高程 0.00m）。

（4）翻板钢闸门设计。翻板闸门最大特点是可适应不同孔口跨度，底轴驱动翻板闸门底部设有启闭驱动轴，启闭机可通过拐臂驱动翻板闸门，拐臂设在底轴两端边墩的启闭机房内。本工程水闸为多孔方案，从设计、制造、安装、检修维护等相对更容易控制，技术更成熟。结合翻板钢闸门工程设计经验，从泄水流态、工程投资以及运行维护方面综合考虑，选用 3 孔较为合适。水闸闸孔内设闸墩，底轴驱动翻板闸门采用两侧双缸布置设计，液压启闭操作设备布置在闸孔两侧闸墩空腔内，闸门通过电气实现同步操作。水闸翻板闸门上、下游预设检修门槽，3 孔方案均只需设 1 套检修门，检修门采用小插板门形式；液压启闭机的一般检修在空腔内进行。

方案三闸门尺寸最小，对闸门整体结构强度、刚度要求最低，每扇闸门采用两边双驱动，闸门及启闭设备制造、安装及调试难度相对较低，技术亦较为成熟。方案一闸门尺寸相对较宽，制造无明显差异，但安装、调试等技术难度较方案三稍大。方案二闸门尺寸居中，制造无明显差异，安装、调试难度介于方案三和方案一之间。

因此从翻板钢闸门制造安装角度考虑，三组方案均无制约因数；方案三优于方案二和方案一。

（5）施工难度。下游水闸船闸工程左岸为50年一遇设防的钱塘江标准塘，右岸巡防路内侧为永久农田，根据林水局要求，工程施工不能破坏钱塘江标准塘堤顶道路。

方案一：水闸加上船闸引航道展宽和管理房布置，枢纽总宽达280m，为不占用基本农田，左岸水闸结构需内嵌钱塘江标准塘堤身断面约12m。堤顶道路高程为10.15m，基坑开挖深度超过15m，基坑围护需采用角撑方案，即在堤防外侧大范围填筑施工平台至高程10.00m，形成“口”字形深基坑后施工该范围内水闸结构，然后恢复堤防并拆除施工平台，最后方可施工被基坑围护结构占压部位的水闸结构。该方案施工程序复杂，施工周期长，安全风险高，投资大，且今后钱塘江标准塘提升改建施工对已建水闸结构影响较大。

方案二：水闸结构距离钱塘江标准塘堤脚约5m，不占用堤身断面，堤防护坦顶高为4.15m，基坑垂直开挖深度约9m，基坑围护可采用双排桩加斜抛撑方案，该方案对水闸施工存在一定干扰，总体施工难度低于方案一。

方案三：水闸结构距离钱塘江标准塘堤脚约20m，水闸基坑可沿着堤防坡脚放坡开挖，进行常规的坡面防护即可，施工难度最低。今后钱塘江标准塘提升改建施工对已建水闸结构几乎无影响。

因此从施工难度角度考虑，方案三优于方案二，方案二优于方案一。

（6）工程可比投资。方案一、方案二和方案三工程可比投资对比见表1.2-19。由表1.2-19可知，方案三工程投资略优。

表1.2-19 **工程可比投资表** 单位：万元

费用名称	方案一	方案二	方案三
主体建筑工程	24127.09	20082.35	18582.32
金属结构设备及安装	16810.47	16433.57	15438.37
临时建筑工程	8555.66	8464.99	8446.83
合计	49493.22	44980.91	42467.52

注 本次投资对比仅做方案比选使用，且为可比投资。

3. 比选结论

三组方案比选分析见表1.2-20。

表1.2-20 **闸孔规模比选对比**

项目	方案一	方案二	方案三	结论
枢纽布置条件	枢纽最宽，右岸管理房布置场地困难，左岸水闸结构需内嵌堤防堤身断面约12m，今后堤防提升改建困难	虽然右岸管理房布置场地仍然十分紧张，但左岸水闸结构可以堤防外侧约5m布置，不占用堤身断面。枢纽布置基本与原河道相适应，对过流断面影响较小	右岸管理房布置场地宽敞，后期运行管理较为方便，左岸水闸结构距离堤防约20m，今后堤防提升改建基本不影响水闸正常运行。但枢纽布置束窄原过流断面较多	方案二较优

续表

项目	方案一	方案二	方案三	结论
泄流行洪能力	富阳城区水位下降0.10m，北支江分流比为9.7%	富阳城区水位下降0.10m，北支江分流比为9.7%	富阳城区水位下降0.097m，北支江分流比为9.5%	方案一和方案二略优
闸下淤积	冲淤平衡后淤积为主，底槛高程最高，清淤难度较小	居中	冲淤平衡后淤积为主，底槛高程最低，清淤难度较大	方案一较优
翻板钢闸门设计	闸门尺寸最宽，制造无明显差异，但安装、调试等技术难度较大	闸门尺寸相对较宽，制造无明显差异，安装、调试等技术难度稍大	闸门尺寸相对较窄，但门高最高，制造无明显差异，安装、调试等技术难度稍低	方案三略优
施工难度	施工程序复杂，施工周期长，安全风险高，投资大，且今后钱塘江标准塘提升改建施工对已建水闸结构影响较大	该方案对水闸施工存在一定干扰，总体施工难度低于方案一	施工难度最低。今后钱塘江标准塘提升改建施工对已建水闸结构几乎无影响	方案三较优
工程可比投资	49493.22万元	44980.91万元	42467.52万元	方案三略优

从枢纽布置角度考虑，方案二对两岸现状堤防影响、翻板钢闸门设计、施工难度及工程可比投资上，均优于方案一。在过流能力上因水闸闸顶高程为6.00m，远低于9～10m的洪水位，行洪时闸顶过流，故闸孔规模对富阳城区防洪水位影响不敏感，水闸规模不同仅对下堵坝至下游水闸间河段水位略有影响，方案一和方案二基本一致，略优于方案三。综合各方面因素，本工程可适当提高建设标准，充分发挥工程综合效益，从社会经济长远发展角度考虑，推荐采用方案二。

1.2.3.3.2 下游水闸结构布置

水闸由上游钢筋混凝土铺盖、闸室、下游钢筋混凝土护坦组成。左岸与钱塘江标准塘护坡相接，右岸与船闸上闸首相邻。

1. 水闸闸室

闸室段为水闸工程的主体，闸室为平底开敞式结构，由闸底板、闸墩、工作闸门等组成。水闸共3孔，每孔净宽55m，底板最小厚度为3m，翻板闸门底槛高程为1.00m，闸底板顺水流方向长30m，闸室总宽210m（不含船闸），闸墩宽7.5m，闸墩顶高程为6.00m。闸门采用底轴驱动式翻板闸门，孔口尺寸为55.0m×5.0m（宽×高），最大挡水高程为6.00m，闸门采用液压启闭机操作，液压启闭机布置在两侧闸墩空腔内。考虑底轴翻板闸按照10～20年免维护设计，闸室上、下游设检修闸门，预留闸门安装槽孔，采用检修闸门进行挡水检修。闸墩顶部设置8m×1.5m（长×宽）油缸吊装盖板，考虑闸墩顶部不具备检修通道，盖板维护困难，因此采用不锈钢材质盖板。

闸室底板设1条2.5m×3.5m（宽×高）检修廊道，兼做电缆道。右岸启闭机室检修廊道与船闸上、下闸首启闭机室相连，并通至高程11.14m的管理用房内，闸外检修廊道采用箱涵型式。根据《水利水电工程劳动安全与工业卫生设计规范》（GB 50706—2011）规定，建筑物内检修廊道出入口不应少于2个，因此在水闸左岸边坡顶设置1个出口，高程为11.14m，兼做通风口。检修廊道内设置排水沟，并在闸外检修廊道设置集水井，通过水泵将检修室内渗水抽排至北支江。

闸室单孔净宽55m，加两侧闸墩分段长度达70m，超过《水闸设计规范》（SL 265—2016）规定的“土基上的分段长度不宜超过35m”的限制。目前正在开展三维有限元温控计算分析，下阶段将结合计算成果进行施工缝分缝设计。因结构段较长容易出现施工冷缝，为防止出现施工冷缝，需采取以下工程处理措施：①将结构段分为3个施工段，施工段间设1m宽后浇筑段，施工段之间受力钢筋不切断，中间设止水铜片，后浇筑段采用氧化镁微膨胀混凝土来弥补混凝土收缩；②适当增加限裂钢筋的用量，同时选用低热水泥及掺外加剂。

2. 上、下游连接段

闸室上游设长20.0m、厚0.5m、顶高程为1.00m的钢筋混凝土铺盖，下设20cm厚C15混凝土垫层。铺盖前端设置1m高的拦沙坎，底部设置防冲齿槽，防冲槽前5m范围回填合金网兜。齿槽下部设置三轴水泥土搅拌桩防冲墙，桩径85cm，间距60cm，深5m。闸室下游设长20m、厚0.5m、顶高程为1.10m的钢筋混凝土护坦，下设20cm厚碎石垫层和1层400g/m^2土工布。护坦尾部设置三轴水泥土搅拌桩防冲墙，桩径85cm，间距60cm，深5m。护坦下游设置厚1.5m、长10m的合金网兜防冲槽。水闸左岸上、下游翼墙紧挨已建成的钱塘江标准塘，为保证水闸施工期堤防结构稳定，采用双排灌注桩基坑维护结构，并通过冠梁和联系梁组成整体结构。桩间土采用三轴水泥土搅拌桩加固，桩后设置三轴水泥土搅拌止水帷幕，防止水闸基坑降水影响堤防基础。基坑开挖完成后，在灌注桩外侧设置0.5m厚贴面混凝土。本工程对景观要求较高，闸墩、翼墙出露水面部分采用清水混凝土，考虑闸址处受潮水上溯影响，主要结构混凝土考虑掺配海水耐蚀剂。

1.2.3.3.3 基础防渗设计

水闸闸址场地上部以高压缩性的淤泥质土、密实度低的粉土、粉细砂为主，工程性能较差，场地不具备浅基础条件，须采用钻孔灌注桩进行加固处理。

⑥-4层卵石层及以下工程性能较好，均可考虑作为桩基持力层，因此本阶段结合水闸、翼墙荷载情况，以⑥-4层卵石层作为桩端持力层，水闸基础灌注桩桩径0.8m，间排距3.0m，矩形布置，桩长约30m，桩顶嵌入闸室底板10cm。

为防止不均匀沉降，上、下游钢筋混凝土铺盖和护坦采用水泥搅拌桩进行处理，桩径0.7m，间排距1.0m，矩形布置，上、下游桩长为5.0m。

建筑物底板建在淤泥质土上，为延长渗径降低渗透坡降，增加基础渗透稳定性，同时考虑到桩间土由于固结湿陷有可能与闸底板脱开，形成渗漏通道，故基础考虑设60cm厚混凝土防渗墙，防渗墙底高程为-10.0m，深入淤泥质粉质黏土相对隔水层。防渗墙设置于闸室底板上游侧，左、右岸均伸入岸坡20m。

1.2.3.3.4 结构设计计算

1. 闸室整体稳定应力计算

选取下游水闸单孔闸进行整体闸室抗滑稳定计算，根据《水闸设计规范》（SL 265—

2016)，采用抗剪强度公式，基底应力按材料力学法计算。

(1) 计算工况。

1) 完建工况：基坑内无水，计扬压力。

2) 正常蓄水位工况：内江正常水位5.40m，富春江水位（最低水位）1.79m。

3) 设计洪水位工况：内江水位9.26m，富春江水位9.26m。

4) 检修水位工况：内江检修水位4.50m，外江检修水位（多年平均高水位）4.50m。

5) 校核洪水位工况：内江水位10.05m，富春江水位10.05m。

(2) 荷载组合。作用在闸室上的荷载主要有：自重、水压力、扬压力、浪压力等。计算工况和荷载组合见表1.2-21。

表1.2-21　计算工况和荷载组合

荷载组合	计算工况	荷载				
		自重	水压力	扬压力	浪压力	其他
基本组合	完建	√		√		
	正常蓄水位	√	√	√	√	
	设计洪水位	√	√	√	√	
特殊组合	校核洪水位	√	√	√	√	

(3) 计算公式。沿基底面的抗滑稳定计算公式见式（1.2-4），基底应力计算公式见式（1.2-5）。

(4) 计算参数。闸室基底与地基之间的摩擦系数取为0.2，天然地基承载力为80kPa。

(5) 计算成果。闸室整体稳定与应力计算成果见表1.2-22。

表1.2-22　闸室整体稳定与应力计算成果

计算工况		抗滑稳定安全系数	抗滑稳定安全系数允许值	应力			应力不均匀系数允许值
				P_{max}/kPa	P_{min}/kPa	P_{max}/P_{min}	
基本组合	完建	/	1.25	154	113	1.36	1.5
	正常蓄水位	2.04	1.25	88	71	1.24	1.5
	设计洪水位	15.20	1.25	72	68	1.05	1.5
特殊组合	检修水位	2.18	1.10	45	36	1.25	2.0
	校核洪水位	16.08	1.10	75	71	1.05	2.0

由表1.2-22可以看出：①在各工况下，水闸沿基础底面的抗滑稳定安全系数均满足规范要求；②水闸基底最大压应力为154kPa，而地基承载力为80kPa，天然地基承载力不满足要求；③基础底面的应力不均匀系数满足规范要求。因此，天然地基承载力不满足要求，需要采用桩基进行加固处理。

2. 闸室段桩基计算

(1) 闸室基底荷载。水闸基底荷载计算成果见表1.2-23。

表 1.2-23 水闸基底荷载计算成果

计算工况	水位/m		$\sum G$/kN	$\sum H$/kN	$\sum M_X$/(kN·m)
	外江	内江			
完建	无水	无水	300036	0	227354
正常运行	1.79	5.4	178425	17524	98529
设计洪水位	9.26	9.26	160746	−2109	19027
检修水位	3.50	4.50	90736	−6300	53766
校核洪水位	10.05	10.05	172146	−2109	−48398

（2）桩基布置。假定闸室底板上全部荷载均由桩基承担，闸室桩基采用混凝土钻孔灌注桩。灌注桩按摩擦端承桩设计，即桩顶竖向荷载由桩侧阻力和桩端阻力共同承受，桩端进入⑥-4 层卵石层。桩基初拟采用桩径 0.8m、@3m×3m、矩形布置，深入⑥-4 层卵石层 2m，平均桩长约 30m。

（3）地基土计算参数。地基土分 6 层，各层土的极限侧阻力和极限端阻力标准值见表 1.2-24。

表 1.2-24 地基土层计算参数 单位：kPa

土层	极限侧阻力	极限端阻力	土层	极限侧阻力	极限端阻力
粉细砂	36		淤泥质粉质黏土夹粉砂	18	
含砾细砂	40		粉质黏土	30	
卵石	110	3500	全风化花岗闪长岩	65	—
强风化花岗闪长岩	120		中风化花岗闪长岩	150	9000

（4）单桩承载力设计值。

1）单桩竖向承载力。单桩竖向承载力计算公式见式（1.2-6），计算得 R_a = 2017kN。

2）单桩水平承载力。单桩水平承载力计算公式见式（1.2-8），计算得：R_h = 735kN。

（5）计算成果。根据《建筑桩基技术规范》（JGJ 94—2008），水闸底板（承台）、桩、桩间土按照协同受力进行设计计算。将土视为弹性变形介质，其水平抗力系数随深度线性增加（"m"法）。由于闸室底板下桩基础深入含黏性土圆砾层，压缩变形小，而底板底面土层可能会因为自重固结、自重湿陷等作用与闸室底板脱离，计算时假定地基土与承台脱开，按照《建筑桩基技术规范》（JGJ 94—2008），此时承台属于高桩承台。经计算，灌注桩内力成果见表 1.2-25，闸室垂直水流向不同工况桩顶位移成果见表 1.2-26。

表 1.2-25 灌注桩内力成果 单位：kN

计算工况	平均单桩轴力 N_i	单桩最大轴力 $N_{i\max}$	单桩所受水平力 H_i
完建	1200	1364	0
正常运行	717	809	70

续表

计算工况	平均单桩轴力 N_i	单桩最大轴力 $N_{i\max}$	单桩所受水平力 H_i
设计洪水位	642	654	8
检修水位	363	393	25
校核洪水位	691	703	8

表 1.2-26　　闸室垂直水流向不同工况桩顶位移成果

计算工况	桩顶水平位移 1X/mm	桩顶竖向位移 1Z/mm	桩顶水平位移 2X/mm	桩顶竖向位移 2Z/mm	桩顶水平位移 3X/mm	桩顶竖向位移 3Z/mm
完建	0.07	3.21	0.03	1.88	0.04	2.32
正常运行	1.70	1.91	0.74	1.14	1.11	1.39
设计洪水位	0.19	1.76	0.08	1.05	0.12	1.28
检修水位	0.59	0.97	0.26	0.58	0.39	0.71
校核洪水位	0.20	1.85	0.09	1.11	0.13	1.35

从表 1.2-25 可以看出，各工况下，闸室基础单桩所受最大竖向力 $N_{\max}=1364\text{kN}<R_a=2017\text{kN}$。闸室基础单桩所受最大水平力 $H_{\max}=70\text{kN}<R_h=735\text{kN}$。因此，各工况下，闸室基础钻孔灌注桩竖向、水平向承载力均满足规范要求。

从表 1.2-26 可知，各工况下，闸室基础桩桩顶水平位移最大为 1.70mm，满足《水闸设计规范》（SL 265—2016）对钻孔灌注桩桩顶水平位移控制不超过 5mm 的要求；顶桩竖向位移最大为 3.21mm，满足《水闸设计规范》（SL 265—2016）对闸基最大沉降量不宜超过 15cm 和相邻部位的最大沉降差不宜超过 5cm 的要求。水闸基础采用以上钻孔灌注桩处理方案可满足承载力及闸室整体变形控制要求。

3. 水闸上下游翼墙稳定及水闸渗透稳定计算

水闸上下游翼墙采用扶壁式挡墙形式进行支护。

（1）计算工况。

1）完建工况：基坑内无水，计扬压力。

2）正常蓄水位工况：挡墙外侧正常水位 5.40m，挡墙内侧地下水位 5.80m。

3）设计洪水位工况：挡墙外侧 9.26m，挡墙内侧水位 9.26m。

4）校核洪水位工况：挡墙外侧 10.05m，挡墙内侧水位 10.05m。

（2）荷载组合。作用在挡墙上的荷载主要有：自重、水压力、扬压力、土压力、土重等。计算工况及荷载组合见表 1.2-27。

表 1.2-27　　计算工况及荷载组合

荷载组合	计算工况	荷载				
		自重	水压力	扬压力	土压力	土重
基本组合	完建	√		√	√	√
	正常蓄水位	√	√	√	√	√
	设计洪水位	√	√	√	√	√
特殊组合	校核洪水位	√	√	√	√	√

（3）计算公式。根据《水工挡土墙设计规范》（SL 379—2007），挡墙抗滑稳定计算公式如下：

$$K_c=\frac{f\sum G}{\sum H} \tag{1.2-29}$$

式中：K_c——挡土墙沿基底面的抗滑稳定安全系数；

f——挡土墙基底面与地基之间的摩擦系数，取0.5；

$\sum G$——作用在挡土墙上全部垂直于水平面的荷载，kN；

$\sum H$——作用在挡土墙上全部平行于基底面的荷载，kN。

挡墙抗倾覆稳定计算公式如下：

$$K_0=\frac{\sum M_V}{\sum M_H} \tag{1.2-30}$$

式中：K_0——挡土墙抗倾覆稳定安全系数；

$\sum M_V$——对挡土墙基底前趾的抗倾覆力矩，kN·m；

$\sum M_H$——对挡土墙基底前趾的倾覆力矩，kN·m。

挡土墙基底应力计算公式如下：

$$P_{\min}^{\max}=\frac{\sum G}{A}\pm\frac{\sum M}{W} \tag{1.2-31}$$

式中：$P_{\min}^{\max}$——挡土墙基底应力的最大值或最小值，kPa；

$\sum G$——作用在挡土墙上全部垂直于水平面的荷载，kN；

$\sum M$——作用在挡土墙上的全部荷载对于水平面平行前墙墙面方向形心轴的力矩之和，kN·m；

A——挡土墙基底面的面积，m^2；

W——挡土墙基底面对于基底面平行前墙墙面方向形心轴的截面矩，m^3。

（4）计算参数。闸室基底与地基之间的摩擦系数取为0.2，天然地基承载力为80kPa。

（5）计算成果。扶壁式挡墙稳定与应力计算成果见下表1.2-28。

表1.2-28　　扶壁式挡墙稳定与应力计算成果

荷载组合	计算工况	抗滑稳定安全系数	抗滑稳定安全系数允许值	抗倾稳定安全系数	抗倾稳定安全系数允许值	应力/kPa	
						墙趾	墙踵
基本组合	完建	2.83	1.20	15.07	1.4	103	118
	正常蓄水位	2.43	1.20	2.16	1.4	82	60
	设计洪水位	6.61	1.20	1.87	1.4	63	111
特殊组合	校核洪水位	6.71	1.05	1.89	1.3	66	115

由表1.2-28可以看出：①在各工况下，挡墙抗滑稳定和抗倾稳定均满足规范要求；②挡墙基底最大压应力为115kPa，而地基承载力为100kPa，故天然地基承载力不满足要求；③基础底面的应力不均匀系数满足规范要求。因此，天然地基承载力不满足要求，需要采用桩基进行加固处理，提高地基承载力。

水闸渗透稳定计算方法与1.2.3.2.5节相同，在此不再赘述。计算成果表明，铺盖水平段、闸室水平段、闸室出口段的渗透坡降均满足规范要求。

1.2.3.3.5 消能防冲

由于水闸高度不大、水头小，采用底流消能方式。泄洪时闸门翻倒，上、下游水位差很小，经计算，泄洪时下游不需设消力池，仅在闸室下游设长20m、厚0.5m的钢筋混凝护坦，下设20cm厚碎石垫层和1层400g/m^{2}土工布。护坦尾部设置三轴水泥土搅拌桩防冲墙，桩径85cm，间距60cm，深5m。护坦下游设置厚1.5m、长10m的合金网兜防冲槽。

1.2.3.3.6 闸门检修

为满足水闸工作闸门检修需要，在工作门上、下游侧各设1道检修闸门门槽，用于翻板闸门和门槽检修时安放检修闸门进行挡水。为减少检修闸门孔口跨度和闸门的启闭容量，闸室孔口范围预留门槽插孔，插孔深度满足检修门支承要求。为此，单个闸孔检修闸门由多扇小闸门组成。

本工程闸门将按照10～20年免维护设计，考虑到闸门和启闭设备的检修维护周期长，且单次检修时间约30日，因此选取在富春江枯水期、低潮期进行检修。根据富阳站2002—2014年逐时潮位资料，统计富阳站水位超过设定水位的概率，见表1.2-29。设计采用5.41m作为外江侧检修水位，可满足在5年一遇高水位情况下12月和1月仍能满足检修时长的要求。

表1.2-29 富阳站设计高水位统计表 单位：m

频　率	11月	12月	1月	2月
2年一遇	5.28	4.84	4.99	5.35
5年一遇	5.64	5.33	5.41	5.82
10年一遇	5.77	5.62	5.70	6.28
20年一遇	6.24	6.37	6.12	6.59

1.2.3.4 上游船闸

1.2.3.4.1 通航标准

1. 航道标准

本阶段航道参考Ⅵ级航道标准；航道底宽：≥30m；航道水深：1.2m；航道最小转弯半径：180m；过河建筑物通航净宽：单向通航孔净宽25.0m，双向通航孔净宽40.0m；通航净空：4.5～6.0m。

2. 设计船型

根据富阳区运动休闲委员会提供的现状画舫、游艇规格，确认画舫、游艇规格如下：

（1）画舫：24m×6m×5.1m×1.1m（长×宽×高×吃水）。

（2）中型游艇（华鹰游艇）：10.9m×4.44m×4.2m×1.3m（长×宽×高×吃水）、13.3m×6.56m×6.2m×0.82m（长×宽×高×吃水）、14.7m×7.17m×6.2m×0.92m（长×宽×高×吃水）、16.6m×8.1m×6.3m×1.2m（长×宽×高×吃水）。

画舫干舷高度一般为0.3～1.0m，中型游艇（华鹰游艇）干舷高度为0.4～0.88m。

3. 船闸特征水位

上水闸、船闸特征水位见表 1.2-30。

表 1.2-30 上水闸、船闸特征水位表

序号	特 征 水 位	数值/m	备 注
1	上游设计洪水位	10.11	20 年一遇 ($P=5\%$)
2	下游设计洪水位	10.11	20 年一遇 ($P=5\%$)
3	上游校核洪水位	10.78	50 年一遇 ($P=2\%$)
4	下游校核洪水位	10.78	50 年一遇 ($P=2\%$)
5	富春江多年平均高水位	4.51	
6	富春江多年平均低水位	4.06	
7	富春江历史最高水位	11.08	
8	富春江历史最低水位	1.51	
9	北支江景观水位	5.40	
10	上游最高通航水位	5.40	
11	上游最低通航水位	3.24	
12	下游最高通航水位	5.40	
13	下游最低通航水位	3.24	
14	船闸检修上游水位	4.51	富春江多年平均高水位 (上水闸)
15	船闸检修下游水位	4.51	富春江多年平均高水位 (上水闸)

4. 船闸通航历时

船闸全年通航时间为 320d,每天上、下行各 8 次。

1.2.3.4.2 船闸主要尺寸及高程

1. 船闸尺寸

(1) 设计船型及编组。为满足画舫、游艇过闸要求,拟采用两种方案进行船队编组。

方案一:2 个画舫 2 排 1 列,船舶尺度 24m×6m×1.1m(长×宽×吃水);2 个中型游艇 2 排 1 列,船舶尺度 16.6m×8.1m×1.2m(长×宽×吃水)。

方案二:2 个画舫 1 排 2 列,船舶尺度 24m×6m×1.1m(长×宽×吃水);2 个中型游艇 2 排 1 列,船舶尺度 16.6m×8.1m×1.2m(长×宽×吃水)。

(2) 闸室尺度。

1) 闸室有效长度。

闸室有效长度按下式计算:

$$\left.\begin{aligned} L_x &= l_c + l_f \\ l_f &\geqslant 4.00 + 0.05 l_c \end{aligned}\right\} \qquad (1.2-32)$$

式中:L_x——闸室有效长度,m;

l_c——设计船队、船舶计算长度,m;

l_f——富裕长度,m。

船队编组方案一闸室有效长度为

$$l_c=24.00\times2+1.00\times1=49.00\text{m}$$

$$l_f=4.00+0.05\times49.00=6.45\text{m}$$

$$L_x=49.00+6.45=55.45\text{m,取整数 }56.00\text{m}$$

船队编组方案二闸室有效长度为

$$l_c=16.6\times2+1.00\times1=34.20\text{m}$$

$$l_f=4.00+0.05\times34.20=5.71\text{m}$$

$$L_x=34.20+5.71=39.91\text{m,取整数 }40.00\text{m}$$

2）闸室有效宽度。

闸室有效宽度按下式计算：

$$B_x=\sum b_c+b_f \tag{1.2-33}$$

$$b_f=\Delta b+0.025(n-1)b_c \tag{1.2-34}$$

式中：B_x——闸室有效宽度，m；

$\sum b_c$——同一闸次过闸船舶并列停泊的总宽度，m；

b_f——富裕宽度，m；

n——过闸停泊在闸室的船舶列数。

船队编组方案一闸室有效宽度为

$$B_x=8.1+1.2=9.3\text{m}$$

根据《内河通航标准》（GB 50139—2004）船闸有效宽度系列，参照计算结果，确定闸室有效宽度为 12.00m。

船队编组方案二闸室有效宽度为

$$B_x=6\times2+1.0+0.025\times1\times6=13.15\text{m}$$

根据《内河通航标准》（GB 50139—2004）船闸有效宽度系列，参照计算结果，确定闸室有效宽度为 16.00m。

3）槛上最小水深。

槛上最小水深按下式计算：

$$\frac{H}{T}\geqslant1.6 \tag{1.2-35}$$

式中：H——门槛最小水深，m；

T——设计船舶最大吃水，取 1.3m。经计算，$H=2.08$m。考虑到地方船只的个性化体型特征，留有一定的富裕，取门槛最小水深 2.2m。

4）船闸有效尺度选择。

经计算分析，船队编组方案一和方案二均能较好地满足船舶过闸需求，方案二有效长度比方案一长 16m，有效宽度比方案二窄 4m。经综合比较后，考虑方案二船队编组型式较灵活，且工程投资较方案一低，并能兼顾大型游艇的通航要求，推荐船队编组方案二。

拟定的船闸闸室有效尺度为 40.0m×16.0m×2.2m（有效长度×有效宽度×槛上水深）。满足 2 只画舫或 2 只中型游艇一次过闸通航要求，兼顾满足 6 只小型游艇，3 排 2 列编组一次过闸通航要求，兼顾满足 1 只大型游艇一次过闸通航要求。

2. 引航道尺度

本工程船闸型式为一级单线船闸，引航道采用不对称型布置，直线段长度的确定按2艘中型游艇一次过闸的船队编组方案控制；引航道宽度按中型游艇过闸，中型游艇一侧等候的过闸方式控制；水深 $H \geqslant 1.5T$（T 为设计船舶或船队满载时的最大吃水），考虑到游艇的个性化特征，留有一定的富裕。

（1）引航道长度。引航道长度按下式计算：

$$L = l_1 + l_2 + l_3 \tag{1.2-36}$$

式中：l_1——导航段长度，m，$l_1 \geqslant L_c$；

l_2——调顺段长度，m，$l_2 \geqslant (1.5 \sim 2.0)\ L_c$，计算取 $1.5L_c$；

l_3——停泊段长度，m，$l_3 \geqslant L_c$；

L_c——最大船舶、船队长度，m，计算取24.0m。

经计算，引航道长度 L 应不小于72.0m。为兼顾大型游艇过闸需求，本工程引航道长度取120m，其中导航段长度35m，调顺段长度50m，停泊段长度35m。

（2）引航道宽度。不对称型引航道宽度按下式计算：

$$B_0 = b_c + b_{c1} + \Delta b_1 + \Delta b_2 \tag{1.2-37}$$

式中：B_0——设计最低通航水位时，设计最大船舶、船队满载吃水船底处的引航道宽度，m；

b_c——设计最大船舶、船队的总宽度，m；

b_{c1}——一侧等候过闸船舶、船队的总宽度，m；

Δb_1——船舶、船队之间的富裕宽度，m，取 $\Delta b_1 = b_c$；

Δb_2——船舶、船队与岸之间的富裕宽度，m，取 $\Delta b_2 = 0.5b_c$。

本工程上、下游停泊段靠船考虑单列停靠，计算得 $B_0 = 3.5 \times 8.1\text{m} = 28.35\text{m}$，根据本工程实际地形情况，上、下游引航道宽度均取30m。

（3）引航道最小水深。引航道最小水深不应小于设计船舶或船队满载时最大吃水的1.5倍，按下式计算：

$$H \geqslant 1.5T = 1.5 \times 1.30 = 1.95\text{m}$$

式中：T——设计船舶或船队满载时的最大吃水，m。确定的引航道尺寸为120m×30.0m×2.2m（引航道直线长度×引航道宽度×引航道水深）。

3. 闸顶高程

根据本船闸的运行特点、相关通航水位、检修室空间和岸侧亲水平台景观要求，闸顶高程确定为7.00m，该高程大于最高通航水位时游船干舷高度，确保通行安全。

1.2.3.4.3 输水系统

集中输水系统可分为短廊道输水、直接利用闸门输水和组合式输水。本次输水系统选择短廊道输水型式。同时考虑到上下闸首处断面最大平均流速均小于0.2m/s，选择无消能工类型，参考相关工程，取长度 $L=4\text{m}$。根据《船闸输水系统设计规范》（JTJ 306—2001），输水阀门处廊道断面面积可按下式计算：

$$\omega = \frac{2C\sqrt{H}}{\mu T\sqrt{2g}\left[1-(1-\alpha)k_v\right]} \tag{1.2-38}$$

式中：ω——输水阀门处廊道断面面积，m^2；

C——计算闸室水域面积，m^2；

H——设计水头，m；

α——系数，查表取0.56；

k_v——系数，取0.7；

g——重力加速度，m/s^2。

根据北支江船闸的基本资料，经计算输水阀门处廊道断面面积为$1.786m^2$。设计采用2根直径1.2m的圆形输水廊道，面积为$2.26m^2$。根据闸室内船舶停泊条件，充水时阀门开启速度由闸室内船舶所受的初始波浪力所决定，在充水流量最大时还应考虑局部水流作用力。满足闸室内船舶所受的初始波浪力不大于设计规范的允许系缆力要求，输水阀门的开启时间为

$$t_v=\frac{k_r\omega DW\sqrt{2gH}}{P_L(\omega_C-\chi)} \tag{1.2-39}$$

式中：k_r——系数，对平面阀门$k_r=0.725$；

ω——廊道断面面积；

D——波浪力系数，根据船舶型号及规范确定，对本次设计船型取为1.038；

W——船舶排水量，$W=2\times187.2t$；

H——最大水头；

P_L——船舶允许纵向系缆力，$P_L=5kN$；

ω_C——初始水位闸室横断面面积，$\omega_C=16\times2.26=36.16m^2$；

χ——船舶浸水横断面面积，$\chi=6\times1.3=7.8m^2$。

经计算可得$t_v=32.434s$（2×画舫）和$t_v=20.901s$（2×中型华鹰游艇），上述计算得到的阀门开启时间仅考虑了波浪力的影响，若再计入无法计算得到的局部水流作用力的影响，实际的阀门开启时间可取$t_v=90\sim120s$。

1.2.3.4.4 船闸主要建筑物布置

根据选定闸址的枢纽总体布置，通航建筑物为一线单级船闸，布置在枢纽右岸，左邻泄洪建筑物，右毗岸侧的亲水平台。船闸主要建筑物包括上闸首、下闸首、闸室和上、下游引航道五部分，根据船闸规模、等级和过闸方式等要求，船闸主体建筑物及上、下游引航道总长346m。

上闸首是枢纽前缘挡水建筑物的一部分，综合考虑输水系统、交通廊道布置，上闸首突出水闸闸室7m。上、下闸首闸顶总宽度均为32m，顺水流方向长均为30m，口门净宽均为16m，闸顶高程均为7.00m。上、下闸首通航工作门均为底轴驱动式翻板闸门，设检修门。启闭机室、输水系统工作阀门井和检修阀门井均布置在右边墩内，井内布置有通风和除湿设备。在上闸首底板内设置贯穿水闸和两岸的检修兼电缆廊道，通过竖井引入右岸的管理用房。闸墩顶部设置8m×1.5m（长×宽）油缸吊装盖板，采用不锈钢材质盖板。闸室由2个结构段组成，总长46m。底板顶高程0.90m，闸室顶高程7.00m，大于最高通航水位时游船干舷高度，确保通行安全。闸室每个结构段内侧均设置固定系船钩；闸墙设有垂直攀梯以便检修时从闸墙顶部直达闸室底板。上、下游引航道根据其尺度和自

然条件采用曲进直出的原则布置。上、下游引航道直段长度均为120m，底宽为30m。上、下游导航结构分为主导航墙和辅导航墙，按不对称型布置，上、下游引航道末端布置长35m的停泊段，设靠船墩4个。

本船闸最大设计水头为2.16m，为低水头船闸，船闸输水系统采用短廊道集中输水方式，上、下闸首充泄水系统由进水口、充泄水廊道、出水口组成，充泄水廊道为直径1.2m的圆形断面钢管，环形对称布置于左右边墩内。廊道中部直段设置工作阀门和检修阀门。船闸交通考虑从右岸的亲水平台道路进场，上、下闸首与相邻的上、下游主导航墙及闸室墙的顶面布置交通连接，船闸交通通畅。

本工程对景观要求较高，闸墩、导航墙、靠船墩出露水面部分采用清水混凝土，考虑闸址处受潮水上溯影响，主要结构混凝土考虑掺配海水耐蚀剂。

1.2.3.4.5 过闸时间及耗水量分析

1. 游船过闸时间

游船单向过闸时间按下式计算：

$$T_1 = 2t_1 + t_2 + t_3 + t_4 + 2t_5 \tag{1.2-40}$$

式中：T_1——单向一次过闸时间，min；

t_1——开门或关门时间，min；

t_2——单向第一个船队进闸时间，min；

t_3——闸室灌水或泄水时间，min；

t_4——单向第一个船队出船时间，min；

t_5——船舶进闸或出闸间隔时间，min。

翻板闸门开启时间为200s，游船进出闸速度按0.7m/s计，则游船（船队）进出闸时间均为230s，闸室灌泄水时间为500s，游船进出闸间隔时间各为60s，经计算，游船单向过闸时间约25min。

2. 耗水量分析

过闸次数按日均上、下行各8艘，全为单向过闸考虑。船闸日均耗水量按下式计算：

$$Q = nV/86400 + q \tag{1.2-41}$$

$$q = eu \tag{1.2-42}$$

式中：n——日均过闸次数，本工程取16次，全按单向过闸考虑；

V——一次过闸耗水量，m^3，$72\times16\times(5.4-3.16)=2580.5m^3$；

q——闸、阀门漏水损失，m^3/s；

e——止水线上的漏水损失，$m^3/(s\cdot m)$，本工程取0.0015；

u——闸、阀门止水线总长度，m，本工程取25.2m。

计算得船闸日均耗水量$Q=0.52m^3/s$。

1.2.3.4.6 基础处理

船闸主要结构上闸首、下闸首、闸室均采用整体坞式结构；上、下游主导航墙采用重力式挡墙结构，辅导航墙采用扶壁式挡墙结构。为延长渗径降低渗透坡降，上下闸首与相邻闸室之间均设“U”形止水，增加了基础渗透稳定性，结合水闸布置，在上闸首基础下游侧设60cm厚混凝土防渗墙，防渗设计同水闸，渗透稳定满足要求。

为防止不均匀沉降，上、下游引航道混凝土护底采用水泥搅拌桩进行基础处理，桩径0.7m，矩形布置，间排距1.0m×1.0m，桩长5.0m。船闸主要结构上闸首、下闸首、闸室基础采用钻孔灌注桩基础处理方案，假定上、下闸首底板以上全部荷载均由桩基承受，基础桩基布置，根据《建筑桩基技术规范》(JGJ 94—2008)，采用混凝土钻孔灌注桩，桩径0.8m，间排距3.0m×3.0m，矩形布置。钻孔灌注桩穿透粉细砂层、含砾细砂层、黏质粉土与粉砂互层、淤泥质粉质黏土层、圆砾层、黏质粉土层，进入卵石层，以⑥-4层卵石层作为桩基础持力层的地层，单桩桩长约18m。

1.2.3.4.7 结构设计计算

1. 船闸上、下闸首稳定应力计算

(1) 水位组合。

1) 基本组合1。

正常蓄水位工况：内江正常水位5.40m，富春江水位(最低水位)1.51m。

设计洪水位工况：内江水位10.11m，富春江水位10.11m。

最不利通航工况：内江水位5.40m，富春江水位3.24m。

2) 基本组合2。

完建工况：基坑无水，基底考虑扬压力。

检修水位工况：内江水位5.40m，富春江水位4.51m。

3) 特殊组合3。

校核洪水位工况：内江水位10.78m，富春江水位10.78m。

(2) 主体结构地质条件。本阶段地勘资料显示，船闸上闸首、下闸首、闸室和上下游导航墙等主要结构基础所在场地上部以高压缩性的淤泥质土、密实度低的粉土、粉细砂为主，工程性能较差，场地不具备浅基础条件，本阶段拟采用钻孔灌注桩基础，用⑥-3层中砂、⑥-4层卵石层作为桩基础持力层。

船闸上、下闸首基底与地基之间的摩擦系数取为0.2，天然地基承载力为80kPa。

(3) 计算原则。本阶段对船闸上、下闸首进行抗滑、抗倾整体稳定验算和基础应力计算分析。

1) 抗滑稳定计算。土基上沿结构基底面的抗滑稳定安全系数按下式计算：

$$K_c=\frac{f\sum V}{\sum H} \tag{1.2-43}$$

式中：K_c——土基抗滑稳定安全系数；

f——沿结构基底的抗滑摩擦系数；

$\sum V$——作用在结构上的全部垂直荷载；

$\sum H$——作用在结构上的全部水平荷载。

2) 上、下闸首基底应力计算。考虑船闸右侧土压力作用，结构受力不对称，按双向受力公式计算：

$$P_{\min}^{\max}=\frac{\sum G}{A}\pm\frac{\sum M_x}{W_x}\pm\frac{\sum M_y}{W_y} \tag{1.2-44}$$

式中：$P_{\min}^{\max}$——结构基底压力的最大或最小值；

$\sum G$——作用在结构上的全部竖向荷载；

$\sum M_x$、$\sum M_y$——作用在结构上的全部竖向荷载和水平荷载对基础底面形心轴 x、y 力矩；

A——结构基底面的面积；

W_x、W_y——结构基底对该底面形心轴 x、y 的截面矩。

3）计算荷载组合及计算工况。上、下闸首计算工况及荷载组合见表 1.2-31。

表 1.2-31　　上、下闸首计算工况及荷载组合

作用组合	计算工况	自重	上游水压力	下游水压力	扬压力	水重	船舶荷载	浪压力	土压力	备注
基本组合 1	正常蓄水位	√	√	√	√	√		√	√	船闸不通航
	最不利通航	√	√	√	√	√	√	√	√	船闸通航
基本组合 2	完建	√			√				√	船闸不通航
	检修	√	√	√	√	√		√	√	船闸检修
特殊组合 3	校核洪水位	√	√	√	√	√		√	√	船闸不通航

（4）结构计算成果。上闸首整体稳定验算及基础应力计算分析成果见表 1.2-32。

表 1.2-32　　上闸首整体稳定及基础应力计算分析成果

计算工况	抗滑稳定安全系数	抗倾稳定安全系数	抗浮稳定安全系数	应　力/kPa		应力不均匀系数
				外江侧	内江侧	
正常蓄水位	1.67	1.78	2.39	122	55	2.2
最不利通航	1.85	1.72	2.18	113	62	1.8
完建	/	3.48	1.52	157	116	1.4
检修	/	3.48	1.52	157	116	1.4
校核洪水位	41.02	1.42	1.24	85	56	1.5

注　表中拉应力为负值，压应力为正值。

闸室整体稳定验算及基础应力计算分析成果见表 1.2-33。

表 1.2-33　　闸室整体稳定验算及基础应力计算分析成果

计算工况	抗滑稳定安全系数	抗浮稳定安全系数	应　力/kPa		应力不均匀系数
			左岸	右岸	
正常蓄水位	10.73	1.92	88	68	1.3
最不利通航	12.46	2.18	80	75	1.1
完建	9.42	8.42	151	101	1.5
检修	9.95	1.89	148	113	1.3
校核洪水位	17.10	1.47	73	70	1.1

注　表中拉应力为负值，压应力为正值。

下闸首整体稳定验算及基础应力计算分析成果见表1.2-34。

表1.2-34 下闸首整体稳定验算及基础应力计算分析成果

计算工况	抗滑稳定安全系数	抗倾稳定安全系数	抗浮稳定安全系数	应力/kPa		应力不均匀系数
				外江侧	内江侧	
正常蓄水位	1.67	1.78	2.39	122	55	2.2
最不利通航	1.85	1.72	2.18	113	62	1.8
完建	/	3.48	1.52	157	116	1.4
检修	/	3.48	1.52	157	116	1.4
校核洪水位	41.02	1.42	1.24	85	56	1.5

注 表中拉应力为负值，压应力为正值。

计算结果表明：①各种工况下船闸主要结构整体抗滑稳定安全系数、抗倾稳定安全系数、应力不均匀系数满足规范要求；②闸首基底最大压应力为157kPa，而地基承载力为80kPa，天然地基承载力不满足要求。

本船闸口门宽度较大，结构对变位和沉降要求高，本阶段拟采用混凝土钻孔灌注桩作为船闸结构地基处理方案。

2. 船闸桩基计算

(1) 桩基布置。假定闸室底板上全部荷载均由桩基承担，闸室桩基采用混凝土钻孔灌注桩。灌注桩按摩擦端承桩设计，即桩顶竖向荷载由桩侧阻力和桩端阻力共同承受，桩端进入⑥-4层卵石层。桩基初拟采用桩径0.8m、@3×3m、矩形布置，深入⑥-4层卵石层2m，平均桩长约18m。

(2) 地基土计算参数。地基土分6层，各层土的极限侧阻力和极限端阻力标准值见表1.2-35。

表1.2-35 地基土层计算参数 单位：kPa

土层	极限侧阻力	极限端阻力	土层	极限侧阻力	极限端阻力
粉细砂	36		淤泥质粉质黏土夹粉砂	18	
含砾细砂	40		粉质黏土	30	
卵石	110	3500	全风化花岗闪长岩	65	
强风化花岗闪长岩	120		中风化花岗闪长岩	150	9000

(3) 单桩承受的竖向力和水平力。

1) 桩承受的竖向力：

$$N_{ik}=\frac{F_K+G_K}{n}\pm\frac{M_{xk}y_i}{\sum y_i^2}\pm\frac{M_{yk}y_j}{\sum y_j^2} \tag{1.2-45}$$

2) 桩承受的水平力：

$$H_{ik}=\frac{H_k}{n} \tag{1.2-46}$$

式中：F_K——作用于承台顶面的竖向力；

G_K——桩基承台和承台上土自重标准值；

N_{ik}——桩基的平均竖向力；

M_{xk}、M_{yk}——作用于承台底面，绕通过桩群形心的 x、y 主轴的力矩；

y_i、y_j——第 i、j 根桩至 y 和 x 轴的距离；

n——桩总数；

H_k——作用于承台底面的水平力；

H_{ik}——作用于第 i 桩基的水平力。上、下闸首底板基桩单桩承受的竖向力和水平力计算结果见表 1.2-36。

表 1.2-36　单桩承受的竖向力和水平力计算成果

部位	计算工况	单桩所受最大竖向力 $N_{i\max}$/kN	单桩所受水平力 H_i/kN	桩顶水平位移 X/mm	桩顶竖向位移 Z/mm
上闸首	完建	937	40	0.34	0.75
	正常蓄水位	852	22	0.13	0.55
	最不利通航	843	21	0.12	0.53
	校核洪水位	491	25	0.20	0.43
	检修	912	38	0.31	0.72
下闸首	完建	940	42	0.35	0.76
	正常蓄水位	854	23	0.13	0.56
	最不利通航	844	21	0.13	0.53
	校核洪水位	495	26	0.21	0.44
	检修	915	39	0.32	0.73

（4）单桩的竖向、水平向允许承载力。

1）单桩竖向承载力计算公式见式（1.2-6），计算得 R_a=1948.3kN。

2）单桩水平向承载力计算公式见式（1.2-8），计算得：R_h=135kN。

（5）计算成果分析。各工况下，上闸首基础单桩所受最大竖向力 $N_{\max}$=937kN<1.2R_a=2338.0kN，下闸首基础单桩所受最大竖向力 $N_{\max}$=940kN<1.2R_a=2338.0kN。各工况下，上闸首基础单桩所受最大水平力 $H_{\max}$=40kN<R_h=135kN，下闸首基础单桩所受最大水平力 $H_{\max}$=42kN<R_h=135kN。因此，各工况下，上、下闸首基础钻孔灌注桩竖向、水平向承载力均满足规范要求。

各工况下，上闸首基础桩顶最大水平位移为 0.34mm，最大竖向位移为 0.75mm；下闸首基础桩顶最大水平位移为 0.35mm，最大竖向位移为 0.76mm。满足规范对钻孔灌注桩桩顶的水平位移控制不超过 5mm 的要求，满足闸基最大沉降量不宜超过 15cm 和相邻部位的最大沉降差不宜超过 5cm 的要求。

3. 船闸辅导航墙稳定计算

船闸辅导航墙计算工况、荷载组合、计算公式、计算参数均与水闸上、下游扶壁式挡墙相同。船闸辅导航墙稳定与应力计算成果见表 1.2-37。

表 1.2-37 船闸辅导航墙稳定与应力计算成果

作用组合	计算工况	抗滑稳定安全系数	抗滑稳定安全系数允许值	抗倾稳定安全系数	抗倾稳定安全系数允许值	应力/kPa	
						墙趾	墙踵
基本组合	完建	2.06	1.20	8.18	1.4	146	122
	正常蓄水位	1.878	1.20	2.16	1.4	127	69
	设计洪水位	2.33	1.20	1.72	1.4	112	104
特殊组合	校核洪水位	2.49	1.05	1.68	1.3	113	108

由以上计算结果可以看出：

(1) 在各工况下，挡墙抗滑稳定和抗倾稳定均满足规范要求。

(2) 挡墙基底最大压应力为 146kPa，而地基承载力为 80kPa，天然地基承载力不满足要求。

(3) 基础底面的应力不均匀系数不满足规范要求。

因此，天然地基不满足承载力要求，需要采用桩基进行加固处理。桩基计算详见闸室段桩基计算成果。上游船闸与下游船闸在输水系统设计、主要建筑物布置、过闸时间、耗水量分析、基础处理及建筑物结构设计计算等方面几乎一致，并无太大区别，故仅对上游船闸进行介绍。

1.2.4 安全监测

1.2.4.1 监测目的

通过仪器监测和巡视检查来了解和掌握建筑物的工作状态，以便综合分析施工期和运行期建筑物的安全状况，以不断改善工程安全运行条件。根据监测资料对建筑物的结构特性进行分析，用以检验施工质量。

1.2.4.2 监测设计原则

以安全监测为主，总体布置，全面考虑，突出重点，分期实施。监测项目和测点布设要能较全面地反映各水工建筑物的工作状态，但仪器的布置要少而精，尽量选用已通过鉴定并经长期稳定性考核证明质量较好，且为国内外工程运用多年的仪器。

观测设施尽量集中，便于巡检；在布置监测设备的同时，应统筹考虑监测站的布设；观测方法简捷直观，同时能满足精度要求。在监测设计中，断面选择、测点布置、仪器选型等方面，尽量做到长期观测和施工期观测相结合，使观测资料对施工、设计、运行都能起指导作用。

1.2.4.3 监测设计依据

《水闸设计规范》(SL 265—2016)。

《国家一、二等水准测量规范》(GB/T 12897—2006)。

《水位监测标准》(GB/T 50138—2010)。

《水利水电工程安全监测设计规范》(SL 725—2016)。

地质勘察成果、结构设计成果。

1.2.4.4 监测布置

根据本工程级别、特点，结合规范要求，选定上游水位、下游水位、不均匀沉降、基础扬压力等监测项目。具体布置如下：

1. 水闸

在上、下游扶臂式挡墙各布置1根不锈钢水尺。水尺顶各布置1个几何水准点。

在水闸靠岸侧挡墙、每个闸段上下游侧各布置1个几何水准测点，监测闸室不均匀沉降，共计12个几何水准测点。

在每个闸孔两侧闸墩顶部各布置1个强制对中底盘，在两岸各布置1个视准线工作基点和1个视准线基准点，采用视准线观测水平位移，共计6个强制对中底盘、2个视准线工作基点、2个视准线基准点。

在中间及一侧闸段各布置1个基础扬压力监测断面，每个监测断面布置3个测压管，分别布置在防渗墙后、闸室中部、闸室靠下游侧，管内设置渗压计，共计6个测压管和6支渗压计。

在左、右岸各布置3个侧向绕渗测压管，管内布置渗压计，共计6个测压管和6支渗压计。

2. 船闸

在船闸闸室和上、下闸首各布置2个几何水准点，监测船闸不均匀沉降，共计6个几何水准点。

在上闸首布置2个强制对中底盘，在下闸首布置2个强制对中底盘，下闸首视线两岸各布置1个视准线工作基点和1个视准线基准点，共计4个强制对中底盘、2个视准线工作基点、2个视准线基准点。

在左岸布置1个几何水准工作基点，在左岸选择稳固基础各间距50m布置3个几何水准基准点。

在船闸基础布置1个监测断面，布置3支渗压计，分别布置在防渗墙后、闸室中部、闸室靠下游侧。

1.2.4.5 监测仪器技术指标

1. 几何水准点/工作基点/基准点

几何水准点/工作基点/基准点由测点保护墩和水准标芯组成。测点保护墩为C20混凝土墩。水准标芯为不锈钢材料，是直径为1.8cm左右的圆柱体，顶部为半球形。

2. 渗压计

量程：0.35MPa；精度：±0.1%F.S.。

3. 水尺

水尺采用不锈钢制成，宽30cm，同时水尺旁采用夜视反光油漆涂刷文字。

4. 水准仪及水准尺

水准仪高差测量中误差不超过±0.3mm/km。水准尺采用铟钢尺，长2m。

5. 弦式读数仪

可测频率和温度；测量精度：±0.02%F.S.R.；测量灵敏度：0.02%F.S.；工作温

度：−40～60℃；具有测读、存储等功能。

频率测量范围：400～6000Hz，5V 矩形波；测量分辨率：0.25μs/225；时基精度：0.01%。

温度测量范围：−50～150℃；测量分辨率：0.1°；测温精度：0.5%F.S.R.。

6. 集线箱。

本工程采用 16 通道集线箱。

7. 电缆

所用电缆应是耐酸、耐碱、防水、质地柔软的专用电缆，其芯线应为铜丝（镀锡）。电缆在使用温度为−20～+60℃，电缆芯线在 100m 内无接头，耐水压 0.5MPa，并要求与各类仪器配套。

四芯屏蔽电缆技术指标：芯线：镀锡铜线；线面积：>0.3mm^2；芯线电阻：<6Ω/100m（单根）；绝缘电阻大于 100MΩ。

8. 电测水位计

主要技术指标：测绳长度为 20m；最小读数为 1mm。

9. 测压管护管

采用直径 50mm 镀锌钢管，局部开梅花形分布的孔。

10. 电缆保护管

采用直径 50mm 镀锌钢管。

11. 强制对中底盘

测量用的强制对中底盘建议采用 F1-A 型产品或经批准的类似产品，对准误差小于 0.05mm。

1.2.4.6 监测仪器埋设要求

1. 埋设点位误差

监测仪器设备安装埋设点的允许偏差见表 1.2-38。

表 1.2-38 监测仪器设备安装埋设点的允许偏差

序号	仪 器 设 备	测 量 位 置	允许偏差/mm	
			水平	垂直
1	传感器	传感器中心点	±50	±50
2	外部变形测量点	测量点中心	±5	±5

2. 渗压计埋设要求

渗压计在埋设前，必须进行室内检验，合格后方可使用；取下仪器端部的透水石，在钢膜片上涂一层黄油或凡士林以防生锈。安装前需将渗压计在水中浸泡 2h 以上，使其达到饱和状态，连续测读 3 次，取平均值作为初值，再在测头上包上装有干净的饱和细砂袋，使仪器进水口通畅，防止水泥浆进入渗压计内部；可采用坑式埋设法，在基础内挖坑埋设。

3. 水尺埋设要求

首先将不锈钢水尺采用膨胀螺栓固定在混凝土面上，再采用夜视反光油漆在混凝土面上涂刷文字。

4. 测压管埋设要求

(1) 钻孔用清水钻进，严禁泥浆护壁，终孔孔径为90mm。钻孔时应严格控制深度和垂直度，如有倾斜，应测出其斜度，以便准确计算底部高程；钻孔孔位、孔深、倾角应符合设计要求，孔斜偏差不大于1%。测压管钻孔深度达到设计深度后，应进行灵敏度检查。钻孔过程中，如发现集中漏水（无回水）、掉钻、掉块、塌孔等情况时，应及时整理并详细记录。钻孔结束后用清水冲洗，要达到水清、砂净、无沉淀。

(2) 测压管用镀锌钢管加工，包括花管和导管两部分，内径为50mm。花管段长为1m，透水孔孔径为2cm，间距为4cm，面积开孔率为18%～20%，排列均匀。

5. 电缆埋设要求

(1) 电缆走线敷设时，应严格按照电缆走线设计图和技术规范施工，尽可能减少电缆接头。应加注标志，注意保护，选好临时观测站的位置，采取切实可靠的措施保护观测电缆。

(2) 在电缆走线的线路上，应设置警告标志。尤其是暗埋线，应对准暗埋线位置和范围设置明显标志。设专人对观测电缆进行日常维护，并建立维护制度。

(3) 电缆敷设过程中，要保护好电缆头和编号标志，防止浸水或受潮；应经常检测电缆和仪器的状态及绝缘情况，并进行记录和说明。

(4) 所有外露在结构物表面的电缆都须用钢管保护。

(5) 在混凝土内的电缆可沿钢筋或就地敷设，必要时也须用钢管保护。电缆跨越施工留缝时，应有5～10cm的弯曲长度，并用钢管保护，钢管两头用沥青麻布包裹。穿越阻水设施时，应单根平行排列，间距2cm，加阻水环或阻水材料回填。

(6) 塑胶材质电缆的连接（弦式仪器电缆）应采用热塑接头方式。热塑接头具体要求如下。

1) 将选好的电缆的电缆头外皮剪除80mm，按表1.2-39所示，将芯线剪成长度不等的线段。仪器上的电缆头也按相同颜色的对应长度剪短，各芯线连接之后，长度一致，结点错开，切忌搭接在一起。

表1.2-39　电缆连接时对接芯线应留长度表　单位：mm

芯线颜色	仪器电缆接头芯线长	接长电缆接头芯线长	芯线颜色	仪器电缆接头芯线长	接长电缆接头芯线长
黑	15	65	红	30	45
白	45	30	绿	65	15

2) 把铜丝的氧化层用砂布擦去，按同种颜色互相搭接，铜丝相互插入，拧紧，涂上松香粉，放入已熔化好的锡锅内摆动几下取出，使上锡处表面光滑无毛刺，如有毛刺应锉平。

3) 将热缩管套入电缆的一端，按要求焊接好电缆后，芯线用5～7mm的热缩管，加温热缩，用热风枪从中部向两端均匀地加热，使热缩管均匀地收缩，管内不留空气，热缩管紧密地与芯线结合。在热缩管与电缆外皮搭紧段缠上热熔胶，将预先套在电缆上的直径18～20mm热缩管移至接头部位，再加温热缩外套。

（7）电缆的保护。

1）电缆连接后，在电缆接头处涂环氧树脂或浸入蜡，以防潮气渗入。

2）应严格防止各种油类沾污腐蚀电缆，保持电缆的干燥和清洁。

3）在牵引过程中，要严防施工机械损坏电缆，以及焊接时焊接渣烧坏电缆；电缆穿管保护时应按设计要求选材。管径可根据电缆数量确定，电缆数量少于5根（含5根）时可采用直径较小的多根管线并排牵引。

4）电缆数量大于5根时需采用较大的保护管（50mm）集中牵引，管内应保证有25%的冗余空间；多根管线并排牵引时，管线间应平行布置；保护管之间连接必须采用专用管接头或专用连接套进行连接；支管线向主管线汇集时，必须采用三通接头进行连接。

5）保护管之间不应有监测电缆裸露。

6）保护管需穿越其他管线时，必须采用可伸缩的软管进行穿越。

7）电缆保护管必须采用管卡固定，不应采用铁丝、胶带、绳索等绑扎、悬吊的方式固定。

6. 监测频次及精度

（1）监测频次。视准线和几何水准监测施工期每月观测1次，初期运行期每月观测1次，运行期每季度观测1次。

扬压力及侧向绕渗监测施工期每周观测1次，初期运行期每周观测1次，运行期每旬观测1次。每次扬压力观测时应同时进行水位观测。上、下游水位应每天观测1次。在发生洪水、地震、强降雨等不利情况时，应在过后及时组织监测工作。

（2）监测精度。水平位移和垂直位移精度均为±2mm。

7. 巡视检查

（1）巡视检查一般要求。

1）从施工期到运行期，各建筑物均需进行巡视检查。

2）做好巡视检查策划，规划好巡视检查的部位、路线、频次和巡视人员。

3）应根据本工程的具体情况和特点，制定检查程序，携带必要的工器具或具备一定的检查条件后进行。应携带必要的设备如地质罗盘、皮尺及标尺、望远镜、照相机等。

4）及时做好巡查记录整理和报告。①每次巡视检查均应做好详细的现场记录，必要时应附有略图、素描、照片或录像资料；②现场记录必须及时整理，还应将本次检查结果与以往检查结果对比，分析有无异常迹象。在整理分析过程中，如有疑问或发生异常现象，应立即对该检查项目进行复查，以保证记录的准确性和真实性；③日常巡视检查中发现异常情况时，应立即编写检查报告，并及时上报。

（2）巡视检查次数。巡视检查时巡检次数要求如下：

1）日常巡视检查。在施工期，每周1次；正常运行期，可逐步减少次数，但每月不少于1次；雨季应增加巡视检查次数。

2）年度巡视检查。对各安全监测建筑物进行较为全面的巡视检查。年度巡视检查除按规定程序对各种设施进行外观检查外，还应审阅原有记录和有关监测数据等档案资料，每年不少于1次。

3）特殊情况下的巡视检查。在附近发生有感地震、暴雨、大洪水，以及发生其他影响安全监测建筑物运用的特殊情况时，应及时进行巡视检查。

（3）巡视检查内容。巡视检查的项目和内容主要包括以下几个方面：

1）建筑物结构有无异常变形、积水或植物滋生等现象。

2）进水渠迎水面护面是否损坏；有无裂缝、剥落、滑动、隆起、塌坑、冲刷或植物滋生等现象；水面有无冒泡、变浑、漩涡等异常现象。

3）监测设施主要检查如下内容：各类监测仪器、各测点的保护装置有无受到人为的损坏等。

4）其他需要引起关注的情况。

8. 观测资料整编

（1）监测资料分析要求。

1）在每次监测后立即进行日常资料的整理，包括原始数据的记录、检验和监测物理量的换算，以及填表、绘图、初步分析和异常值判别等日常工作。监测物理量的换算公式和有关表格的填写应符合规程规范的要求。

2）定期进行系统全面的资料整理整编工作，包括仪器监测资料、巡视检查资料和有关监测设施变动或检验、校测等资料的收集、填表、绘图、初步分析和编印等工作。所有监测资料要求按规定的格式建立数据库，输入计算机，用磁盘或光盘备份保存并刊印成册。

3）及时对监测资料进行分析。

（2）监测资料分析的主要项目和内容。

1）监测资料分析的项目、内容和方法应根据实际情况而定，但对于变形量、扬压力及巡视检查的资料必须进行分析。

2）收集分析与监测量有关的环境因素变化情况。

3）分析测值变化与有关因素的关系。应分析测值与有关因素的定性或定量关系，特别注意分析测值时效变化、趋势和速率情况。

（3）监测资料分析报告的提交。

1）常规监测报告。常规监测报告是以定期的形式进行信息反馈，每周需提交一份监测周报，每月月末提供本月监测月报，每年1月底提供上一年度监测年报。各报告内容均需包含仪器采购、施工埋设情况（包括相应时间埋设量、埋设总量）、损坏及损坏原因分析，监测数据过程线，对监测数据的极值统计，文字描述，对存在问题的初步分析等及其他必需的内容。

2）监测简报。当出现工程问题如坍塌、裂缝、明显变形或监测成果出现异常有加密时，需要提供监测简报。简报频次宜不低于1份/d，持续时间不短于1周。

3）专题监测报告。专题监测报告为特殊需要所提供，包括工程竣工和专家咨询会等所需要的专题监测报告。专题报告需按照相应专家组要求编写。

9. 监测工作量

安全监测工程量（上游水闸船闸工程）见表1.2-40。

表 1.2-40 安全监测工程量

序号	项目名称	单位	数量	备注
1	几何水准测点	个	20	
2	几何水准工作基点	个	1	
3	几何水准基准点	个	3	
4	测压管	个	12	
4.1	测压管孔口装置	个	12	
4.2	测压管钻孔及回填	m	180	
4.3	测压管护管	m	180	
5	渗压计	支	18	量程：0.35MPa；精度：0.1%F.S.
6	渗压计电缆	m	3200	耐水压：0.5MPa
7	集线箱	个	2	16 通道
8	电缆保护管	m	900	直径 50mm 镀锌钢管
9	水尺	m	15	不锈钢，宽 30cm
10	水准仪	台	1	每公里中误差 0.3mm
11	水准尺	根	2	2m 铟钢尺
12	弦式读数仪	台	1	
13	电测水位计	台	1	量程：20m
14	强制对中底盘	个	10	
15	视准线工作基点	个	4	
16	视准线基准点	个	4	
17	经纬仪	台	1	

注 水准仪、水准尺、弦式读数仪、电测水位计均仅采购 1 套，上游水闸和下游水闸共用。

1.2.5 行洪影响分析

1.2.5.1 水利计算和影响分析

1. 数学模型

富春江富阳河段属钱塘江河口的河流段，其洪水水位和流场既受流域洪水条件控制，也受闸口以下河床和潮汐影响，在大洪水期间，洪水对闸口以下江道的冲刷直接影响闸口水位条件，为此，根据浙江省水利河口研究院的经验，本项计算采用一维与二维模型相结合的方式，考虑到大缺口以上是钱塘江洪水冲刷的重点河段，因此对富春江电站至澉浦河段采用一维动床数学模型进行模拟，为二维模型提供受设计洪水冲刷作用下的闸口断面边界条件；闸口以上进一步采用二维动床数学模型计算，以更好地刻画影响的平面分布情况。模型计算时充分考虑了各主要支流的汇入。图 1.2-20 为二维动床数学模型计算网格图，计算时对上下游水闸船闸处及其他水流、地形变化较为剧烈的河段进行了局部加密，最小网格为3m。

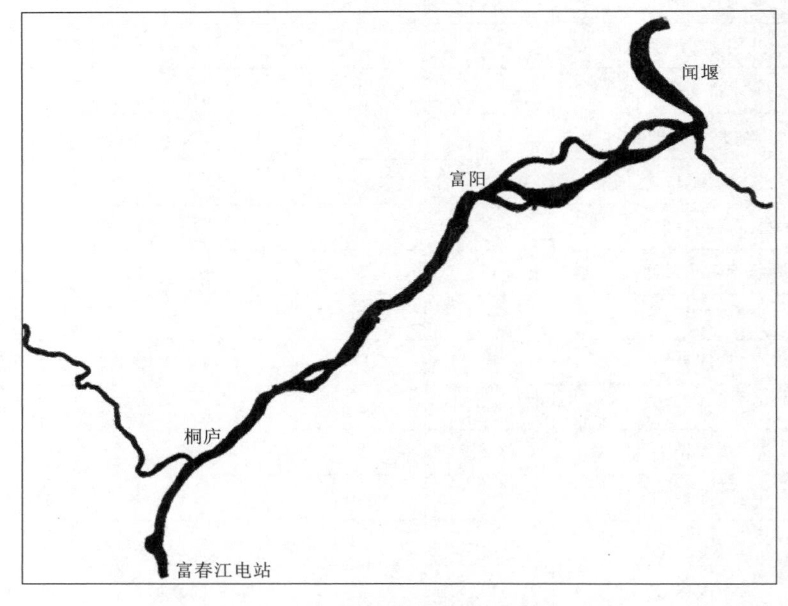

图1.2-20 二维动床数学模型计算网格示意图

2. 计算条件

(1) 设计流量选用。设计流量选用考虑以下3方面因素。

1) 近些年随着兰江及其上游堤防陆续建设，上游滞洪区越来越少，据浙江省水利水电勘测设计院有限责任公司《钱塘江流域综合规划》研究，兰江及其上游闭口堤防建设，将增加兰溪站洪水位0.80m，根据兰溪站水位-流量关系估算约增加洪峰流量1500～1700m^3/s；而新安江水库汛限起调水位变化减小富春江洪峰流量，根据浙江省水利河口研究院的《富春江设计洪水位、流量调整报告》，洪峰流量减小1100～2600m^3/s。

2) 浙江省防汛防台抗旱指挥部目前采用华东院新安江水电站和富春江水电站技术设计时的下泄流量。

3) 与浙江省水利厅认可的《钱塘江富春江电站至闸口江堤规划修编》中的有关计算条件的一致性。

由此，采用满足上述各方面要求的、华东院新安江水电站和富春江水电站技术设计时的流量成果进行计算。该项成果是基于1955年型洪水过程设计的，充分考虑了新安江水库106.50m的起调水位和富春江电站23m的起调水位的调节作用。根据该项成果，富春江电站设计下泄洪峰流量见表1.2-41。除此之外，模型计算时，考虑了分水江、浦阳江等各支流汇入情况。

表1.2-41 富春江电站设计下泄洪峰流量

频率/%	1	2	5	10	20
设计洪峰流量/(m^3/s)	23100	21600	17300	15240	13100

（2）区间洪水入汇流量确定。入汇富春江大大小小的支流共计8条，其中分水江对规划河段影响较大。分水江的流量控制站为分水站，根据1960年后每年富春江电站（或芦茨埠站）下泄洪水过程，并结合洪水从富春江水电站和分水江枢纽流至汇入口的时差，取富春江水电站洪峰发生时刻相对应的分水站流量，形成流量系列数据，再对分水站的流量数据按富春江水电站-分水江枢纽联合调度方案做修正，然后进行频率分析，见图1.2-21。支流的控制站流量与入汇口的流量换算为集雨面积比的0.5次幂关系，统计得分水江入汇流量见表1.2-42。

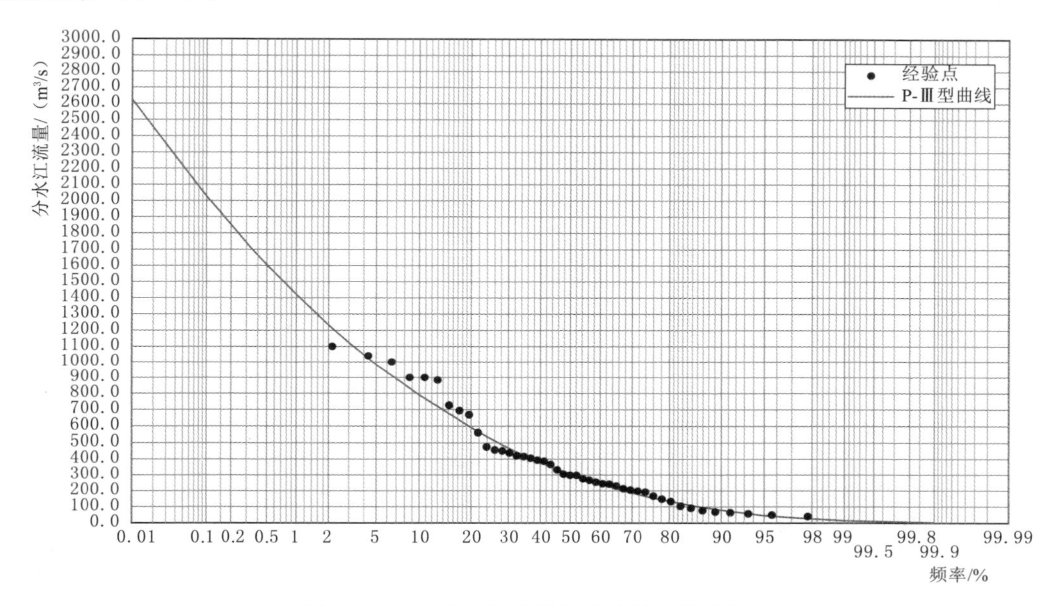

图1.2-21　分水江流量频率曲线（分水站）

表1.2-42　　分水江入汇流量统计

频率/%	总面积/km²	水文站控制面积/km²	K值	水文站流量/(m³/s)	汇入口流量/(m³/s)
2	3430	2600	1.15	1230	1415
5	3430	2600	1.15	1000	1150
10	3430	2600	1.15	800	920

浦阳江入汇流量按照与分水江相同的方法进行分析；其余各支流的入汇流量按各频率下的闸口站和芦茨埠站的流量差（$P=2\%$：3000m³/s；$P=5\%$：2600m³/s；$P=10\%$：2300m³/s）扣除分水江和浦阳江相应频率的流量后按流域面积分配到各支流上。汇流采用恒定流过程。

（3）江道地形。富春江江道地形采用最新实测江道地形（北支江段地形采用2017年新测成果，其余采用2011年测图）。

（4）不考虑两岸破堤。富春江两岸经济发达、企业众多，抗洪抢险能力也较强，出现大规模破堤的可能性不大。以1955型百年一遇洪水为例，即使大规模破堤后，分洪水量仅占总洪量的1.8%，对沿程水位的影响也在0.22m以内，此幅度可留作富余度。本次洪水位计算时考虑江心洲漫堤因素，但不考虑两岸破堤。

3. 计算组次

利用建立的数学模型研究如下 3 组情况：①在 2017 方案提出时的江道条件（简称 2017 江道条件）下，开展北支江综合整治，并与 2005 年批复方案比较其影响和差异；②在 2017 江道条件下，开展北支江综合整治，按只建闸实施后的影响及其与建闸清淤 266 万 m^3 后影响的差异；③不同频率洪峰时刻的流场。图 1.2-22～图 1.2-24 为 2017 年江道条件下按 2017 方案实施后 2%、5% 和 10% 洪水工况作用下上、下闸址流场图。

4. 整治工程实施前后的水位变化

表 1.2-43 给出了本次综合整治方案的各种工况对沿程洪水位的影响。

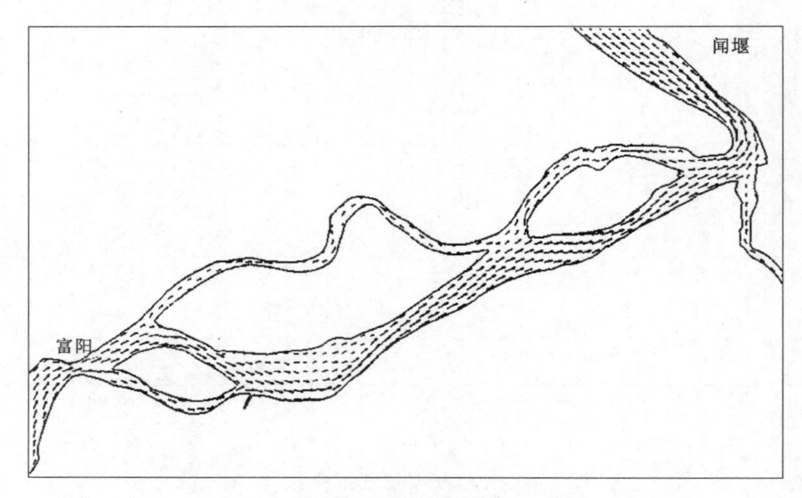

图 1.2-22　2%频率下洪峰时刻富阳至闸堰段流场图

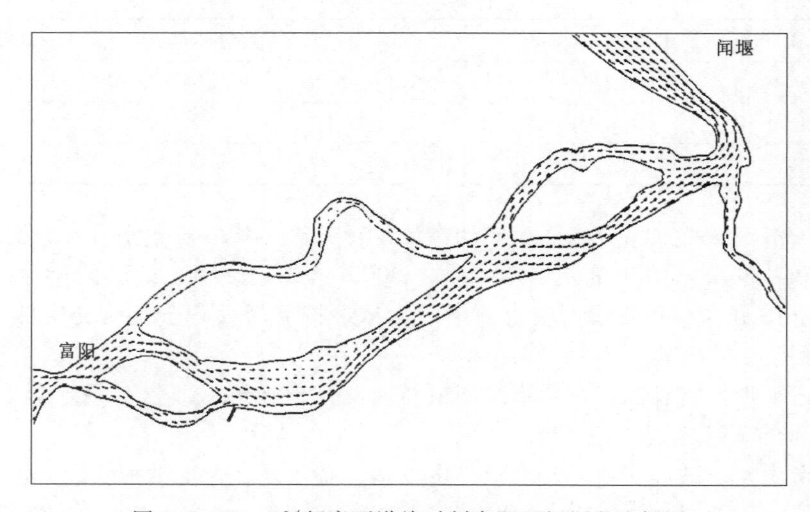

图 1.2-23　5%频率下洪峰时刻富阳至闸堰段流场图

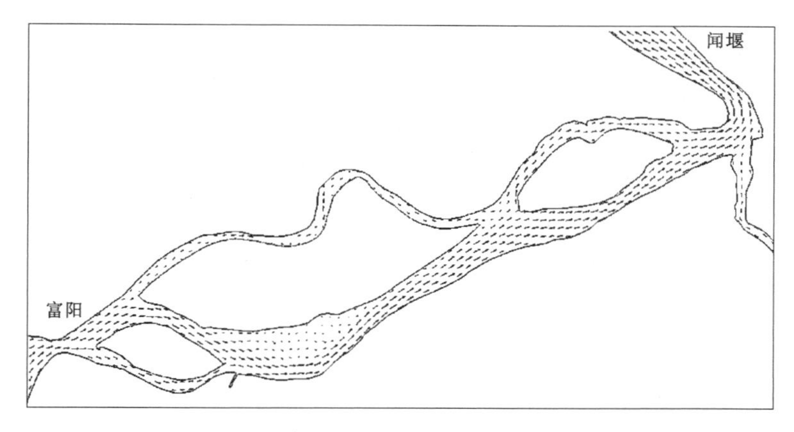

图 1.2-24 10%频率下洪峰时刻富阳至闸堰段流场图

表 1.2-43 综合整治方案的各种工况对沿程洪水位的影响($P=2\%$) 单位：m

工况名称	沿程洪水位					
	富阳	北支入口断面北汊	北支入口断面南汊	北支出口断面北汊	北支出口断面南汊	闸家堰
当前地形，仅建闸（含堵坝拆除）	−0.06	−0.09	−0.05	0.04	0.03	0
当前地形，建闸＋清淤 266 万 m^3	−0.10	−0.13	−0.07	0.04	0.03	0

计算表明：建闸后清淤 266 万 m^3 相比仅建闸方案，富阳水位多降低 4cm，可见北支江清淤效果较为显著。

5. 分流比分析

计算表明，在 2005 年的地形条件下，实施 2005 年批复的北支江综合整治方案，50 年一遇洪水作用下，北支江的分流比为 16%；在 2017 年的地形条件下，实施 2005 年批复的北支江综合整治方案，50 年一遇洪水作用下，北支江的分流比为 10%；在 2017 年的地形条件下，实施 2017 年提出的建闸和清淤 266 万 m^3 整治方案，50 年一遇洪水作用下，北支江的分流比为 9.7%。表面看起来，2017 年的江道条件下实施 2005 批复方案的效果差了，实际上是由于 2005 年之后的河道采砂及其他河道治理活动的影响，富春江江道行洪条件较 2005 年时有较大改善，北支江需要承担的行洪任务有所减小有关。对照 2017 年江道条件，建闸与建闸加清淤 266 万 m^3 分流比在 50 年一遇洪水下相差 2.9%，北支江河道清淤有一定的效果，北支江 2005 年河床地形与 2017 年河床地形分流比对比见表 1.2-44。

表 1.2-44 北支江 2005 年河床地形与 2017 年河床地形分流比对比

序号	地形	整治方案	分流比		
			$P=1\%$	$P=2\%$	$P=5\%$
1	2005 年江道条件	2005 年批复方案	/	16	/
2	2017 年江道条件	2005 年批复方案	10.3	10	10.1
3	2017 年江道条件	本次提出建闸加清淤 266 万 m^3	10.0	9.7	9.7

6. 排涝分析

(1) 计算工况。

方案1：利用2005年新测地形资料，复核$P=5\%$北支江综合整治方案提出的工程措施下的涝水位。

方案2：利用2017年新测地形资料，分析$P=5\%$本次规划建闸（含堵坝拆除）和河床清淤266万m^3方案下的涝水位。

(2) 涝水位分析。北支江仅建闸未清淤时位于下堵坝上游的各闸闸站洪水低水位较清淤后水位高，而下游的闸站水位偏低，是由于清淤前河道整体偏高且下堵坝位置过水断面较小，洪水较多地拥堵在下堵坝上游。富阳北支江沿线闸站位置见图1.2-25，综合整治方案对研究闸站洪水时低水位的影响见表1.2-45。

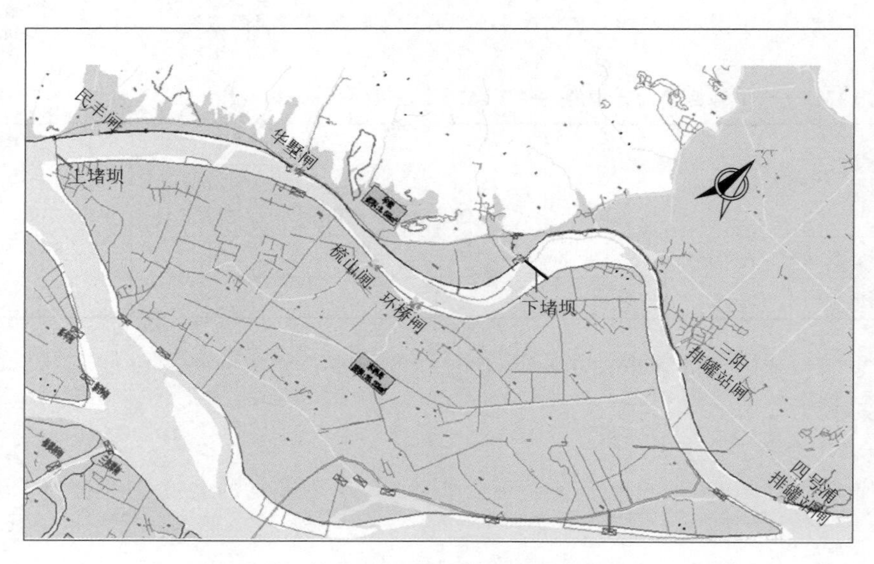

图1.2-25 富阳北支江沿线闸站位置图

表1.2-45 综合整治方案对研究闸站洪水时低水位的影响($P=5\%$) 单位：m

方案	民丰闸	华墅闸	梳山闸	环桥闸	三阳排灌站	四号浦排灌站
方案1	8.20	8.14	8.06	8.04	7.83	7.89
方案2	8.20	8.17	8.06	8.05	0.06	7.89

1.2.5.2 结论

(1) 建闸后，相比2005年疏浚方案水位差异很小，总体上两者整治方案效果基本相当。

(2) 建闸后，50年一遇工况下，北支江分流比达到10.3%～10.8%，比《钱塘江流域北支江综合整治工程初步设计》提出的16%略有减少，这与多年来南支河道采砂及江道条件变化有关。

1.3 河道清淤工程

1.3.1 砂性底泥大规模疏浚方法

在本工程中，考虑到河道沿线两岸主要分布多处排灌两用闸，当地有一定的取水要求，因此无法将河道断流排干，同时该河道水域较宽且长，地下水水位较高且丰富，北支江与地下水存在互补关系，因此本段河道清淤无法采用排干清淤，只能采用水下清淤技术。

本段河道（桩号QY0＋000.00～QY2＋610.00）水体较为封闭，河道较宽，水位浮动较小，底泥基本处于常水位以下，河道水深、宽度、清淤土成分等基本满足铲斗式（抓斗式）挖泥船、绞吸式挖泥船等施工要求。

从施工技术、施工安全、水资源保护等方面出发，考虑本工程清淤的高效性、可靠性、环保性以及周边沿线泵站配水需求、泥驳难以通过水运进入该封闭水域进行施工等因素，拟采用绞吸式挖泥船加输泥管道的疏浚方法。具体的疏浚方案见本书第6章。

1.3.2 淤泥固化处置及弃渣方案

本工程中淤泥固化处置的内容见第6章，这里仅对弃渣方案进行说明。

1. 底泥处理标准

（1）根据工程经验、机械压滤机一般能脱水的能力，明确底泥处理厂机械压滤后泥饼含水率（水比总质量）不高于40%且具备外运条件，无二次泥化，无须养护。泥饼后续如需资源化利用，例如路基填筑、土地利用、建材利用等方面，则泥饼成分、颗粒度分布、土力学特性、污染物含量等参数需满足相应规范规程要求。

（2）机械脱水后的余水采用超磁分离净化设备深度处理达《污水综合排放标准》（GB 8978—1996）一级A标准。

2. 产物外运消纳

疏浚底泥经过底泥预处理、机械脱水后，产物为余水、垃圾、中砂、泥饼4种。疏浚底泥处理后产物分类及工程量见表1.3-1。

表1.3-1 疏浚底泥处理后产物分类及工程量

序号	项目	工程量/万m^3	备注
1	疏浚底泥（水下自然方）	68.40	
2	分离垃圾（松方）	0.17	暂定2.5‰（体积比）
3	分离中砂（松方）	10	根据《北支江综合整治上游水闸、船闸工程初步设计报告》地勘报告，可分离出的中砂理论工程量为10万m^3
4	泥饼（理论压实方）	82.98	根据含固量相等的原则，扣除分离的垃圾、砂砾等，中砂区$1m^3$水下自然方理论上压滤成$0.89m^3$泥饼（压实方）；黏质粉土区$1m^3$水下自然方理论上压滤成$1.48m^3$泥饼（压实方）
5	余水	457.25	中砂区$1m^3$水下自然方产生$6.86m^3$余水；黏质粉土区$1m^3$水下自然方产生$6.53m^3$余水

(1) 余水处理按《污水综合排放标准》(GB 8978—1996) 一级标准控制，达标后就近排放至东洲岛北岸北支江支流内。

(2) 垃圾运至富阳当地垃圾填埋场进行填埋处理。

(3) 中砂清洗后 [参照《建筑用砂》(GB/T 4684—2011)] 出厂，运往业主指定的消纳场所。

(4) 压滤泥饼含水率等指标达标后，通过胶带机或自卸汽车运输至东洲岛建华村弃土场消纳。

1.3.3 北支江上下游堵坝拆除与清淤工程

1.3.3.1 堵坝拆除

东洲北支的堵坝截流，虽然便利了交通、发展了经济，但减少了东洲河段的行洪断面（北支过水面积约占东洲河段过水面积的12%以上）和行洪流量，以至于抬高了富阳区的洪水位。另外，堵坝后由于支流内水体逐年污染又得不到交换，影响到生态环境。根据《中华人民共和国水法》《中华人民共和国河道管理条例》和1997年的《浙江省钱塘江管理条例》等法律法规，北支江上下游堵坝必须清除。

根据北支综合整治工程及亚运场馆项目建设要求，堵坝拆除按恢复堵坝前的自然面貌考虑，即上、下堵坝基本上全部拆除，清除到与堵坝上、下游的岸坡一致、平顺衔接，上堵坝水闸范围段拆至高程0.50m，略低于水闸上游铺盖底高程1.00m，左岸拆除至配水泵站；上堵坝船闸范围段拆除至高程−0.80m，与上游船闸引航道进口底高程−0.80m一致，右岸完全拆除；拆除总长度约265m，水闸范围段和船闸范围段平顺衔接。下堵坝拆至高程0.00m，两岸与上、下游河道顺接（上游河道宽约300m），拆除长度约310m。经计算，上堵坝拆除工程量为7.01万m^3，下堵坝拆除工程量约为4.34万m^3。

1.3.3.2 河道疏浚

北支江自1976年修建堵坝后，在上堵坝附近局部段产生淤积，在下堵坝下游1km多河道内造成了严重淤积。目前还有工程弃渣倾倒现象。根据现场实际情况，对于北支河道的疏浚考虑了以下几条原则。

(1) 河道疏浚后（包括堵坝拆除）需满足行洪泄流顺畅要求。

(2) 河道水深满足最小通航水位条件下通航要求。

北支江内河航道按Ⅵ级标准设计。按照《内河通航标准》(GB 50139—2014) 第4.1.4条的相关规定，航道水深按下列公式计算：

$$H=T+\Delta H \tag{1.3-1}$$

式中：H——航道水位；

T——船舶吃水深度，按照杭州市富阳区人民政府2018年12月18日批复的《杭州港富阳港区码头布局规划》，北支江内规划有公望旅游码头，规划300～500吨级码头泊位2个，占用岸线80m，可停靠80～200客位游船2艘，最大吃水深度2.2m；

ΔH——富裕水深，本航道为Ⅵ级，取0.2m。

计算北支江航道水深至少满足$H=T+\Delta H=2.2+0.2=2.4$m。北支江运行水位高于3.4m，北支江河道清淤底高程确定为1m，满足通航要求。

（3）优化北支江河道的天然河势，因势利导。

（4）疏浚工程量小，投资少。

考虑北支江发展定位，为后期游艇观光旅游建设创造有利条件，北支江河道全域水深均满足最小通航水位条件下通航要求。由于疏浚过多可能还会引起回淤，因此上、下堵坝间河段按照天然河势，拟定清除高程1.0m以上淤积（维持原河床深槽高程－0.50～－7.00m不变）。下堵坝下游疏浚断面按底宽不小于120m、底高程1.00m进行开挖，与上、下游河道顺接。图1.3－1为清淤高程1.00m典型断面示意图。

图1.3－1 清淤高程1.00m典型断面

1.3.3.3 行洪影响分析

在2017年的地形条件下，根据本工程提出的北支江综合整治方案，50年一遇洪水作用下，北支江的分流比为9.7%。经数值模拟计算，建闸情况下北支江清淤与建闸情况下北支江不清淤方案相比，富阳站洪水位（$P=2\%$）降低4cm，北支分流比增加2.9%，清淤对改善富阳防洪条件和增加支内行洪能力有一定的效果。

在均采用2017年的地形条件下，本工程提出的整治方案与2005年疏浚方案相比（表1.3－2），尽管堵坝拆除长度有所减少、清淤高程抬高，但清淤范围更广，各频率下富阳水位下降幅度和北支江分流比差异较小，分别小于0.01m和0.3%，总体上两者整治方案效果基本相当。因此，本阶段基本确定高程1.00m疏浚方案进行疏浚，北支江河床待清淤后由水流自动调整。

表1.3－2 整治方案对比

项目	本工程整治方案	2005年批复工程整治方案
上堵坝拆除长度/m	310	324
上堵坝拆除高程/m	0.50（底宽238m）	0.18（底宽132m）
下堵坝拆除长度/m	310	415
下堵坝拆除高程/m	0.00（底宽120m）	0.00（底宽145m）
疏浚范围	北支江12.9km河段	北支江下堵坝下游1.3km河段
疏浚高程/m	1.00（底宽120～310m）	0.00（底宽75～90m）

1.3.3.4 堵坝拆除及清淤工程

堵坝拆除及清淤工程位于杭州市富阳区和西湖区两个行政区，为确保富阳区2022年杭州亚运会水上赛事如期举行，北支江上游河段清淤工程需与亚运场馆项目同步实施，同时完工。因此将堵坝拆除及清淤工程分为两期实施，以北支江下堵坝为界，上游河段一期工程（均属富阳区）先行实施，下游河段二期工程（分属富阳区和西湖区）待条件成熟后实施。一、二期工程均完成后方可实现相应工程效益，满足工程任务要求。

1. 工程总体布置

堵坝拆除按恢复堵坝前的自然面貌考虑，即上堵坝基本上全部拆除，清除到与堵坝上游的岸坡一致、平顺衔接，上堵坝拆至高程0.50m，略低于水闸上游铺盖底高程1.00m。经计算，上堵坝拆除工程量约为7.01万m^3（压实方）。河道清淤按照天然河势清除高程1.00m以上淤积（维持原河床深槽高程−0.50～−7.00m不变），两侧坡比采用1∶5，与原始边坡顺接。本次清淤主要采用绞吸式挖泥船，根据《疏浚与吹填工程技术规范》（SL 17—2014），结合本工程清淤特性，本工程水下清淤最大允许超宽值（每边）为1.0m，最大允许超深值为0.5m，计算超宽值（每边）为1.0m，计算超深值为0.3m，水下清淤计算超挖量约10.0万m^3。在北支江过江通道桥位下游约2.2km范围内为北支江水上运动中心赛艇、皮划艇赛道，赛道长2150m、宽162m，因赛道布置，需要对右岸部分滩地进行切滩处理。目前北支江水位维持在高程5.00m左右，考虑到挖掘机的清挖范围，取高程4.00m为水上开挖、水下清淤的分界面，因此水下清淤工程量约68.40万m^3，水上开挖工程量约8.57万m^3。根据清淤原则，结合地质详勘剖面等进行计算，水下清淤量中塘泥占比约62%（体积比），粉质黏土占比约15%（体积比），中砂占比约23%（体积比）。

2. 河道清淤断面设计

河道清淤按照高程1.00m进行，两侧坡比采用1∶5，与原始边坡顺接，并计算开挖边坡稳定性。

（1）边坡设计标准及地质设计参数。

1）边坡设计标准。后续北支江南岸堤防加固工程的堤防级别为4级，根据《水利水电工程边坡设计规范》（SL 386—2007）规定，本工程河道岸坡级别取4级。

疏浚开挖河道边坡各工况下抗滑稳定安全系数应不低于表1.3-3中的规定数值。

表1.3-3　本工程河道开挖边坡抗滑稳定安全系数

运用条件	抗滑稳定安全系数	运用条件	抗滑稳定安全系数
正常运用条件	1.15	非常运用条件Ⅰ	1.10
非常运用条件Ⅱ	1.05		

2）地质设计参数。计算所采用的地基岩土物理性质指标设计参数见表1.3-4。

表1.3-4　地基岩土物理性质指标设计参数

层号	岩土名称	容重/(kN/m^3)		快剪指标		固结快剪指标	
		$\gamma_{天然}$	$\gamma_{饱}$	c/kPa	φ'/(°)	c/kPa	φ'/(°)
①-3	塘泥	17.5	17.8	8.0	6.0	10.0	9.0
②1	粉质黏土	18.6	18.9	18.0	13.0	22.0	15.5
②1-1	黏质粉土	18.2	18.7	10.0	25.0	11.5	28.0
②1-2	砂质粉土	18.3	18.7	7.0	26.5	10.5	28.5
③-1	淤泥质粉质黏土夹粉砂	17.4	17.6	9.0	7.0	12.5	10.0
④-1	中砂	19.5	19.9	0.5	31.0	1.0	33.0

（2）计算方法。岸坡稳定计算采用瑞典圆弧滑动计算法（图 1.3－2），抗滑稳定安全系数在施工期、水位降落期采用总应力法，在稳定渗流期采用有效应力法进行。

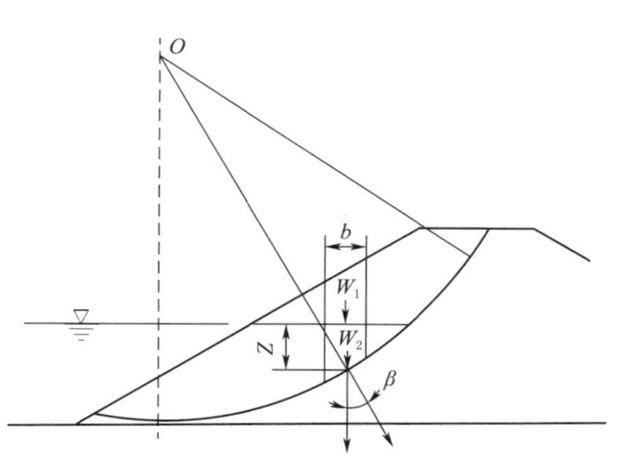

图 1.3－2　圆弧滑动法计算示意图

施工期抗滑稳定安全系数可按下式计算：

$$K=\frac{\sum(C_{ui}b_i\sec\beta_i+W_i\cos\beta_i\tan\varphi_{ui})}{\sum W_i\sin\beta_i} \tag{1.3-2}$$

水位降落期抗滑稳定安全系数可按下式计算：

$$K=\frac{\sum[C_{cui}b\sec\beta_i+(W_i\cos\beta_i-u_ib_i\sec\beta_i)\tan\varphi_{cui}]}{\sum W_i\sin\beta_i} \tag{1.3-3}$$

稳定渗流期抗滑稳定安全系数按下式计算：

$$K=\frac{\sum\{C_i'b_i\sec\beta_i+[(W_{1i}+W_{2i})\cos\beta_i-(u-Z_i\gamma_w)b_i\sec\beta_i]\tan\varphi_i'\}}{\sum(W_{1i}+W_{2i})\sin\beta_i} \tag{1.3-4}$$

式中：b_i——条块宽度，m；

W_i——条块重力，kN，$W=W_1+W_2+\gamma_wZb$；

W_{1i}——在堤坡外水位以上的条块重力，kN；

W_{2i}——在堤坡外水位以下的条块重力，kN；

Z_i——堤坡外水位高出条块底面中点的距离，m；

u——稳定渗流期堤身或堤基中孔隙压力，kPa；

u_i——水位降落前堤身的孔隙水压力，kPa；

β_i——条块重力线与通过此条块底面中点的半径之间的夹角，(°)；

γ_w——水的重度，kN/m^3；

C_{ui}、φ_{ui}、C_{cui}、φ_{cui}、C_i'、φ_i'——土的抗剪强度指标。

（3）计算工况。整体稳定计算分运行期和施工期，土层物理力学指标，运行期采用固结快剪指标，施工期采用快剪指标。坡后地下水位取地面以下 1.50m 左右。坡前水位施工期下堵坝下游滩地和其余河道部位分别为 1.00m 和 5.00m，运行期水位为 5.40m。

（4）计算结果。典型断面在各工况下整体抗滑稳定计算成果汇总见表 1.3－5。

表 1.3－5　　岸坡整体抗滑稳定计算成果汇总表

计算工况	水　位	计算安全系数	允许安全系数
正常运行（运行期）	坡前 5.40m，坡后 6.40m	2.21	1.15
正常运行（水位骤降）	坡前 3.40m（最低运行水位），坡后 6.40m	1.86	1.15
非常运行（施工期）	下堵坝下游滩地：坡前 1.00m，坡后 5.00m	1.67	1.1
非常运行（施工期）	其余河道部位：坡前 5.00m，坡后 6.00m	1.46	1.1

1）正常运行（运行期）计算成果。最不利滑动面见图1.3-3，滑动圆弧半径 $R=13.00$m，滑动安全系数 $Fs=2.21$，大于允许安全系数。

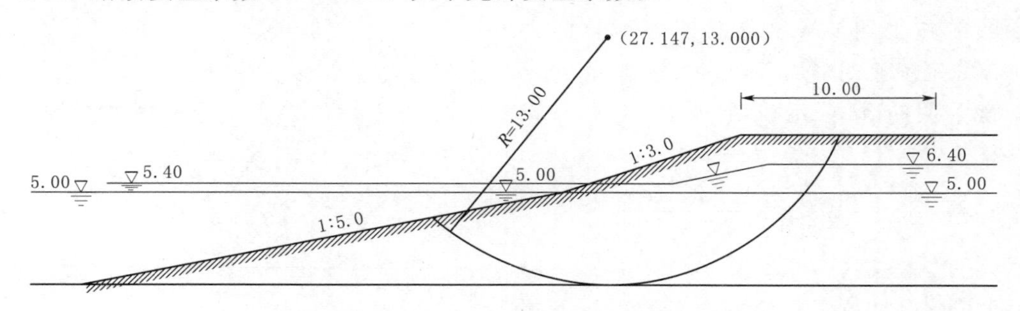

图1.3-3 正常运行（运行期）最不利滑动面（单位：m）

2）正常运行（水位骤降）计算成果。最不利滑动面见图1.3-4，滑动圆弧半径 $R=13.92$m，滑动安全系数 $Fs=1.86$，大于允许安全系数。

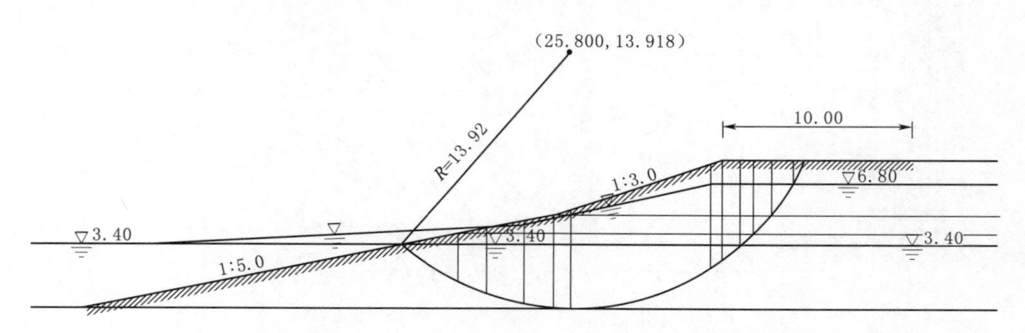

图1.3-4 正常运行（水位骤降）最不利滑动面（单位：m）

3）非常运行（施工期）下堵坝下游滩地开挖边坡计算成果。最不利滑动面见图1.3-5，滑动圆弧半径 $R=13.99$m，滑动安全系数 $Fs=1.67$，大于允许安全系数。

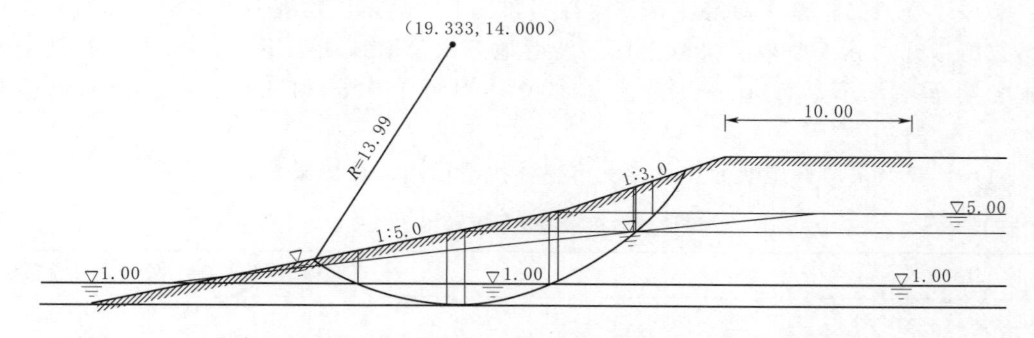

图1.3-5 非常运行（施工期）下堵坝下游滩地开挖边坡最不利滑动面（单位：m）

4）非常运行（施工期）其余河道部位清淤边坡计算成果。最不利滑动面见图1.3-6，滑动圆弧半径 $R=13.56$m，滑动安全系数 $Fs=1.46$，大于允许安全系数。

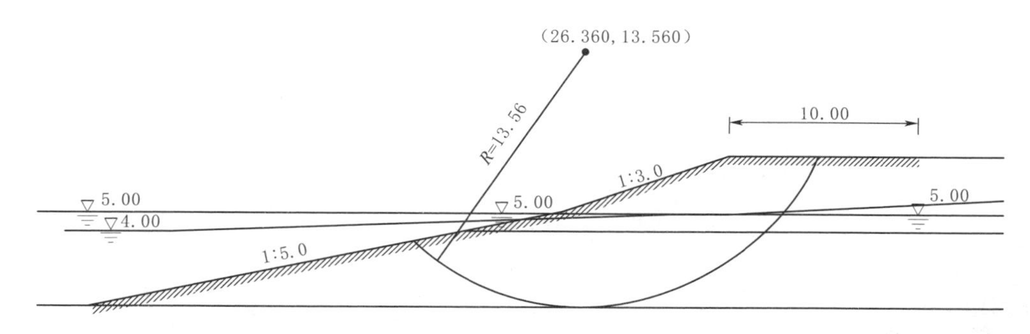

图 1.3-6 非常运行(施工期)其余河道部位清淤边坡最不利滑动面(单位:m)

5)计算结果分析。根据表 1.3-5 计算结果,典型断面清淤岸坡抗滑稳定安全系数均能满足规范要求。

1.4 景观工程

1.4.1 河道生态景观协调设计

整体滨水风貌规划以生态为主,体育为辅。即以原有良好的自然生态环境为基底,保留场地自然生态肌理,打造自然生态风貌;以亚运为契机,融入生态体育休闲运动项目,打造北支江运动休闲绿带即一廊:生态运动滨水廊;四区:配套休闲区、生态运动区、湿地体验区、岛头文化区。总鸟瞰图和规划结构见图 1.4-1 和图 1.4-2。

图 1.4-1 总鸟瞰图

1.4.1.1 配套休闲区

1. 基地现状

设计范围:亚运场馆(华墅沙西)至中桥。沿线河道长约 1.63km,平均宽度约

图 1.4-2 规划结构图

100m，面积约 20.35hm^2。

现状：基地内现状风貌主要由滨水密林空间和沿现状堤顶路的农田空间（局部为永农用地）两大类构成，整体原生态自然风貌较好。基地现状见图 1.4-3。

图 1.4-3 基地现状图

2. 分区总体设计

规划以赛艇皮划艇亚运场馆和东洲激流回旋亚运场馆两个亚运场馆为依托，综合整治应以赛事为主，结合赛时期间的功能需求，融入亚运主题文化，兼顾赛后利用，打造亚运文化主题配套区。主要功能区/节点包括：中桥路人行入口、亚运场馆周边等。其中亚运场馆部分仅纳入滨水风貌整治研究范围，不纳入本次工程。中桥路人行入口设计解读：中桥路转角作为进入公园的第一视角，近期人行进出的主出入口，设计考虑结合现状草坪设置公园标志铭牌，保留香樟和杨树林作为标志铭牌的绿色背景。造型灵感来源于水上运动中心场馆建筑具有张力的简洁弧线，多边形的造型比拟 8 条水上赛道，皮划艇穿插于其间，具象的皮划艇与抽象的线条形成强烈对比，明确水上运动主题。

1.4.1.2 生态运动区

1. 基地现状

设计范围：亚运场馆（华墅沙东）至富春江村村委会。

沿线河道长约 0.76km，平均宽度约 165m，面积约 13.22hm^2。

现状：基地内现状风貌主要由农保用地、林地、湿地三大类构成。考虑到赛艇皮划艇比赛需求，需要对现有河岸富春江村沿线段进行切滩处理，生态运动区现状见图 1.4-4。

图 1.4-4 生态运动区现状照片

2. 分区总体设计

充分利用现状生态自然资源打造室外生态运动区。考虑到赛艇皮划艇比赛需求，需对现有河岸进行切滩处理，同时设施 4m 宽的工作通道，满足比赛需求。主要功能区/节点包括：阡陌花田、采摘果园、草坪露营、儿童游乐场、工作通道等。

由于该片区存在大量永久农用地，设计花田、果园等乡野风貌，增加人的参与性。根据功能需求，设计在尽可能保留现状原生态肌理的前提下，增补户外休闲运动空间，倡导全民运动新风尚，如：生态运动场、儿童游乐场、草坪露营等。

根据比赛需求，需设施4m宽的工作通道，设计在满足功能需求的前提下，尽可能保留现有植物，工作通道设计高程为6.20m。

1.4.1.3 湿地体验区

1. 基地现状

设计范围：富春江村村委会至高尔夫路过江通道（江岭村）。沿线河道长约0.97km，平均宽度约120m，面积约11.81hm²。

现状：基地内现状风貌主要以富春江村沿线生态湿地以及江岭村沿线现状成片密林、农业用地为主，整体原生态风貌保存良好，以“少干扰”的原则进行深化设计，尽可能保证场地的原生态。湿地体验区现状见图1.4-5。

图1.4-5 湿地体验区现状照片

2. 分区总体设计

规划以现状湿地和密林为基底，以“少干扰”的设计原则，梳理现状湿地，融入空中栈道、观景塔等设施，打造湿地/密林户外体验区；此外根据比赛需求，增设4m宽工作通道，高程为6.20m。主要功能区/节点包括：生态湿地、环形步道、工作通道等。

1.4.1.4 岛头文化区

1. 基地现状

设计范围：岛头至北支江大桥。沿线河道长约0.84km，平均宽度约84m，面积约7.55hm²。

现状：现状岛头为G20建设的社区公园及北支江其他配套工程施工区；北岸为现状已建成北支江上游抽水泵站，泵站周边急需生态恢复。岛头文化区现状见图1.4-6。

2. 分区总体设计

东洲头地块为东洲岛核心亮点，未来发展的桥头堡将作为整个区块重点打造的对

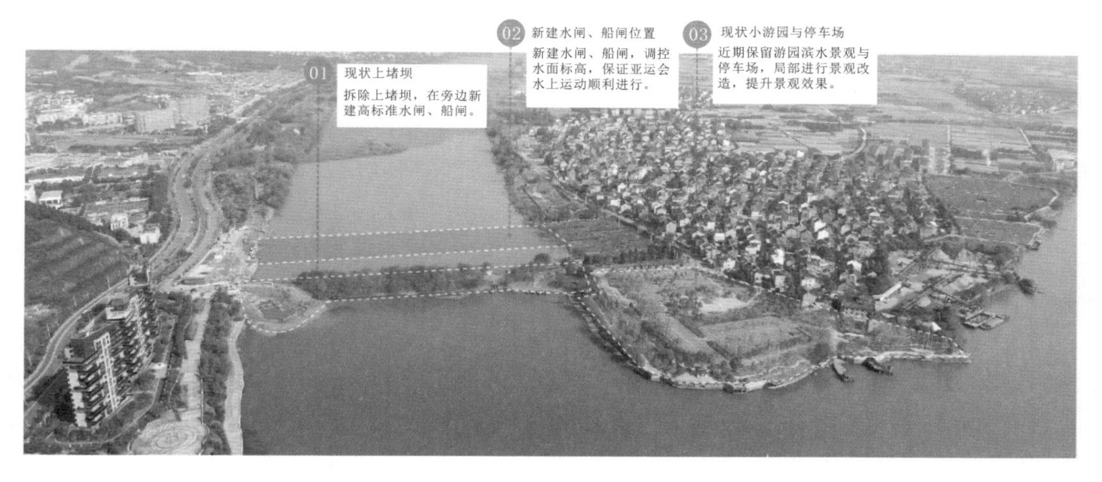

图 1.4-6 岛头文化区现状照片

象，现有设计暂时无法匹配它的重要性。设计结合现状，保留现有停车场和滨水驳岸，预留城市发展用地，未来有无限可能；同时对其余配套工程施工区进行生态恢复，如北岸泵站生态恢复（图 1.4-7）等。主要功能区/节点包括：工程生态恢复区、岛头公园提升等。

图 1.4-7 北岸泵站生态恢复效果图

1.4.2 河道堤防除险加固与整治

1.4.2.1 泵房改造设计

北支江综合整治一期工程范围内，南岸江边分布着多个取水泵站，大部分泵站仍在运行。泵房结构简单、造型简陋，与规划中的一期综合整治工程不相协调，因此需对现有泵站进行改造，经现场查勘、调查，现有泵站额定流量为 200m^3/h，扬程为 12.5m。本次需改造重建的泵站共有 8 个。

1.4.2.2　交通旅游线路设计

1. 岸上交通规划

根据现有地形地貌，在充分利用现状道路、满足道路建设可实施性的条件下，合理布局园区道路网，形成主园路成环、次园路通达、园区游步道紧密串联的道路网体系，满足园区内部交通需求。同时，结合功能需求，增补适量停车位。

结合近期规划道路共设置 4 处停车场，其中岛头停车场为现状保留，地面共计小车位 223 个。赛时场馆利用临时停车场满足赛时要求，赛后水上运动中心可再提供 272 个地下停车位。根据郊野型生态公园的环境容量计算，已满足停车位指标要求。

2. 水上交通规划

根据《富阳港区旅游码头和游艇基地布局规划图》可知，富阳片区规划码头为黄公望旅游码头（北支江北岸），东洲岛头（富春江主航道）规划东洲水上旅游集散中心。因此，北支江南岸将不再增加规划一级/二级码头或者游艇基地，仅预留岸上停靠点，为以后北支江水上休闲活动预留空间。

1.4.2.3　驳岸专项设计

北支江沿线清淤后，驳岸需要进行生态防护，驳岸设计根据《国家建筑标准设计图集》(13J933—2)，坡度应为 1∶4～1∶6，由大石块或其他特殊材料建成网状，以使波浪翻滚不会造成回击或溢出河堤。

设计结合规范要求，在满足防浪要求下增加水生植物种植池数量和增大其面积，既可美化驳岸景观，又可通过水生植物减小波浪的冲刷作用。设计驳岸离赛道边缘最短距离约为 20m，满足水下 1∶6 的放坡坡度要求，并在赛道南侧增设消浪装置，以减少对水岸的冲刷和驳岸对比赛的影响。根据场地特性，原则上以生态驳岸为主，尽量弱化人工化的痕迹。

1.4.2.4　绿化专项设计

景观绿化将根据 2 年一遇、5 年一遇、10 年一遇、20 年一遇等不同年限洪水进行植物苗木品种的选择与区分：①2 年一遇以下减少乔木种植，多种植耐水淹乔木及水、湿生植物，同时考虑耐冲刷性，如垂柳、水杉、菖蒲、鸢尾等；②2～5 年一遇洪水水位线之间考虑乔灌木耐水湿性，以乌桕、朴树、水杉、落羽杉和多年生草本植物为主；③5 年一遇以上按照常规种植。

1. 堤顶路两侧绿化（堤顶路放坡 1∶2.5）

在保证堤防安全性的前提下，考虑乔木种植的覆土需求与植物根系对堤防结构可能产生的破坏性，堤顶路两侧 3.75m 范围内（即覆土厚度小于 1.5m）不种大树，以地被灌木及少量亚乔木为主；大乔木均在 3.75m 以外的堤角处种植。

2. 现状高压塔（5 座）、高压走廊沿线绿化设计

根据电力部门《电力设施保护告知书》要求，红线内高压线位 220kV，亚运会前不进行迁移；此外，高压电力保护区为两侧边导线水平向外延伸 15m 范围，且下面构筑物及植物高度不得超过 5m。因此，考虑该区块位于亚运场馆观众席旁和亚运赛期间效果，以片植紫薇结合地被和花灌木为主。

3. 植物配置原则

(1) 尊重场地机理，合理保留原生植被：场地沿岸现状有香樟、枫杨、水杉等乡土树种，生长良好，生态风貌效果优越。结合滨水工作通道和防洪堤坝线，尽可能地保留场地原有大树。

(2) 注重植物种类的多样性和生态风貌效果，因地制宜，充分考虑不同层次林木的生长习性，通过乔、灌、地被、草的综合作用，常绿与落叶树种、观花和观叶树种的配合，形成季相变化明显、上中下层次分明的植物生态风貌。

(3) 因地制宜，通过植物林缘线和林冠线的合理组织，营造不同的植物围合空间和丰富多变的植物天际线，从多方面着手，形成疏密、明暗、动静的对比。

(4) 根据生态风貌空间类型及生态风貌的不同，结合生态风貌功能布局，营造或疏朗或幽静、或大气或野趣、或粗犷或精致的植物生态风貌。

(5) 树种选择应考虑适地适树，注重速生树种与慢生树种的组合运用，强调近期与远期兼顾的绿化效果和特色生态风貌空间的形成，大片草花类以籽播的形式为主，有效地减少日后的维护成本。

4. 植物生态风貌总体营造效果

通过植被生态修复、植物群落构建和提升，加强红线内绿地生态系统的稳定性，提升植被的生态效益、美学价值，真正实现“绿水青山就是金山银山”的理念。通过不同植物素材的合理配置，形成四季有花、四季常绿、春华秋实、夏荫冬青的植物生态风貌效果。

5. 种植方式

(1) 轻度干扰区以保护现状大树为主、梳理相结合，最大程度地呈现自然原生态。

(2) 中度干扰区以重塑为主，适当保留现状极具保留价值的大树。

(3) 重度干扰区除赛道切滩范围，其余区域植物重新种植，尽可能延续原有生态风貌。

6. 种植土要求

(1) 室外景观种植土厚度需达到 1.5m 及以上。

(2) 种植土不能使用建筑垃圾、淤泥泥饼等透水性较差的土；地形塑造不能使用建筑垃圾。

(3) 种植土需满足以下要求：①严禁使用未经改良的强酸强碱土、盐碱土、重黏土及含有其他有害物质的土壤，且不得含有建筑垃圾和生活废料等其他废弃物；土壤改良应结合当地土质特点，偏沙质土建议添加一定量的黄土，偏黏性土建议添加一定量的沙土，并增加适量营养土，进行深根拌匀，从而改善土壤的团粒结构和水肥性能；②上木种植土的土壤检测指标应符合《浙江省园林绿化工程施工质量验收规范》(DB 33/1068—2010)、《绿化种植土壤》(CJ/T 340—2016) 中的相关要求。结合场地绿化工程的实际情况，改良后的上木种植土一般应满足 pH 值在 6.0～7.5 范围内，石砾粒径不超过 2cm。对于深根性的苗木及乔木，树穴改良以单个树穴底部添加 0.015～0.02m^3 的营养土为宜；③营养土定义及要求：营养土是为了满足苗木生长发育专门配置的含有多种矿质的土体，其疏松透气、保水保肥能力强，无病虫害。营养土宜采用泥炭、菜饼、商品牛粪、猪粪、鸡粪、腐熟过的植物根系、枯枝败叶、砻糠、花生壳等物拌和。通常建议营养土采用成品营养土，即东北腐殖土（黑土）。

1.4.2.5 夜景专项设计

按照点线结合方式进行照明设计，突出照明设计的层次性。重点区域采用高亮度、阵列式、点式照明，突出活跃和热烈氛围；一般区域采用低亮度照明，营造宁静宜人氛围。滨水游步道沿线以暖色光为主，突出地域风情。水景采用冷色光源，突出水体魅力景象（图1.4-8是夜景鸟瞰图）。

图1.4-8 夜景鸟瞰图

1. 照明定位

夜景照明工程将结合不同景观功能分区需求进行室外景观照明分区打造，照明定位分区见图1.4-9。

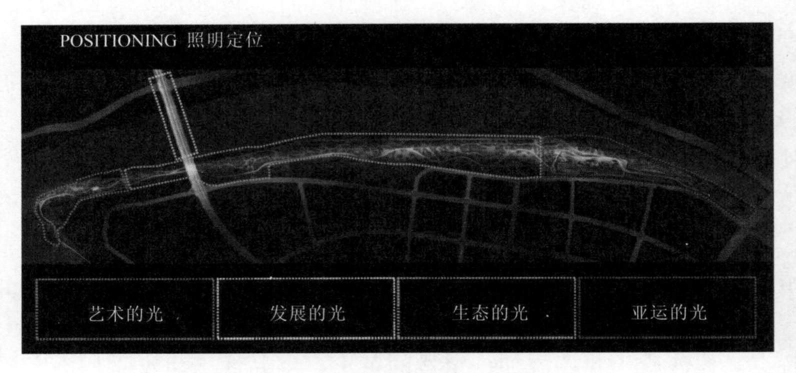

图1.4-9 照明定位分区图

2. 照明手法

夜景照明工程将结合各个区块的重要性，进行照明亮度的划分，照明手法见图1.4-10。

3. 主园路灯光设计策略

典雅的庭院灯为园路主灯光，形成主次分明的游园路线，根据不同地段的人流强度预估设置庭院灯，结合小功率草坪灯和投射灯，渲染出不同层次的灯光氛围，使游客在放松的状态下感受公园夜景，图1.4-11是主园路灯光效果图。

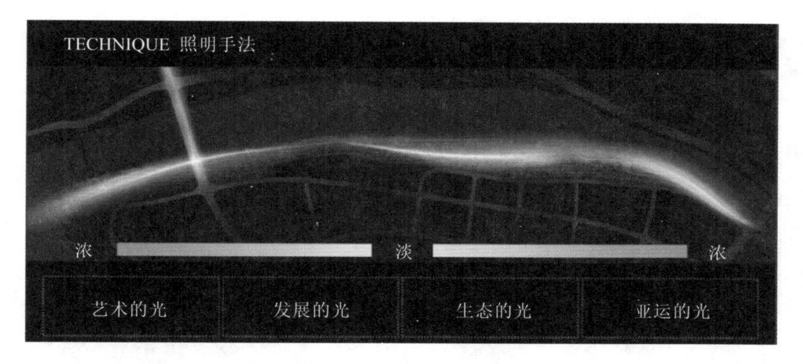

图 1.4－10　照明手法示意图

图 1.4－11　主园路灯光效果图

4. 节点灯光设计策略

在重要观景地点及亭廊桥等构筑物处进行灯光亮化，在夜色中可以作为观景对象，整体灯光弱于主景区，减少灯光色彩变化，避免采用过于复杂的形式。图 1.4－12 是节点照明效果图。

图 1.4－12　节点照明效果图

1.4.2.6　景观配套建筑物设计

富阳是一个文化博大精深、源远流长的地方，在设计中将文化与建筑结合，结合不同的建筑功能，提炼了特色的建筑风格——自然生态建筑风格，呈现富阳别样的魅力景致。以自然为主题，取材自当地的原生态材料“石、竹、木、茅草、芦苇、泥砖”等，遵循了现代绿色生态建筑的基本原则，秉承“小、轻、隐、逸”的设计理念，在保护自然生态环境的前提下，结合项目定位和建筑功能，设置一些符合自然生态环境的特色配套建筑。

配套用房（图 1.4－13）和公厕采用组合式建筑，根据规范，公厕服务半径不宜超过 500m。考虑公园为生态郊野型公园，又有农保用地的限制，因此结合交通流线和地形，共设置4处公厕，其中一处是在岛头原有公厕基础上进行改造提升。园林建筑均满足20年一遇防洪标准。

图1.4-13 配套用房效果图

1.4.2.7 铺装专项设计

后续深化设计行洪断面范围内的园林小品、铺装等将根据2年一遇、5年一遇、10年一遇、20年一遇等不同年限洪水进行硬质铺装材料的选择与区分。此外，铺装材料尽可能选用透水材料。主要材料为透水水泥混凝土、透水沥青混凝土和细石混凝土面层。

1.4.2.8 城市家具设计

取自北支江山与水的元素，以块石和水面涟漪的结合，将自然动态比拟在厚重的花岗岩上。材料选用粗犷的花岗岩和仿木铝板，展现了生态郊野公园粗放的一面，并与周围环境完美地融合在一起。图1.4-14是景观坐凳与指示牌设计示意图。

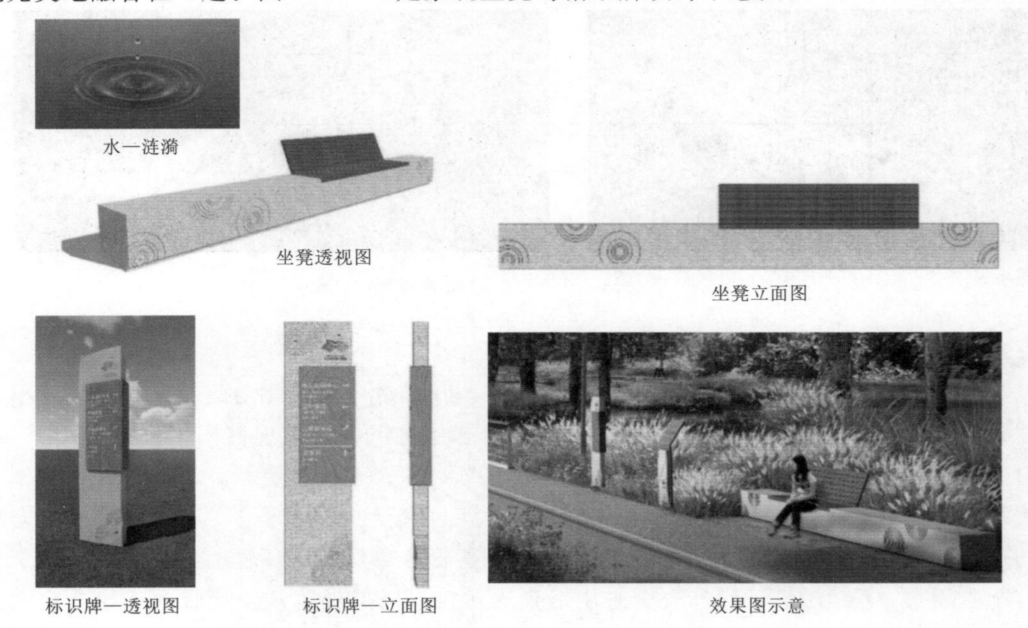

图1.4-14 景观坐凳与指示牌设计图

1.4.2.9 给排水设计

1. 设计依据

《建筑给水排水设计规范》(GB 50015—2003)(2009年版)。

《室外给水设计规范》(GB 50013—2006)。

《室外排水设计规范》(GB 50014—2006)(2016年版)。

《城镇给水排水技术规范》(GB 50788—2012)。

《喷灌工程技术规范》(GB/T 50085—2007)。

景观专业提供的总平面图。

2. 设计范围

设计范围为红线范围内的绿化浇灌给水系统及单体的室内外排水系统。

3. 给水设计

浇灌用水水源为市政给水，其水量、水压皆符合设计要求。引入管上设总表计量。市政给水到达本地块压力暂按0.28MPa设计。绿化用水定额按2L/(m^2·d)计算。

4. 排水设计

室内生活污水采用污、废分流制，室外采用雨、污分流制。生活污水经化粪池处理后与生活废水合并后就近排入市政的污水管网。

雨水按杭州地区暴雨强度设计，重现期为屋面5年、场地2年。屋面雨水采用内落式重力流雨水排水系统。屋面雨水由87型雨水斗收集，经雨水立管排至室外雨水井。雨水汇集后排入市政雨水管或河道。

5. 绿化浇灌

本设计采用简易浇洒方法，由工人自带软管分块轮流作业（建议软管长度不小于25m)。

6. 管材

浇灌管材采用PE80塑料给水管，热熔连接，公称压力1.0MPa。排水管采用HDPE双壁波纹管，承插连接。

1.5 项目云平台信息化应用

1.5.1 研究思路

华东院开发的云平台信息化管理技术通过将工地建设现场与信息化技术结合的方式，集成项目管理全过程信息系统，提升项目管理水平，主要可分为以下三个层面。

第一个层面是现场应用层，从项目管理的实际需求出发，充分利用物联网云服务技术和移动应用提高项目智慧化管理能力，以智慧工地物联网云平台为核心，基于智慧工地物联网云平台与现场多个子系统的互联，实现现场施工的策划、进度、成本、质量、安全、信息、人员、机器、原料、方法、环境等各类数据的采集、存储、分析与应用。

第二个层面是集成监管层，在工程管理过程有着各种类型且数量庞大的数据信息需要分析处理，对服务器提供高性能、低成本、灵活稳定的计算储存能力有很大的要求，通过物联网云平台进行高效计算、分析处理以及储存，并且接入物联网云平台的多个子系统板块可根据现场管理实际需求灵活组合，实现一体化、模块化、智能化、网络化的现场管理过程的感知、监控和协同工作。

第三个层面是决策分析层，对现场管理和智慧技术融合得到的数据进行分析处理，实现对现场管理过程的智能分析、风险预控、知识共享、互联互通等目的，全面满足总承包精细化管理的业务需求；智能化的辅助项目管理进行科学决策，以实现安全质量更优、资源利用更充分、工期成本控制更好的项目智慧化管理。

1.5.2 技术框架

结合EPC（Engineering Procurement Construction，简称EPC）管理与信息化技术，以信息技术为手段，将信息化技术变成生产力，围绕EPC项目管理内容，开展智能设备辅助或替代人工，以减少对人的依赖，提炼管理动作与流程规范化，实现项目各类数据可视化和智能预测等方面的应用实践，以提高EPC项目管控的广度和深度，达到科学管理与决策的目的。

智慧化管理系统中涵盖物联网的实时定位感知、人工智能大数据的分析、BIM、云计算、GIS等的记忆存储和移动终端的访问展示，提高管理人员的工作效率和项目管理水平，达到项目高效智慧化管理的目的。整个管理系统采用快速整合、拼接集成的形式，以项目管理需求为立足点，以项目管理经验总结为出发点，以现场管理的痛点为切入点，为项目管理的各个方面、各个对象提供高效、便捷的管理方式。总体技术框架见图1.5-1。

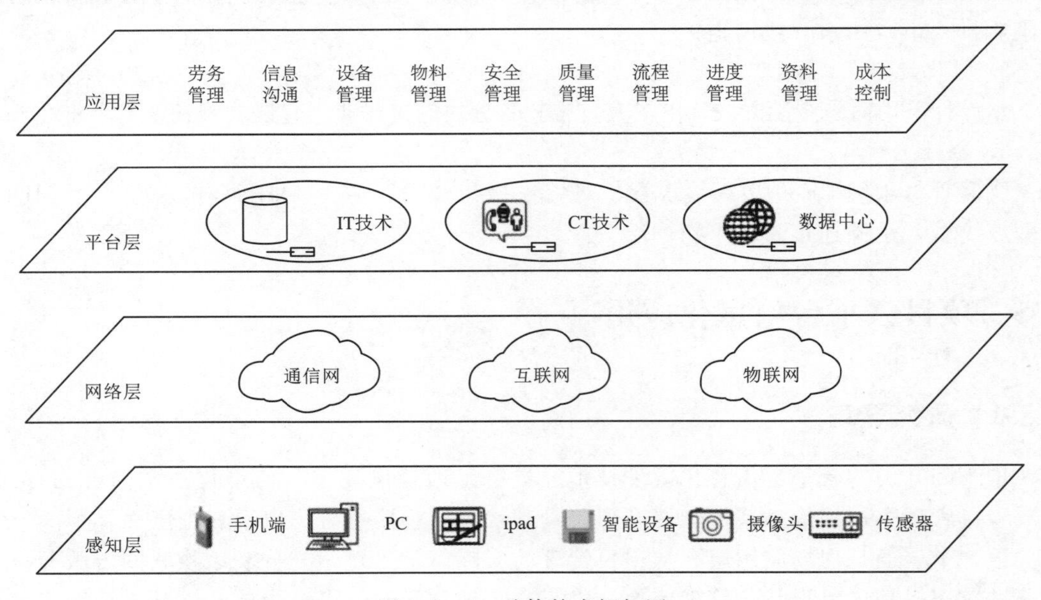

图1.5-1 总体技术框架图

1.5.3 现场综合管控云平台应用

北支江EPC管理平台分为前端数据采集子系统、网络传输系统和后端集中管理平台三大部分。前端数据采集子系统可以实时准确地将施工机械运行状况、工地现场环境、进出工地人员信息和施工管理人员工作情况采集并上传后台管理系统；网络传输系统结合施工工地实际情况，采用无线技术将前后端数据准确无误、无延时地传输；后端集中管理平台能够汇聚各子系统数据，过滤出有效信息，以直观可视化的方式提供给项目管理者，帮助其管理和辅助决策。通过智慧工地系统的建设为现场工程管理提供了先进技术手段，构建了工地智能监控和控制体系，能有效弥补传统方法和技术在监管中的缺陷，实现对人员、机器、原料、方法、环境的全方位实时监控，变被动"监督"为主动"监控"。

为保证项目实施的及时性、可靠性和先进性，在选择各子系统时，优先选用华东院自主研发且经过市场成熟应用的子系统软件和硬件，对接系统优先选用市场主流知名品牌。

(1) 工作环境。北支江水上运动中心 EPC 管理平台采用 B/S 架构模式，用户打开网页即可访问，方便快捷，可以在终端访问。

1) 大屏展示端。①操作系统：Windows10 (x64)；②浏览器：主流浏览器（推荐 Chrome77 以上版本）。

2) PC Web 管理端。①操作系统：Windows10 (x64)；②浏览器：主流浏览器（推荐 Chrome77 以上版本）。

(2) 平台操作入口。

1) 登录平台。在浏览器的地址栏内输入系统网址，单击回车键即可进入平台登录页面（图 1.5-2），输入账号密码，单击回车键进入主界面。

图 1.5-2 系统登录界面

2) 主界面。智慧工地平台主界面主要由企业 LOGO、项目名称、主菜单、子菜单、信息区、显示主窗口、工具栏、状态栏所组成。

3) 平台操作简述。驾驶舱模块主要为集团公司查看各区域公司、事业部所有项目的汇总统计和分析，为集团领导提供决策依据。除此之外，该平台还包含有进度管理、设备监管、人员管理、环境监测、视频监控、材料管理、模型管理等功能模块。

1.5.4 DAM 云建管平台应用

1.5.4.1 系统研发

(1) 以项目管理云平台入手，推进总承包信息化管理。项目立足于总承包项目管理需求，从公司开发的云平台入手，梳理和配合云平台主要业务需求架构开发，并在总承包项目投入应用，认真做好总承包项目信息化的推进工作，制定各项目推进计划，跟踪云平台使用全过程，定期收集梳理项目需求和使用问题，提出功能需求方案报告并反馈沟通完善，充分发挥信息化技术的便捷、高效及协同的特点，为项目管理提供了一种全新的智慧化管理工具。

（2）基于总承包流程管理需求，开发全过程服务平台。在项目信息化管理中，以总承包过程管理为立足点，以项目管理经验总结为出发点，以现场重点工序的管理为切入点，公司开发应用移动数字化管理平台 DAM 云，为现场信息化管理提供便捷高效的工具。

（3）以科研创新为基础，研究智慧化工地系统。在项目实施过程中，基于工程施工现场的管理要素多和管理方面全的特点，运用物联网、大数据、BIM 等集成系统技术，探索研究智慧工地系统以实现工地智慧化。

（4）以原型理论分析为基础，全面推进设备制造平台建设。在项目科研成果的基础上，结合项目现场的需求反馈，并在深入研究现有技术、方法和设备的前提下，以原型理论分析为基础，针对已梳理好的需求点开展科研立项工作，并成立科研课题研究小组，通过与科研高校合作，全面推进设备制造平台建设。

1.5.4.2 应用情况

1. DAM 云微信小程序

在项目信息化管理中，以总承包过程管理为立足点，以项目管理经验总结为出发点，以现场重点工序的管理为切入点，开发应用移动数字化管理平台 DAM 云，为现场信息化管理提供便捷、高效的工具。对现场安全、质量问题随手拍，随时随地发起，利用微信小程序轻便快捷、无须下载的特点，大大提高现场管理效率。

对总承包现场管理便捷、高效、实时特点需求，采取边梳理、边开发、边应用的方式，坚持“研究从实、应用从优”的原则，将总承包管理中的经验提炼总结（如桩基管理五步骤），解决管理人员现场工作中的痛点和难点（如项目知识库、图片库），形成项目规范化管理模式，打造为总承包管理量身定制、独一无二的信息化产品。

2. 进度日报系统

通过实时录入各安置点工程进度信息，实现对全部 8 个安置点的现场施工情况统计和可视化展示。与 DAM 云小程序互联，快速填报每日现场资源情况与问题反馈，实现对现场资源、进度、问题、计划的全面管理。

3. 多方沟通平台

对质量、设计问题快速发起、实时处理，强化工程参建各方协同工作属性，为项目多方沟通提供高效的途径。

4. 智慧工地管理系统

以智慧工地物联网云平台为核心，通过与现场多个子系统的互联，实现现场各类工况数据采集、存储、分析与应用，全面提升项目管理智慧化水平。

5. 视频安全监控系统

对现场施工区域进行全方位的视频监控预警，为吊钩加装“眼睛”，解决吊装司机的视觉盲区问题。

6. 人员及特种设备管理系统

高速人脸闸机识别系统，可以实现快速准确的人员出入和考勤管理，对现场施工区域进行全方位的视频监控预警。

7. 高处作业管理系统

以“智能安全帽＋智能安全带＋云平台＋微信小程序”为基础框架，基于事件源，利用大数据算法模型，开展事件智能分析，实现对高空作业场景安全势态感知与预警平台的构建（图 1.5－3）。

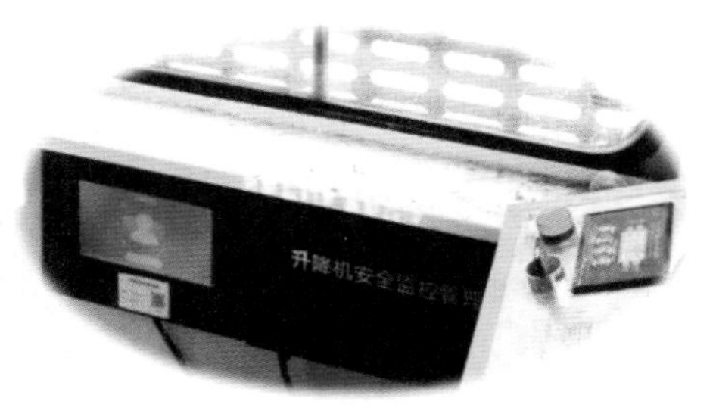

图 1.5－3　高处作业管理系统

8. 水位监测系统

通过安装水位监测报警装置（图 1.5－4），系统实时获取水位安全信息，当水位超过设定标高时，报警器会发出声光报警信号，以提醒作业人员立即撤离。

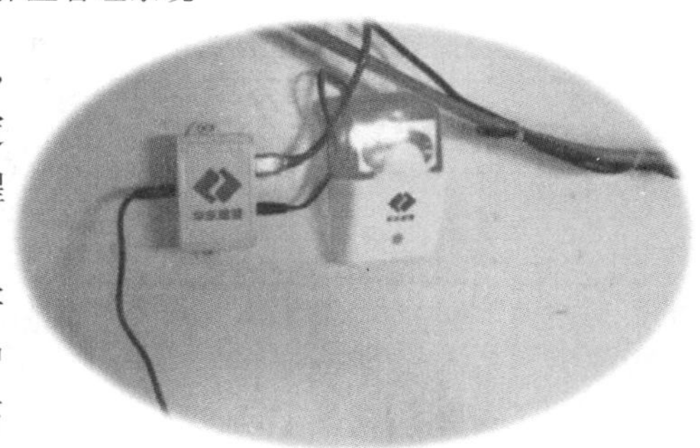

图 1.5－4　水位监测系统

智慧化工地项目管理系统作为建筑业数字化转型的具体表现形式，在总承包现场管理中将发挥重要的作用，它的部署实施将切实提高总承包项目的信息化管理水平，它的设想和理念的推广将带动项目建设系统智慧化的发展潮流。目前市场已出现各种设备和信息系统，基本涵盖了现场管理主要对象和主要方面，大多以单项应用为主，本项目作为智慧化管理集成的系统，是行业内利用智慧化技术与 EPC 管理相结合取得突破性的进展，相关成果可为所有总承包项目管理服务，并可作为市场化推广产品。

1.6　技术经济效益分析

1.6.1　技术指标及市场经济效益分析

1. 与国内外同类技术对比

根据浙江省科技信息研究院科技查新检索中心查新报告（编号 202133B2100516），工程主要创新成果在国内外均未见相同记载。工程相关原创成果与国内外同类技术比较见表 1.6－1 和表 1.6－2。

表1.6-1 工程创新成果汇总表

创新成果	解决的关键技术问题	结论
构建了平原河道透水砂层超大面积深基坑水平＋竖向多样化防渗组合的悬挂式渗控体系	破解了单一防渗型式地质及施工条件局限性等技术难题	首次提出，原创成果
提出了基于精细化地层分类的低扰动悬挂式防渗＋基坑分期分区降排水技术	解决了施工过程中绿色生态环保治理难题	未见文献述及
研发了富水区含流沙地层绿色施工工法	突破了富水区含流沙地层易产生扰动污染水质的技术难题	未见文献述及
创新了充砂管袋复合围堰的绿色施工工法	解决了围堰施工全过程的扰动污染机理和控制手段	未见文献述及
采用项目管理云平台对深基坑危大工程、防洪度汛等重要领域进行智慧化管理	提高总承包项目的信息化管理水平	未见文献述及

表1.6-2 工程创新成果与国内外同类技术比较表

创新成果	技术特点	同类技术
构建了平原河道透水砂层超大面积深基坑水平＋竖向多样化防渗组合的悬挂式渗控体系	多样化悬挂式组合防渗体系地层适用性强、安全性高、经济性好、施工便捷性好	复杂地层适用性差、防渗效果差、渗漏难以控制、不适用于超大深基坑
提出了基于精细化地层分类的低扰动悬挂式防渗＋基坑分期分区降排水技术	生态、环保、节能，对现状自然环境扰动少，施工效率高，经济效益良好	施工过程中破坏原始自然环境，污染水质，施工资源投入大，浪费能源
研发了富水区含流沙地层绿色施工工法	绿色环保、质量稳定、桩基承载力高、成孔快、噪声低、无振动、施工效率高	易塌孔、成孔慢、不易控制、成桩效果差
创新了充砂管袋复合围堰的绿色施工工法	结构稳定、防渗效果好、施工便捷、抗滑稳定性好、不影响水质	易破损、易产生滑移、污染水质、施工复杂
采用项目管理云平台对深基坑危大工程、防洪度汛等重要领域进行智慧化管理	多功能、易操作、重点突出、信息更新及时、易于运行管理	功能单一、操作复杂、信息更新延迟缓慢

2. 经济效益

工程研究成果直接应用到杭州市亚运场馆和北支江综合整治工程，通过采用管袋围堰吹填技术，合理利用了当地材料，后续拆除料仍可加以利用。整体估算减少材料费用、施工费用、劳动力及管理成本累计1760万元。

及时完成施工导截流施工，实现了不中断现有交通线路并保证改线道路安全稳定运行，极大程度加快了施工进度，累计节约工期5个月，节约交通运输成本及管理成本累计约1330万元。

率先采用项目管理云平台对深基坑危大工程、防洪度汛等重点工程进行智慧化管理，提高了智慧化管理能力，有效节省管理成本累计约600万元。

总体而言，工程研究成果的应用大大提高了工程施工效率，累计节约工期5个月，节约各类工程成本约3688万元。整体运用效果良好，社会评价高，具有较高的经济效益。

3. 质量安全效益

亚运场馆和北支江综合整治工程上游水闸及船闸工程的围堰及各类防渗措施于2019年4月全部完工，通过优选合理科学的防渗措施，进行适当的风险控制，保证了工程顺利度汛（图1.6-1），经历2个大流量汛期考验，2020年更是经受住了超标准洪水考验，洪水距离围堰顶部只有不到80cm的高度，但基坑防渗效果极好，周边未发现基坑渗漏情况，成功完成了施工导截流的使命，为工程的顺利推进提供有力的保障，确保了亚运会工程高质量高标准顺利推进。

图1.6-1 工程创新成果保障亚运会工程顺利度汛

4. 环境效益及节能减排

(1) 环境效益。工程研究成果构建了精细化三维地质及渗控模型，实现了悬挂式防渗精准控制；率先开展了高压喷射灌浆帷幕现场大型试验，研究了在松散深厚砂层中高压喷射灌浆成墙参数及功效和冒浆点控制方法，针对性地采用生态环保扰动少的防渗型式；创造性地对超大面积深基坑进行分区规划，研究基坑内分期分区降水功效和机理，节省工程大面积开挖大量抽水费用，实现了绿色节能环保。

亚运场馆和北支江综合整治工程的环保工作受到浙江省政府、杭州市政府、富阳区政府、亚组委及社会群众的高度关注，通过本工程实现的高技术含量、低环境干扰的施工导截流及超大面积深基坑施工及维护方案，获得了各级政府和社会群众的一致认可，极大程度地响应了“绿色生态文明施工”的号召。

(2) 节能减排。本工程能耗产出主要为旅游、土地增值、社会等效益，工程建设期间主要消耗柴油和电能等。工程的运行期主要是水闸、船闸启闭耗能和泵站运行耗能，能源消耗量不大。施工过程中，根据平原河道深厚透水砂层的地质条件，结合数值模拟及现场试验的成果，综合确定适用于工程区的施工方案，通过采用悬挂式防渗举措，有效降低了工程成本，同时减少了施工期各项材料及机械设备的使用，有效推进了《水利水电工程节能设计规范》(GB/T 50649—2011)。同时，本工程的设计本着合理利用能源、提高能源利用效率的原则，遵循节能设计规范，从设计理念、工程布置、设备选择、施工组织设计等方面采用节能技术，选用了符合国家政策的节能机电设备和施工设备，合理安排了施工总进度，工程所采取的节能措施合理可行，符合国家固定资产投资项目节能设计要求。

综上，本工程示范性地执行了国家相关规范，能耗指标达到了国家标准要求，进一步展现了我国在清洁低碳能源利用方面的卓越成效。

5. 社会效益

(1) 研究成果的成功应用，保障了亚运赛事顺利进行，为亚运皮划艇等项目奠定良好的基础。工程施工期间，亚组委领导多次亲临现场，并给予高度评价，产生了良好的社会效益。

（2）研究成果在亚运场馆和北支江综合整治工程的成功实践，极大改善了富阳当地的水生态环境，为打造富春山居国家级旅游度假区做出了卓越贡献，成为建设美丽中国的生动展示。工程施工期间，浙江省政府、杭州市政府及富阳区政府多次前往现场视察指导，并对本课题在项目上的成功运用、经受住超标洪水冲击给予充分肯定和表彰。

1.6.2 推广应用及应用前景

1.6.2.1 推广应用

工程相关研究成果已全部直接应用于杭州市亚运场馆和北支江综合整治工程，指导工程科学、合理地施工，保证了亚运会工程高质量高标准完成，具备良好的经济社会效益，可广泛应用于水利水电工程与市政工程等类似工程中，且可以将多种支护措施与防渗措施结合应用。该成果的使用确保了该项工程及时完成施工导截流施工，同时实现了不中断交通线路并保证了改线道路安全稳定运行。该成果的运用极大程度提高了施工效率，有效改善了超大面积深基坑的防渗效果，同步实现基坑安全稳定与施工导截流防渗功能要求，促进了安全文明施工。

1.6.2.2 应用前景

工程提出的大型河道深厚透水砂层基坑组合防渗关键技术是一种针对不同复杂地质施工条件下的成本节约型、技术实用型以及安全合理型的施工技术，具有较强的代表性和示范作用。根据河道周边地形地质条件、社会交通状况，结合当地环保、水保及征地政策，参考数值模型及现场试验成果分析，将水泥搅拌桩、钻孔灌注桩、钢板桩等多种基坑支护措施与土工膜、高压旋喷桩、钢板桩、三轴水泥土搅拌桩等多种防渗措施进行组合，研究各种防渗型式的施工工艺、设计参数，现场开展生产性试验，分析试验结果再反向优化防渗设计参数，研究分析不同防渗型式组合部位的施工方法和施工工艺，选择合适的加固措施，制定专项施工方案，积累了大量的试验数据和工程经验，在实现透水砂层超大面积基坑围护安全稳定的同时，也实现了河道导截流防渗要求，且不中断当地交通线路，同时集成多功能全方位的工程措施，从而保障基坑安全施工和当地交通运行顺畅。本工程研究技术具有较高的普适性，极具代表性和示范作用，因此建议本工程所研发的技术今后可向市政、交通等工程行业推广应用。

1.7 主要技术难点和创新点

1.7.1 主要技术难点

1. 多样化防渗型式组合渗控技术

北支江综合整治工程具有较大的政治意义及社会影响力，考虑到工程安全性、经济适用性和子项目中的两个水闸、船闸工程均涉及基坑防渗施工，两个子工程的施工场地均为软土地基，地质条件复杂多变，影响渗漏因素较多。北支江上游水闸、船闸闸址上下游围堰和基坑左右两岸均分布有深厚的粉细砂层，底高程在－7.00～－11.00m 之间，厚度为 8.00～13.00m，水平渗透系数为 5.7×10^{-3}cm/s，垂直渗透系数为 6.2×10^{-3}cm/s，属中等透水。岸坡地表存在 0.5～1.0m 厚建筑垃圾及覆盖层，之下为质地较细的粉细砂层，开挖后基坑迅速被渗透水流充满，岸坡透水性较好。此外，基坑开挖范围较大，共计约 10 万 m^2，有深厚透水砂层（最深 14m 左右）分布，易产生管涌渗透破坏。因此，单一防渗型式无法满足基坑防渗要求，需要研究高压旋喷灌浆、三轴水泥土搅拌桩、拉森钢板桩和混凝土防渗墙等防渗型式在深层地基防渗中的设计及施工工艺。

2. 防渗体系竖向悬挂方案

基岩埋深较深（约 50m），对于悬挂式基坑防渗结构而言，设计和施工难度较大。

3. 超大深基坑潜水与地下承压水降水处理技术

本工程卵石层存在承压水，水闸船闸工程的基坑桩基施工时，渗控问题非常突出。承压水控制对于砂性土地基超深基坑是必须引起重视的问题，超深基坑开挖深度往往能达到几十米。本工程地基下卧承压含水层含水量丰富，承压水头高，通常基坑开挖时承压水压力会大于上覆层自重，容易发生基坑突涌。基坑突涌具有突发性质，会导致基坑的围护结构严重损坏或者倒塌、坑外会产生大面积地面沉陷、对周边建（构）筑物以及地下管道造成破坏，甚至造成施工人员伤亡。

4. 河道砂性底泥大规模“疏浚、固化、储存和利用”全过程关键技术

在北支江综合整治工程底泥处理过程中，由于砂性底泥成分复杂，在进行资源化利用等过程中，存在以下技术难点。

（1）底泥清淤及输送的高效性、连续性以及环保性要求。北支江底泥消纳场地往往距离清淤河道较远，鉴于当前城市市政交通拥堵、交通通行压力大等事实，泥浆汽车运输等传统方式不仅污染当地环境、影响市容市貌，更对市政交通造成很大影响；另外，底泥往往夹杂大量砂料、建筑生活垃圾以及卵石等，清淤施工及输送易发生堵塞等故障，且容易造成浮泥流失、污染物外泄等情况发生。因此，如何保证底泥清淤及输送的高效性、连续性以及环保性是本项目的重难点之一。

（2）底泥的逐级减量及一体化无害处置。北支江底泥所形成的泥浆具备体量大、含砂量高、泥浆浓度低、悬浮物不易沉降、污染物成分复杂等特点，加上砂砾、泥饼以及余水等产物需满足国家相关标准、政策及资源化利用等要求，这大大提高了大体量砂性底泥的逐级减量及无害处置的技术难度。

1.7.2　创新点

针对以上工程项目难点，在综合整治工程中，主要有以下创新之处：

1. 构建了平原河道透水砂层水平＋竖向多样化防渗组合渗控体系

针对地质条件复杂多变，单一防渗型式无法满足超大面积深基坑防渗要求等技术难题，本工程在平原河道透水砂层超大面积深基坑施工过程中，构建了水平＋竖向多样化防渗组合渗控体系，破解了单一防渗型式难以适应复杂地质及施工条件下的工程技术难题。

（1）针对施工区不同的地质及施工条件，在平面上开展多种防渗措施组合布置，并结合现场试验及数值模拟结果，对布置方案进行合理优化，因地制宜，提出了将土工膜、钢

板桩、高压旋喷桩及三轴水泥土搅拌桩等多种措施进行耦合的防渗布置型式。

(2) 创造性地研发了在竖向上将围堰充砂管袋与钢板桩、三轴水泥土搅拌桩等多种措施进行耦合的悬挂式防渗体系。

(3) 同步研究了各种防渗型式在不同地层条件下的施工工艺，以及不同钻进提升速率及钻杆转速等参数下的接头部位衔接功效和机理。

2. 提出了基于精细化地层分类的低扰动悬挂式防渗+基坑分期分区降排水技术

本工程基于精细化地层分类，提出了低扰动悬挂式防渗型式，并采用基坑分期分区降排水技术，解决了施工过程中绿色生态环保治理难题。

(1) 构建了精细化三维地质及渗控模型，实现了悬挂式防渗精准控制。

(2) 开展了高压喷射灌浆防渗现场大型试验，研究了在松散深厚砂层中高压喷射灌浆成墙参数及功效和冒浆点控制方法，有针对性地采用了生态环保扰动少的防渗型式。

(3) 创造性地对超大面积深基坑进行降水规划，研究了基坑内分期分区降水功效和机理，有效地减少了工程施工对生态环境的干扰和影响。

3. 改进了钻孔压灌桩和充砂管袋复合围堰施工工法

本工程改进了钻孔压灌桩和充砂管袋复合围堰施工工法，降低了工程施工对富水区粉细砂地层扰动和对水环境的影响。

(1) 创造性地提出了在富水区含流沙地层中采用长螺旋钻孔压灌桩的施工工法，研究了富水区含流沙地层中长螺旋钻孔压灌桩成桩参数及功效，极大地加快了工期并提高了成桩质量。

(2) 创新了充砂管袋复合围堰的施工工法，研究了围堰施工全过程的扰动污染机理和控制手段，降低了对河道水环境扰动。

(3) 改良了复杂地层条件下高压喷射灌浆钻进机具，对钻头等关键构件进行创新性升级处理，提升了各种地质工况下的钻进功效。

4. 采用项目管理云平台对重点工程领域进行智慧化管理

本工程率先采用项目管理云平台对深基坑危大工程、防洪度汛等重要领域进行实时监测，实现了智慧化管理。

1.8 结语

亚运场馆和北支江综合整治工程位于浙江省杭州市富阳区富春江东洲北支段，西起东洲大岭山脚，东至东洲街道紫铜村，全长 12.5km。工程包括上游水闸船闸工程、下游水闸船闸工程、堵坝拆除及清淤工程、南岸堤防加固及综合整治工程等 4 个子项目。本章主要对北支江综合整治工程的基本概况、水闸船闸工程、河道清淤及堵坝拆除工程、景观工程和工程中涉及的主要技术难点问题和创新点进行了简要介绍和分析。

第二篇

基础施工关键技术

第2章 多种防渗技术的设计与施工

2.1 基础防渗设计

2.1.1 初期导流及防渗方案

2.1.1.1 导流标准

北支江上游水闸、船闸工程与下游水闸、船闸工程在地质条件、建筑物布置、基础防渗设计与施工等方面基本没有差别，故本章以上游水闸、船闸工程基础防渗为例，介绍多样化防渗型式在复杂地质条件下的应用。上游水闸、船闸工程内的水闸、船闸等建筑物均需要在干地条件下施工，根据工程规模及进度安排，需全年施工。

根据本工程初步设计报告（咨询稿）专家意见，以及《水闸设计规范》（SL 265—2016）等相关规程规范，工程主要建筑物级别为2级，根据《水利水电工程施工组织设计规范》（SL 303—2017）的规定，导流建筑物级别应为4级，当按规范规定所确定的级别不合理时，可根据工程具体条件和施工导流阶段的不同要求，经过论证，予以提高或降低。本工程具有以下特点。

（1）水闸采用3孔水闸，每孔净宽60.0m，总宽225.0m，正常蓄水位5.40m，水闸规模不大，挡水水头不高。

（2）本工程上堵坝兼做上游围堰，现状上堵坝修建于20世纪70年代，为均质土坝结构，顶高程约10.00m，下游下堵坝顶高程9.20～9.60m不等，经分析，2座现状堵坝可挡5年一遇洪水。

（3）本工程上、下游围堰主要作用为围护主体工程施工，主体工程主要为混凝土结构，遇超标洪水工况，基坑淹没风险可控，且由于现状北支江两岸地面高程不高，围堰采用较高的洪水设计标准，堰顶高程将高出部分现状地面。

基于上述原因，考虑减少工程施工期对北支江两岸现状防洪能力的影响，导流建筑物降低一级，按5级建筑物设计，导流标准取全年5年一遇。现场应配备充足的防汛物资，遇超标洪水及时对围堰进行加高加固。必要时，拆除围堰，确保行洪断面畅通。

2.1.1.2 导流及防渗方案

1. 导流方案

上游水闸、船闸工程位于上、下堵坝之间，且距离上堵坝较近，目前上游水闸闸址位置左岸正在施工北支江补水泵站。导流方案为采用上、下游围堰挡水，基坑抽水排干后开始施工，上游围堰利用上堵坝挡水，下游围堰布置在补水泵站出口上游。富春江上游来水可通过东洲岛南侧主河道过流。施工期上游富春江与北支江通过补水泵站连通，自富春江补水至北支江。

现状上堵坝修建于20世纪70年代，为均质土坝结构，根据上堵坝左岸正在施工的北支江补水泵站基坑开挖情况，现状上堵坝存在一定程度的渗漏。本工程主要利用上堵坝作为上游围堰挡水，上堵坝南端由于船闸工程施工需要挖断，需要布置交通改线道路，顶高程为10.00m，兼作上游围堰挡水。下游采用围堰拦断河床，左岸与先期施工的挡墙衔接，右岸接入北支江自然岸坡。施工期间补水泵站可保持运行，持续自富春江向北支江补水。

2. 防渗方案

根据地质勘察资料，北支江上游水闸、船闸闸址上下游围堰及基坑左右两岸均分布有深厚的粉细砂层，底高程在－7.00～－11.00m之间，厚度为8.0～13.0m，水平渗透系数为5.7×10^{-3}cm/s，垂直渗透系数为6.2×10^{-3}cm/s，属中等透水。水闸闸址右岸现场试挖见图2.1-1。岸坡地表存在0.5～1.0m厚的建筑垃圾及覆盖层，之下为质地较细的粉细砂层，开挖后基坑迅速被渗透水流充满，岸坡透水性较好。本工程水闸、船闸须在干燥条件下施工，故基坑防渗为工程关键难点之一。

图2.1-1 水闸闸址右岸现场试挖

经过仔细研究，认为有必要在上下游围堰及基坑左右岸均布置防渗结构，形成封闭防渗体系以确保基坑安全。因此在上、下游围堰设置防渗措施，左、右岸设置防渗墙，并相互连接形成封闭防渗体系。

2.1.1.3 导流建筑物设计

1. 围堰形式

上游水闸、船闸工程位于上、下游堵坝之间且临近上堵坝，河床高程为2.50～4.16m，河床中间部位的地层分布从上至下依次为：塘泥、粉细砂及含砾细砂、淤泥质粉质黏土夹粉砂、含砾粉质黏土，以下是圆砾及卵石等。工程周边可用做围堰填筑的建筑材料主要是粉细砂，围堰形式采用充砂管袋围堰。现状河底粉细砂层透水性较强，围堰采用下部钢板桩防渗墙＋上部黏土心墙防渗。

2. 围堰设计

上游围堰主要利用现状上堵坝，同时在上堵坝上游侧高程8.0m采用充砂管袋填筑形成施工平台，设置高压喷射防渗墙增强上游围堰防渗性。上堵坝南端由于船闸工程施工需要挖断，因此布置改线道路，上游5年一遇洪水位为8.80m，考虑安全超高及风浪高度，改线道路顶高程与现状上堵坝顶高程一致，为10.00m，顶宽8.0m，兼做上游围堰挡水，同样设置高压喷射防渗墙增强防渗性。高压喷射防渗墙施工平台高程8.00m，钻孔孔距0.7m，底部打入相对不透水层不小于1.5m。

下游围堰位于上、下堵坝之间，下游5年一遇洪水位8.14m。本工程施工时，下游水闸船闸工程亦同步施工，根据水文资料，下游闸址处全年5年一遇流量为475m³/s，施工拟采用明渠导流方案，施工期遇5年一遇流量，水位将壅高至8.64m。考虑安全超高及风浪高度，以及汛期下堵坝左岸水闸不能正常关闭等特殊情况，围堰顶高程定为9.20m。围堰采用充砂管袋围堰结构，顶宽6.0m，两侧坡比1∶1.8～1∶2.0不等。高压旋喷防渗墙施工平台高程7.00m，钻孔孔距0.7m，底部打入相对不透水层不小于1.5m。在河道中部河床较低、淤泥层较厚的100m范围内，围堰顶宽加宽至9.0m，起到增强围堰稳定的作用。围堰靠近左岸位置与北支江补水泵站出水口距离较近，设Ⅳ型拉森钢板桩防护。

3. 主要导流工程量

主要导流工程量见表2.1-1。

表2.1-1　　主要导流工程量

序号	项　目	单位	工程量	备　注
1	AC-10沥青混凝土	m³	102	地方交通改道路面
2	AC-16沥青混凝土	m³	156	地方交通改道路面
3	5%水泥稳定碎石基层	m³	2882	围堰顶部
4	塘渣填筑	m³	1605	地方交通改道路面
5	C20混凝土	m³	631	下游围堰堰顶路面
6	管袋填筑	m³	110666	
7	砂土填筑	m³	18740	
8	黏土填筑	m³	7035	
9	喷混凝土	m³	590	围堰护坡
10	施工围挡	m	210	
11	安全护栏	m	1659	围堰顶部防护
12	复合土工膜	m²	2030	上游围堰（现状上堵坝段）上部防渗
13	土工格栅	m²	28995	围堰底部抗滑
14	无纺土工布	m²	6909	围堰顶部
15	钢板桩，$L=12$m	t	74.0	下游围堰靠近箱涵出口位置护坡
16	钢板桩，$L=18$m	t	245.3	
17	高压旋喷防渗墙钻孔	m	33482	
18	高压旋喷防渗墙灌浆	m	31790	
19	三轴水泥土搅拌桩	m³	1297	
20	基础清理	m³	3366	上游围堰（现状上堵坝段）底部块石清理

续表

序号	项 目	单位	工程量	备 注
21	土方换填	m^3	1240	北支江左岸块石换填
22	围堰基础清淤	m^3	16198	
23	管袋围堰拆除	m^3	110666	
24	土石围堰拆除	m^3	31258	
25	单臂路灯，LED-100W	套	18	上游围堰（地方交通改道段）
26	灯杆基础	座	18	上游围堰（地方交通改道段）

2.1.2 多种防渗型式对比

考虑到工程安全性、经济适用性以及多处工程区均涉及到超大深基坑围护施工，同时工程施工场地均为软土地基，地质条件复杂多变，单一防渗型式无法满足超大深基坑防渗要求。设计人员系统研究平原河道深厚透水砂层基坑组合渗控关键技术及其应用，主要包括研究多种防渗型式，如高压灌浆、三轴水泥土搅拌桩、钢板桩、混凝土防渗墙等防渗措施在水利工程深层地基中的设计参数及施工工艺，构建平原河道透水砂层超大面积深基坑水平+竖向多样化防渗组合的渗控体系，破解了单一防渗型式难以适应平原河道透水砂层复杂地质及施工条件的工程技术难题。同时，提出基于精细化地层分类的低扰动悬挂式防渗+基坑分期分区降排水技术，有效减少工程施工对生态环境的干扰和影响，实现绿色节能环保等，相关技术路线见图2.1-2所示。经过研究，高压喷射灌浆法、三轴水泥土搅拌桩、钢板桩和混凝土防渗墙等防渗措施均适合本工程，各种防渗型式的优缺点对比详见表2.1-2。

表2.1-2 各种防渗型式的优缺点对比

防渗型式	优 点	缺 点
高压喷射灌浆法	技术成熟，市场上设备及施工资源丰富，施工设备轻，对施工工作空间的要求相对低，砂层基础施工速度快，防渗体质量好	对地层均一性要求较高，对碎、卵石地层适应性弱。遇碎、卵石地层施工时易卡钻，施工工效低，需通过引孔方式解决。施工过程中质量控制难度相对较大，对施工作业人员要求高
三轴水泥土搅拌桩	技术成熟，施工工艺简单，施工作业可控性好。市场上设备及施工资源丰富，砂层基础施工速度比高压旋喷桩快，防渗体连续性好	设备尺寸大且重，对施工作业面空间和基础承载能力有较高要求。对地层的均一性要求较高，对碎、卵石地层适应性弱。遇碎、卵石地层施工时工效低，水泥损耗量大，且容易损坏钻头，维修耗时长
钢板桩	技术成熟，施工工艺简单，施工速度快。市场上设备及施工资源丰富。对作业空间的要求低。适应砂层、土层基础	对地层的均一性要求较高，当地层发生变化时，直接影响钢板施工的垂直度控制。对碎、卵石地层适应性弱，可能出现钢板打不下去的情况。钢材价格受市场影响较大
混凝土防渗墙	技术成熟，防渗效果好，对各类地层的适应性均较好	造价高，施工速度相对较慢

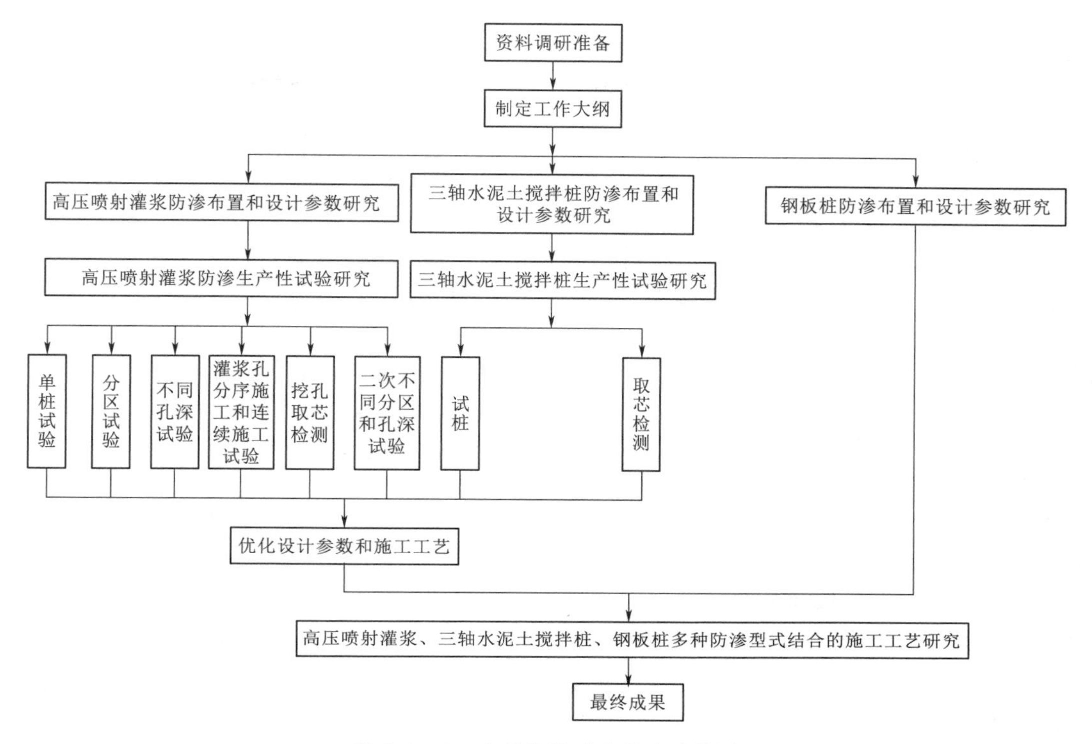

图 2.1-2 多种防渗型式技术路线图

从造价上比较可知，在同等条件下，混凝土防渗墙＞钢板桩＞高压喷射灌浆法＞三轴水泥土搅拌桩。

2.1.3 多样化防渗型式组合布置

上述 4 种防渗措施均适合本工程，但由于混凝土防渗墙造价相对较高，施工速度相对较慢，本工程暂不考虑。其余 3 种防渗措施中，钢板桩施工技术成熟且施工速度快，可在围堰上施工，施工质量控制难度相对较小，技施阶段上游围堰推荐采用钢板桩防渗方案。下游围堰具备三轴水泥土搅拌桩施工条件，推荐采用三轴水泥土搅拌桩防渗。基坑左、右岸岸坡具备三轴水泥土搅拌桩施工条件，且造价较低，主要采用三轴水泥土搅拌桩防渗。其中左岸岸坡上游段需结合交通改道快速施工，采用钢板桩防渗；下游围堰左岸岸头与水工挡墙衔接位置施工干扰较大，采用高压喷射防渗；下游围堰右岸堰头区渗径较短，是防渗薄弱、防渗要求较高的部位，采用高喷防渗；右岸中间区域属于含砾砂层和粉细砂层地质变化区，而且距离枢纽基坑深层开挖区较近，采用高压喷射灌浆法方案加强防渗。初期多样化防渗型式组合布置见图 2.1-3。

2.1.4 高压喷射灌浆生产性试验

2.1.4.1 试桩要求

（1）高压喷射灌浆施工前，应具备下列文件资料：①工程设计文件和图纸；②高压喷

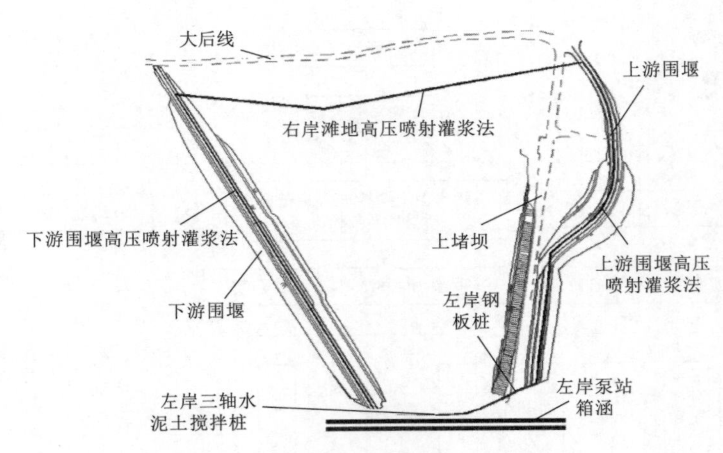

图 2.1-3　初期防渗型式组合布置示意图

射墙轴线处的工程地质和水文地质资料；③高压喷射墙施工范围内已有建筑物（地面及地下）资料；④施工技术要求；⑤质量标准和检查方法。

（2）施工时应根据地质资料，详细分析高压喷射墙轴线处的地质条件，并根据先导孔或进行复勘后绘制高压喷射轴线剖面，查明轴线段有无大孤石分布等；编制高压喷射轴线剖面图，并将高压喷射孔位中心线定位测量记录报送监理工程师检查，经监理工程师同意后，方可施工。

（3）地质复勘应沿防渗墙轴线按照设计要求，结合Ⅰ序孔布置先导孔，孔深大于高压喷射灌浆孔孔深，且不小于 2m，先导孔必须钻取芯样进行鉴定，并核对地层，绘制柱状图，绘出沿轴线的地质剖面图以指导施工。

（4）施工时应选择有代表性的地层进行高压喷射灌浆现场试验。试验宜采用单孔和不同孔距的群孔进行，以确定高压喷射灌浆的方法及其适用性，确定有效桩径（或喷射范围）、施工参数、浆液性能要求、适宜的孔距、墙体防渗性能等。

（5）高压喷射灌浆的一般工序为机具就位、钻孔、下入喷射管、喷射灌浆及提升、冲洗管路、孔口回灌等。当条件具备时，也可以将喷射管在钻孔时一同沉入孔底，而后直接进行喷射灌浆和提升。

（6）高压喷射灌浆分两序施工，先施工Ⅰ序孔，再施工Ⅱ序孔，相邻两个Ⅰ序孔完成后，方可施工Ⅱ序孔，相邻次序孔施工时间间隔不超过 24h。

（7）高压喷射灌浆工程应注意施工区域的环境保护，做好废水、废浆的处理或回收。

（8）高压喷射灌浆施工前，应依据工程规模划分单元工程，并进行钻孔编号。

（9）根据北支江上游水闸、船闸工程《围堰高喷灌浆防渗墙施工技术要求》，围堰高压喷射防渗墙施工前需进行现场生产性试验，且需满足如下要求方可正式施工：①高压喷射灌浆防渗墙墙厚不小于 50cm；②28d 抗压强度 $R_{28}\geqslant 3.0$MPa；③允许渗流梯度 $[J]\geqslant 80$；④渗透系数 $k\leqslant 1\times 10^{-5}$cm/s。

2.1.4.2　试桩情况

上游水闸、船闸工程围堰高压喷射灌浆分别于 2018 年 1 月 21 日、2018 年 1 月 26 日进行了单桩试验。其目的在于确定相同喷浆压力、水灰比条件下，不同提升速度、不同土层中单桩成桩桩径及成桩效果，为后续高压喷射灌浆施工间距、排距的确定提供试验支撑。

2018年4月9日正式开始右岸高压喷射连续生产性试验试桩，起始试桩桩号为N292，从起始试桩桩号处往上游方向施工，后续进行多次开挖，检查其搭接及成桩效果。从开挖揭露结果来看，高压喷射灌浆在表层耕植土中成桩较差，开挖深度段粉细砂层成桩桩径满足设计要求，但成桩断面不规则，桩体表面呈现针刺状。

针对开挖揭露结果，2018年4月26日邀请相关专家到现场进行指导，根据专家意见，后续在部分试桩过程中，浆液压力调整至34MPa，且部分桩体按顺序孔进行施工。2018年5月3日，对顺序孔施工的高压喷射灌浆进行开挖检查，开挖深度为4.0m。从开挖揭露结果得出如下结论：顺序孔和Ⅱ序孔施工对高压喷射灌浆外观并无明显影响，Ⅱ序、顺序施工高压喷射灌浆桩体大小也无明显差异。

2018年5月12日，分别对X15～X16、N327～N328、N357～N358、N358～N359搭接中心和X16偏向X15桩15cm处、N358桩中心偏北20cm处进行钻孔取芯。钻孔取芯总数为6根，只有2根为连续性成桩，其余4根基本均呈现地面以下10m以内不连续成桩、10m以上成桩均匀性及连续性较好的现象。

针对此次钻孔取芯结果，2018年5月15日及20日项目部又两次邀请相关专家到施工现场进行指导。根据专家意见，项目部于2018年5月17日将浆液压力调整至36MPa，空压机调换为日本进口PDSJ750S型高风压空气压缩机，以加大对地面10m以下土体的切割和扰动。具体参数为：地面以下0.0～10m范围内为1.2MPa，10m以下范围为1.8MPa，其余参数保持不变，分别按Ⅱ序施工6根。

2018年5月27日，对高风压试桩进行钻孔取芯，钻孔取芯位置分别为N405～N410每相邻桩的搭接中心和N408～N409搭接中心偏向南侧20cm处，钻孔取芯总数为6根，4根连续性成桩，2根地面10m以下桩体不连续。

以上试桩过程中，部分桩体下钻至地面10m以下时，下部钻进困难，无法继续钻进，后通过多次采用潜孔钻（英格索兰825型）进行引孔取钻。同时在以上试桩过程中，经常性出现距设计桩底标高1/3桩长以上才开始返浆且底部返浆不明显的情况。例如，N405桩底标高静喷30min也未返浆，其余均静喷10min后开始提升。

2018年5月29日，为解决涌砂抱死钻杆现象，继续优化施工工艺进行试桩，风嘴由水平方向改为朝下，成“八”字形喷气，其余参数保持不变。后钻孔取芯检查1根，为连续性成桩。

2018年6月13日，因气、浆切割砂土存在不定性因素，对施工工艺再次进行优化，采用高压喷射施工工艺与机械切土工艺相结合，在钻头端部安装铰刀。具体施工参数为：钻机动力头改为55kW，钻头安装2～4片刀盘，提升速度为25cm/min，转速为60r/min、浆压为32MPa、风压为0.8MPa。经过多次试桩及调整施工参数，桩体搭接处连续性成桩合格率有所提升，但仍无法完全保证地面10m以下的成桩连续性，且安装的刀盘均发生较大变形或断裂。

2.1.4.3 取芯检测

1. 2018年1月21日单桩试验

在右岸原开工活动场地内进行单桩试验（单桩钻孔位置远离高压喷射轴线），了解在喷浆压力、水灰比一致的情况下，不同提升速度及不同土层中单桩的成桩桩径及成桩效果，以确定后续止水桩间距、排距。

选择的试验参数如下：水泥为 P. O42.5 普通硅酸盐水泥；水灰比为 0.8∶1.0；浆液密度为 1.5～1.7g/cm^3；提升速度为 10cm/min、15cm/min、18cm/min；喷浆压力为 27MPa；风压为 0.8MPa；旋转速度为 9r/min、14r/min、16r/min。

采用双重管法进行施工，分Ⅱ序进行，相邻次序孔施工时间间隔不超过 24h。采用双管法注浆，施工顺序为单桩。现有地面高程为 6.50m，地下水位高程约 4.35m，地下水丰富，挖至砂层即刻涌水致周边边坡坍塌无法继续下挖。根据单桩试验开挖揭露的结果，实测最大桩径为 95cm，不满足设计要求（设计桩径为 100cm）。图 2.1-4～图 2.1-7 为部分试验结果。

图 2.1-4　开挖至地面以下 2.3m 处试验结果

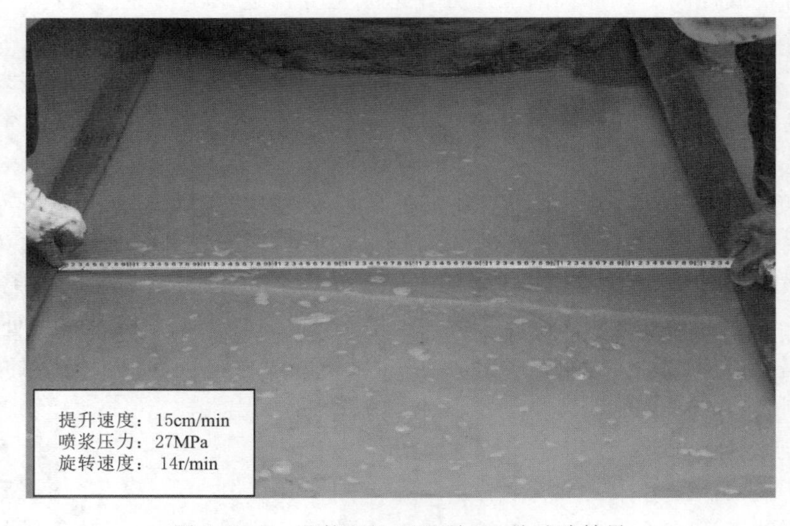

图 2.1-5　开挖至地面以下 3m 处试验结果

图 2.1-6　开挖至现有地面以下 2.3m 处试验结果

图 2.1-7　开挖至现有地面以下 3.0m 处试验结果

2. 2018 年 1 月 26 日单桩试验

在右岸原开工活动场地内进行单桩试验（单桩钻孔位置远离高压喷射轴线），了解在喷浆压力、水灰比一致的情况下，不同提升速度及不同土层中单桩的成桩桩径及成桩效果，以确定后续止水桩间距、排距。

选择的试验参数如下：水泥为 P. O42.5 普通硅酸盐水泥；水灰比为 0.8∶1.0；浆液密度为 1.5～1.7g/cm^3；提升速度为 12cm/min；喷浆压力为 32MPa；风压为 0.8MPa；旋转速度为 11r/min。

采用双重管法进行施工，分Ⅱ序进行，相邻次序孔施工时间间隔不超过 24h。采用双管法注浆，施工顺序为单桩。现有地面高程为6.50m，地下水位高程约4.35m，地下水丰富，挖至砂层即刻涌水周边边坡坍塌无法继续下挖。根据单桩试验开挖揭露的结果，实测粉细砂层成桩桩径为114cm，地下水位以下成桩桩径为91cm，不满足设计要求（设计桩径为100cm）。图2.1-8和图2.1-9为部分试验结果。

图2.1-8 开挖至地面以下1.8m处试验结果

图2.1-9 开挖至地下水位以下试验结果

3. 2018年4月25日开挖检查

在右岸高压喷射轴线上进行高压喷射试桩（编号：N327、N328、N329、N330），开挖检查其成桩及搭接效果，以确定之前拟定的高压喷射灌浆参数（提升速度、喷浆压力、转速、水灰比等）是否合理。

选择的试验参数如下：水泥为P.O42.5普通硅酸盐水泥；水灰比为1.0∶1.0；浆液密度为1.5～1.7g/cm^3；提升速度为10cm/min；喷浆压力为32MPa；风压为0.8MPa；旋转速度为10r/min。

采用双重管法进行施工，分Ⅱ序进行，相邻次序孔施工时间间隔不超过24h。采用双管法注浆，施工顺序为单桩。现有地面高程为 6.60m，地下水位高程约 5.50m，地下水十分丰富，挖至砂层即刻涌水致周边边坡坍塌无法继续下挖，导致下部成桩情况难以判断。从强行开挖至高程 3.30m 揭露的成桩情况看，成桩断面与标准圆柱对比不是十分规则；在砂土与表层耕植土交接面处发现一个 15cm×20cm 没有形成搭接的孔洞，在左右侧 1m 水头作用下瞬间冲溃，项目底部如出现类似情况安全风险较大。表层耕植土中成桩桩径只有 500～600mm，按间距 700mm 施工，桩之间没有形成搭接。砂土中成桩桩径基本大于 1000mm，搭接明显。下钻至高程－4.50m 以下时，下钻困难，钻进速度较慢，N318、N348 试桩下钻至高程－6.00m 时，钻杆卡死，无法进行钻进，后采用潜孔钻（英格索兰 825 型）进行引孔。图 2.1－10 和图 2.1－11 为部分试验结果。

图 2.1－10　开挖至地面以下 2m 处试验结果

图 2.1－11　开挖至地面以下 2.5m 处试验结果

4. 2018 年 5 月 12 日钻孔取芯

在右岸高压喷射轴线上进行高压喷射试桩（钻孔取芯位置见图 2.1－12），钻孔取芯检查整桩搭接效果，以确定之前拟定的高压喷射灌浆参数（提升速度、喷浆压力、转速、水灰比等）是否合理。

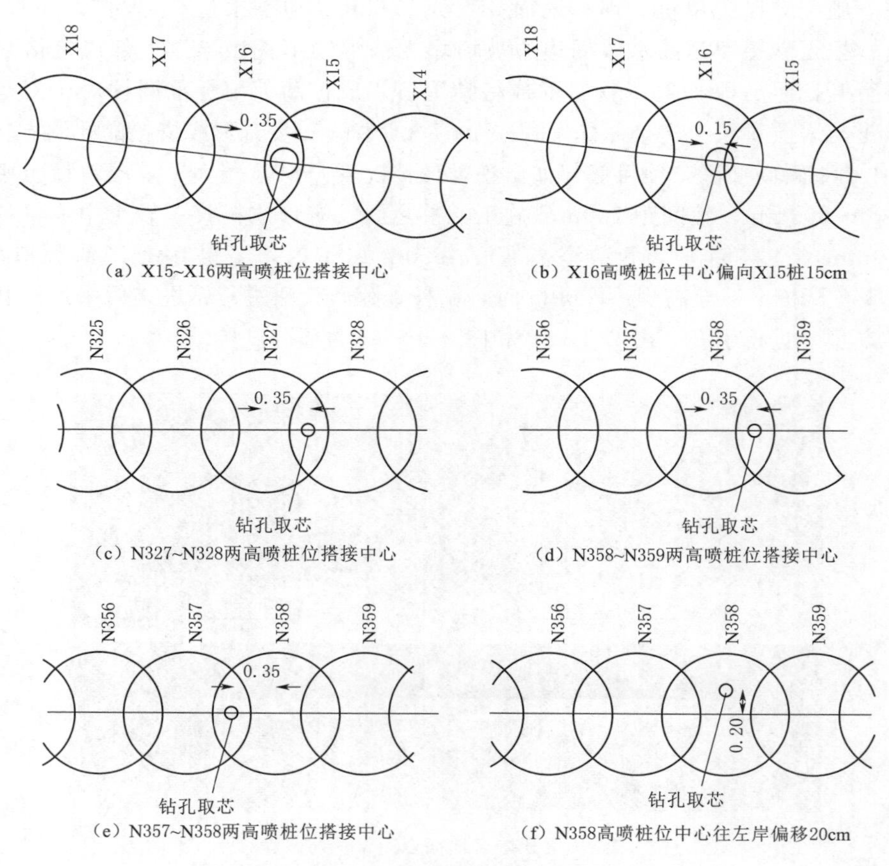

图 2.1-12　钻孔取芯位置示意图（单位：cm）

选择的试验参数如下：水泥为 P.O42.5 普通硅酸盐水泥；水灰比为 1.0∶1.0；浆液密度为 1.5～1.7g/cm³；提升速度为 10cm/min；喷浆压力为 32MPa；风压为 0.8MPa；旋转速度为 10r/min。

钻孔取芯 6 处，2 处高压喷射连续性成桩，其中 3 处在高程－3.00m 处无连续桩体，1 处在高程 0.50m 处无连续桩体，因涌砂抱死钻孔，无法取至设计桩底标高，合格率较低。成桩连续性较差，不满足设计要求，无法形成防渗帷幕，高程－3.00m 以下土质密实，常规施工参数难以扰动、切割土体。图 2.1-13～图 2.1-18 为 6 处搭接中心钻孔取芯芯样。

5. 2018 年 5 月 28 日钻孔取芯

根据第二、三阶段试桩开挖揭露及钻孔取芯结果，调整部分施工参数，钻孔取芯检查整桩搭接效果，钻孔取芯位置见图 2.1-19。

选择的试验参数如下：水泥为 P.O42.5 普通硅酸盐水泥；水灰比为 1.0∶1.0；浆液密度为 1.5～1.7g/cm³；提升速度为 10cm/min；喷浆压力为 36MPa；风压，地面以下 0～10m 范围内为 1.2MPa，10m 以下范围内为 1.8MPa；旋转速度为 10r/min。

采用双重管法进行施工，分Ⅱ序进行，相邻次序孔施工时间间隔不超过24h。采用双管法注浆，施工顺序为单桩。钻孔取芯5处（图2.1-20～图2.1-24），4处连续性成墙，其中1处在高程-3.50m处无连续桩体。调整参数后钻孔取芯合格率较前次有所提升，其中1处仍在地面10m以下无法连续性成桩，无法满足设计止水要求。

注 取芯至地面以下11.3m处时无法继续钻孔。从取芯样本发现在地面以下10m处高喷成墙，地面以下10~11.3m之间为粉砂。取芯桩长11.3m；地面标高7.0m。

图2.1-13　X15～X16两高压喷射桩位搭接中心取芯芯样

注 从取芯样木发现在地面以下8.5m处存在建筑垃圾和混凝土地坪，地面以下14.5m处发现圆砾，14.5m以下为淤泥质粉质黏土。取芯桩长15.5m；地面标高7.0m。

图2.1-14　X16高压喷射桩位中心偏向X15桩15cm取芯芯样

注　取芯至地面以下17.0m处高喷成墙，17.0m以下为淤泥质粉质黏土。取芯桩长17.5m；地面标高6.5m。

图 2.1-15　N327～N328 两高压喷射桩位搭接中心取芯芯样

注　取芯至地面以下10.2m处时无法继续钻孔，以下情况未知。取芯桩长10.2m；地面标高6.5m。

图 2.1-16　N358～N359 两高压喷射桩位搭接中心取芯芯样

注 取芯至地面以下9.2m处时无法继续钻孔，以下情况未知。取芯桩长10.9m；地面标高6.5m。

图 2.1-17 N357～N358 两高压喷射桩位搭接中心取芯芯样

注 取芯至地面以下5.1m处时无法继续钻孔，以下情况未知。取芯桩长6.0m；地面标高6.5m。

图 2.1-18 N358 高压喷射桩位中心往左岸偏移 20cm 取芯芯样

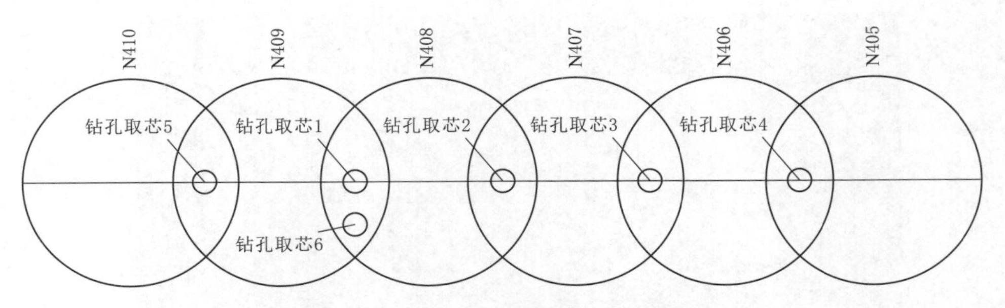

图 2.1-19 N405～N410 两高压喷射桩位搭接中心

注 N408~N409取芯至地面以下10.3m处无连续桩体，地面以下10.3~13.5m为中粗砂夹带水泥杂块，但不连续，13.5m以下无法钻进。取芯桩长10.3m；地面标高6.5m。

图 2.1-20 N408～N409 搭接中心

6. 2018 年 6 月 13 日钻孔取芯

由于地面 10m 以下土质难以扰动，将高压喷射施工与机械切土工艺相结合，试验位置为 N415～N416 搭接中心往右岸偏 20cm（图 2.1-25），钻孔取芯检查整桩搭接效果。

选择的试验参数如下：水泥为 P. O42.5 普通硅酸盐水泥；水灰比为 1.0∶1.0；浆液密度为 1.5～1.7g/cm^3；提升速度为 10cm/min（“八”字形喷气嘴），25cm/min（“八”字形气嘴＋端头铰刀）；喷浆压力为 36MPa（“八”字形喷气嘴）、32MPa（“八”字形气嘴＋端头铰刀）；风压为 0.8MPa；旋转速度为 10r/min（“八”字形喷气嘴）、60r/min（“八”字形气嘴＋端头铰刀）。

注　N407~N408取芯至地面以下12.5m之间为粉砂层，连续性成桩，地面以下10m处发现较大圆砾，12.5m进入淤泥至粉质黏土层。取芯桩长16.5m；地面标高6.5m。

图 2.1－21　N407～N408 搭接中心

注　N406~N407取芯至地面以下11.5m之间为粉砂层，连续性成桩，10.0~11.5m范围内因水泥土强度较小，遇钻杆水压后成松散状，地面以下13m处进入淤泥至粉质黏土层。取芯桩长16.5m；地面标高6.5m。

图 2.1－22　N406～N407 搭接中心

注 N405~N406取芯至地面以下13.0m之间为粉砂层，连续性成桩，地面以下13m进入淤泥质粉质黏土层。取芯桩长13.0m；地面标高6.5m。

图 2.1-23 N405～N406 搭接中心

注 N409~N410取芯至地面以下15.0m之间为粉砂层，连续性成桩，地面以下15.0m进入淤泥质粉质黏土层。取芯桩长15.0m；地面标高6.5m。

图 2.1-24 N409～N410 搭接中心

注 取芯至地面以下13.0m之间为粉砂层，连续性成桩，地面以下13m进入淤泥质粉质黏土层，桩体均匀性、连续性较好。取芯桩长16.5m；地面标高6.5m。

图 2.1-25 N415～N416 搭接中心往右岸偏 20cm

采用双重管法进行施工，分Ⅱ序进行，相邻次序孔施工时间间隔不超过 24h。采用双管法注浆，施工顺序为单桩。部分桩体采用将风嘴由水平方向改为朝下施工工艺，成“八”字形喷气；部分桩体采用“八”字形气嘴＋端头铰刀的组合施工工艺。经多次试桩，Ⅰ序孔施工完成后，进行Ⅱ序孔施工时，发现钻杆存在跑偏现象，安装的刀盘均变形较大或断裂。地面以下 13.0m 内为粉砂层，连续性成桩，地面以下 13m 处进入淤泥质粉质黏土层，桩体均匀性、连续性较好。

2.1.4.4 取芯检测比较

经过多次试桩检查，高压喷射历次试桩情况对比见表 2.1-3。

2.1.5 三轴水泥土搅拌桩生产性试验

2.1.5.1 试桩要求

（1）本工程采用三轴水泥土搅拌桩形成止水帷幕，水泥土搅拌桩采用标准连续方式施工，搭接形式为全断面套打。施工前需将场地平整到国家基准标高 5.00m，右岸桩长 16.50m，左岸基坑围护桩长 15.00m，穿过淤泥质粉质黏土层进入圆砾石层。

（2）水泥土搅拌桩采用 P.O42.5 普通硅酸盐水泥，水灰比为 1.5∶1.0，水泥质量掺入比为 20%，外掺剂木质素磺酸钙，固化剂 SN201 和生石膏粉，掺量分别为水泥重量的 0.2%、0.5%和 2%，坑内加固坑底以上空搅部分水泥质量掺入比为 10%。

（3）桩身采用一次搅拌工艺，水泥和原状土须均匀拌和，下沉及提升均为喷浆搅拌。

表 2.1-3　高压喷射灌浆历次试桩情况对比

项目		2018年1月21日单桩试验	2018年1月26日单桩试验	2018年4月25日开挖检查	2018年5月12日钻孔取芯	2018年5月28日钻孔取芯	2018年6月13日钻孔取芯	
试验目的		在相同喷浆压力、水灰比情况下，在不同提升速度、不同土层中单桩成桩桩径及成桩效果，以确定后续止水桩间距、排距		根据设计拟定的高压喷射参数，在工程右岸进行高压喷射试桩，开挖检查其成桩及搭接效果	根据设计拟定的高压喷射参数，在工程右岸进行高压喷射试桩，钻孔取芯检查整桩搭接效果	根据第二、第三阶段试桩开挖揭露及钻孔取芯结果，调整部分施工参数，钻孔取芯检查整桩搭接效果	对风嘴进行优化改进，解决涌砂抱死钻杆现象，钻孔取芯检查整桩搭接效果	对地面10m以下土质难以扰动，优化为高压喷射施工与机械切土工艺相结合，钻孔取芯检查整桩搭接效果
试验位置		试验位置选用右岸原开工活动场地内进行单桩试验，单桩钻孔位置远离高压喷射轴线		右岸上游高压喷射轴线	右岸上游高压喷射轴线	右岸上游高压喷射轴线	右岸上游高压喷射轴线	右岸下游高压喷射轴线
施工参数	水泥	P. O42.5	P. O42.5	P. O42.5	P. O42.5	P. O42.5	P. O42.5	P. O42.5
	水灰比	0.8∶1	0.8∶1	1∶1	1∶1	1∶1	1∶1	1∶1
	浆液密度/(g/cm^3)	1.5～1.7	1.5～1.7	1.5～1.7	1.5～1.7	1.5～1.7	1.5～1.7	1.5～1.7
	喷浆压力/MPa	27	32	32	二序施工：32 顺序施工：34	36	36	32
	风压/MPa	0.8	0.8	0.8	0.8	地面以下0～10m为1.2MPa，10m以下为1.8MPa	0.8MPa，风嘴由水平方向改为朝下，成“八”字形喷气	0.8
	提升速度/(cm/min)	10、15、18	12	10	10	10	10	25
	旋转速度/(r/min)	9、14、16	11	10	10	10	10	60

续表

项目		2018年1月21日单桩试验	2018年1月26日单桩试验	2018年4月25日开挖检查	2018年5月12日钻孔取芯	2018年5月28日钻孔取芯	2018年6月13日钻孔取芯	
施工工艺	注浆方法	双管法	双管法	双管法	双管法	双管法	双管法	双管法
	施工顺序	单桩	单桩	Ⅱ序施工	X15、X16、X327、X328二次施工；X357、X358、X359顺序施工	Ⅱ序施工	Ⅱ序施工	Ⅱ序施工
	“八”字形气嘴	*	*	*	*	*	√	√
	端头增加铰刀	*	*	*	*	*	*	√
试验结果		不同施工参数，最大成桩桩径为90cm，最小整桩桩径75cm	开挖至地下水位以下，成桩桩径明显变小，地下水以下桩径为91cm	成桩断面对比与标准圆柱不是十分规则；在砂土与表层耕植土交接面处发现一个15cm×20cm没有形成搭接的孔洞，表层耕植土中成桩桩径只有50～60cm，砂土中成桩桩径基本大于100cm，搭接明显，桩体表面有较多针刺状	钻孔取芯6处，2处高压喷射连续性成桩，其中3处在高程－3.00m处无连续桩体，1处在高程0.50m处无连续桩体，因涌砂抱死钻孔，无法取至设计桩底标高，合格率较低	对5处进行钻孔取芯，4处连续性成墙，其中1处在高程－3.50m处无连续桩体	取芯至地面以下13.0m(高程－6.50m)之间为粉砂层，连续性成桩，地面以下13m(高程－6.50m)进入淤泥至粉质黏土层，桩体均匀性、连续性较好	取芯至地面以下11.5m(高程－3.00m)之间为粉砂层，连续性成桩，地下13.0m(高程－4.50m)涌砂，无法进行下部钻进；因刀盘变形、断裂芯样不具备代表性
试验结论		试桩桩径不满足设计要求	试桩桩径不满足设计要求	高压喷射成桩质量受地质影响较大	成桩连续性较差，不满足设计要求，无法形成防渗帷幕，高程－3.00m以下土质密实，常规施工参数难以扰动、切割土质	改进后工艺较前次钻孔取芯合格率提升，其中1处仍在地面10m以下无法连续性成桩，无法满足设计止水要求	已解决涌砂抱死钻杆现象，但仍不满足设计要求	多次试桩，1序孔施工完成进行2序孔施工时，钻杆存在跑偏现象，安装的刀盘均变形较大或断裂

注　*表示无此项施工工艺；√表示有此项施工工艺。

为保证水泥土搅拌均匀，必须控制好钻具下沉及提升速度，钻机钻进搅拌速度一般在 0.5～1.0m/min，提升搅拌速度一般在 1.0～1.5m/min，在桩底部分（3.0m 范围内）重复搅拌注浆。提升速度不宜过快，避免出现真空负压、孔壁塌方等情况。

（4）浆液泵送流量应与三轴搅拌机的喷浆搅拌下沉速度或者提升速度相匹配，确保搅拌桩中水泥掺量的均匀性，喷浆压力不大于 0.8MPa。

（5）搅拌桩成桩应均匀、持续、无颈缩和断层，严禁在提升喷浆过程中断浆，特殊情况造成断浆应重新成桩施工，垂直偏差不大于 $L/250$（L 为桩长）。

（6）施工冷缝接头墙背采用高压喷射止水，加固深度同帷幕，且采用双重管施工工艺。

2.1.5.2 试桩情况

三轴水泥土搅拌桩设备于 2018 年 6 月 2 日进场，因设备需要汽车吊配合组装，受降雨天气、扰民等因影响，6 月 9 日下午组装完成。2018 年 6 月 10 日在右岸防渗轴线中点处开始试桩，严格按照各项设计参数进行，随后从右岸中点处沿右岸防渗轴线向上游 1 号大门段施工，2018 年 6 月 18 日完成。2018 年 6 月 19 日完成桩机移位，对右岸中点处起始点桩位进行接缝处理后继续向下游段施工；2018 年 6 月 27 日施工到 1 号道路，桩机爬坡能力有限，为满足三轴搅拌桩机施工需要，对 1 号道路及 5 根电线杆进行挖除、削坡、平整，然后进行桩机移位开始施工，图 2.1-26～图 2.1-29 为施工现场。

图 2.1-26 道路挖除

图 2.1-27 削坡、场地平整

图 2.1-28 桩机调头、移位

图 2.1-29 沟槽开挖、施工

因前期地下管线资料不详，2018 年 7 月 2 日 21：00 左右，施工时不慎将移动公司的过江通信电缆挖断，总包部、施工单位迅速反映，并与和移动公司积极沟通，采取补救措施，在施工方下游围堰敷设管线，移动公司穿接电缆（图 2.1-30），恢复正常通信。

图 2.1-30 移动光缆接线穿管

2018 年 7 月 5—6 日三轴水泥土搅拌桩在施工 NA10-NA1 桩时，因右岸地下局部区域存在障碍物，向当地居民了解到施工前该处曾经为建筑垃圾渣场。遇到障碍物时三轴水泥土搅拌桩钻进速度为 0.4m/min、提升速度为 1m/min，单桩成桩时间为 58min/副。钻进、提升时间过长，导致水泥实际用量超出单桩（桩长 16.50m）设计量（9.46t）的 20%，达到 11.35t。

2018 年 7 月 6 日完成右岸防渗体（除 1 号大门至公园段外）的三轴搅拌桩施工，6 月 10 日至 7 月 6 日，施工 26d 共计完成 329 副（6156m^3）。右岸设计桩长 16.5m，施工时正常钻进速度为 0.6m/min，提升速度为 1.4m/min，转速为 1.5r/min；单桩成桩纯工效为 38min/副，单桩成桩综合工效为 45min/副。这期间作业时间为每天 6：00—11：30、12：00—17：30、18：00—21：00；每天工作时间总共为 14h。右岸靠近村庄，为避免扰民纠纷，夜间（22：00 至次日 6：00）没有施工。平均每天施工完成 15 副桩，每天的综合工效为 56min/副。

2018 年 7 月 6 日三轴水泥土搅拌桩设备移至下游围堰裹头开始施工，施工前对下游围堰堰头处进行强制振动排水，使围堰体均匀、密实，具备足够的承载力（图 2.1-31）。2018 年 7 月 14 日下游围堰裹头处三轴水泥土搅拌桩施工完成，8d 共计完成 99 副桩施工。因下游围堰为管袋吹填的砂土，施工时为降低对砂土扰动、防止设备发生倾覆，施工工效降低，平均每天施工完成 12 副桩。

2018 年 7 月 21 日三轴水泥土搅拌桩设备移动到左岸，开始左岸基坑围护止水桩的施工，因靠近北支江泵站箱涵的止水轴线地下障碍物较多，安排挖机对地面以下 3.5m 进行清障、换填，但较深区域还存有石块、桩头等障碍物。7 月 24 日施工时，遇到障碍物一侧喷浆轴钻头断裂，进行钻杆、钻头更换，设备维修好以后 7 月 27 日恢复施工。

在 7 月 29 日、8 月 1 日、8 月 7 日施工过程中遇到地下障碍物，导致钻头叶片断裂，钻进困难，1 副桩施工时间达到 70min，3 副桩施工时间达到 80min，4 副桩无法钻进至设

图 2.1-31 下游围堰裹头处施工

计桩底高程（图 2.1-32 和图 2.1-33）。8 月 8 日傍晚 1 副桩施工时，遇到障碍物导致设备动力头损坏整修更换后，8 月 14 日左岸基坑围护止水桩施工完成。8 月 15 日开始施工加固桩，9 月 16 日左岸基坑围护三轴水泥土搅拌桩施工完成。

图 2.1-32 左岸地下障碍物

图 2.1-33 三轴水泥土搅拌桩设备钻头断裂

2.1.5.3 取芯检测

总承包项目部、施工单位应业主、监理部要求，2018 年 7 月 24 日、25 日、26 日进行施工自检，委托杭州大业建设工程检测有限公司实施。施工自检频次按照规范和设计要求进行，其中右岸防渗轴线钻孔取芯 3 处，下游围堰裹头处钻孔取芯 1 处，此次施工自检共取得 4 根芯样。施工桩号为：右岸 NA195、NA215、NA111 和下游围堰裹头处 X52；均采用相同施工参数：ϕ850@600，设计桩长 16.5m；采用标准连续方式施工，搭接形式为全断面套打，浆液水灰比为 1.5∶1.0，水泥

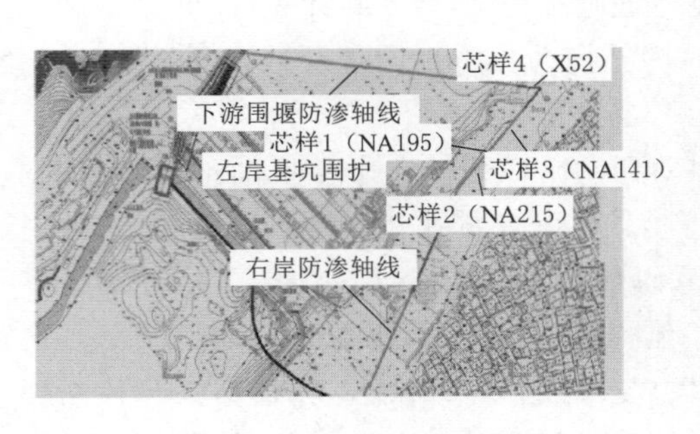

图 2.1-34 取芯平面布置图

掺量为 20%，钻机钻进搅拌速度为 0.5～1.0m/min，提升搅拌速度为 1.0～1.5m/min。2018 年 7 月 30 日监理部进行平行监测钻孔取芯 1 处，取得的 1 根芯样均匀性、完整性较好。取芯平面布置见图 2.1-34，4 根芯样的情况见图 2.1-35～图 2.1-38 和表 2.1-4。

图 2.1-35　芯样 1（右岸 NA195）

图 2.1-36　芯样 2（右岸 NA215）

图 2.1-37　芯样 3（右岸 NA111）

图 2.1-38　芯样 4（下游围堰裹头处 X52）

表 2.1-4　　**芯样质量记录表**

芯样编号	施工龄期/d	表观质量
芯样 1（NA195）	44	取芯长度 16.5m，桩身连续性、均匀性较好，无缩颈，施工桩长满足设计要求
芯样 2（NA215）	42	桩身连续性、均匀性较好，桩间搭接完整，施工桩长满足设计要求
芯样 3（NA111）	41	桩身连续性、均匀性较好，施工桩长满足设计要求
芯样 4（X52）	16	设计桩长 16.0m，因施工龄期不足 28d，桩身连续性、均匀性一般，施工桩长满足设计要求

2.1.6　后期多样化防渗型式组合布置

2.1.6.1　方案调整原因

2018 年 5 月中旬，华东院编制完成上游水闸、船闸工程围堰施工图及围堰施工图预算，并提交富阳区水利局。围堰为充砂管袋形式，上下游围堰及右岸采用高压喷射防渗，左岸采用三轴水泥土搅拌桩防渗，其中跨上堵坝段采用钢板桩防渗。经过现场多次高压喷射试桩检查，并多次改进施工工艺及参数，改进工艺后钻孔取芯合格率提升，但在地面 10m 以下成桩连续性仍无法满足设计止水要求。

根据历次试桩结果及试桩过程中出现的问题，总承包项目部积极组织相关专家，并邀请国内高压喷射灌浆权威机构（山东省水利科学研究院）相关专家对本工程围堰高压喷射灌浆防渗体系进行指导。北支江高压喷射灌浆施工专项工程技术咨询会议认为，根据本工程地质条件及阶段试桩情况，高压喷射灌浆主要位于粉细砂、含砾细砂层，本工程采用高压喷射灌浆防渗体系是基本合适的。同时，高压喷射灌浆施工质量控制难度相对较大，建议根据具体的地质条件，在适宜的区域适当扩大三轴水泥土搅拌桩、钢板桩的防渗使用范围。

鉴于上述原因，将原防渗施工方案中高压喷射灌浆为主的防渗体系调整为以钢板桩、三轴水泥土搅拌桩为主的防渗体系。

2.1.6.2　调整后防渗组合方案

围堰防渗体平面长度约 1390m。防渗型式变更后，上游围堰约 381m、下游围堰约 401m 采用拉森钢板桩防渗方案，钢板桩长度 15～21m 不等。右岸滩地 434m、右岸上游公园段约 100m 采用三轴水泥土搅拌桩（ϕ850@600mm）防渗。左岸跨上堵坝段采用拉森钢板桩防渗，长约 66m。左岸自上堵坝下游至下游围堰堰头位置长约 112m，采用三轴水泥土搅拌桩（ϕ850@600mm）防渗。变更后的防渗型式组合布置见图 2.1-39。

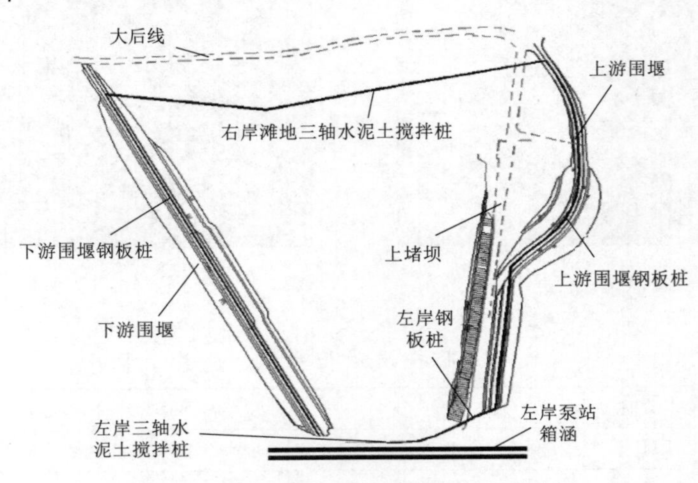

图 2.1-39　后期防渗型式组合布置示意图

2.1.7　防渗型式造价对比

初期防渗体系中，上下游围堰及基坑左右岸为以高压喷射灌浆为主的防渗体系，防渗型式调整后，变更为以钢板桩、三轴水泥土搅拌桩为主的防渗体系。两设计方案造价对比见表2.1-5和表2.1-6。

表2.1-5　初期防渗体系造价估算

项　目	单位	工程量	造价/元
一、上游围堰（现状上堵坝段）			
1. 高压旋喷防渗钻孔	m	3955	685796
2. 高压旋喷防渗灌浆	m	3749	1632862
二、上游围堰（地方交通改道段）			
1. 高压旋喷防渗钻孔	m	6243	1082414
2. 高压旋喷防渗灌浆	m	5886	2563598
三、下游围堰			
1. 高压旋喷防渗钻孔	m	8267	1365705
2. 高压旋喷防渗灌浆	m	8267	3404136
四、右岸防渗			
1. 高压旋喷防渗钻孔	m	12229	2120354
2. 高压旋喷防渗灌浆	m	11165	4862405
五、左岸防渗			
1. 三轴水泥土搅拌桩	m^3	1237	457529
2. 钢板桩，$L=18m$	t	234	2007471
合　计			20182270

表2.1-6　后期防渗体系造价估算

项　目	单位	工程量	造价/元
一、上游围堰（现状上堵坝段）			
1. 钢板桩	t	491	3249029
2. 钢板桩	t	78	518519
二、上游围堰（地方交通改道段）			
1. 钢板桩	t	183	1208517
2. 钢板桩	t	381	2519905
3. 三轴水泥土搅拌桩	m^3	1511	
三、下游围堰			
1. 钢板桩	t	279	1428587
2. 钢板桩	t	947	4851448
四、右岸防渗			
1. 三轴水泥土搅拌桩	m^3	6938	2564836
五、左岸防渗			
1. 三轴水泥土搅拌桩	m^3	1237	457417
2. 钢板桩，$L=18m$	t	234	1547448
合　计			18345706

注　工程量及造价为估算，后续存在局部调整的可能性。

上下游围堰及基坑左右岸以高压喷射灌浆为主的防渗体系，造价估算约为2018万元，调整为以钢板桩、三轴水泥土搅拌桩为主的防渗体系后，造价估算约为1835万元，减少约183万元，约占9.1%。

2.1.8 低扰动悬挂式防渗技术

2.1.8.1 精细化地层划分

三维地层模型是建立在以地质参数为要素的划分基础之上，采集的地质数据样本主要是各土层的分界点，借鉴已有二维空间模型，对每个地层分界点进行差值或拟合，根据地层属性进行交叉划分处理，形成空间中按照地质参数为要素进行划分的三维地层模型骨架结构。结合工程地形、工程地质及水文地质资料，在三维地层模型中进行精细化地层分类，并准确完整地表达复杂地质现象的边界条件、地质单元的空间分布情况及其本身具有的相互关系，更好地提高地质方面分析的准确性和可靠性，弥补了以传统的二维平面图件（钻孔柱状图、工程地质剖面图）方式来表达地层信息空间分布情况的不足。

由于岩土介质空间分布的不连续性、不均匀性和不确定性，造成地层之间相互交叉侵蚀地质实体之间的关系错综复杂。因此，在三维地层信息系统中如何对地层进行划分是涉及三维地层建模的一个关键问题，地层划分应当建立在适当的地质解释方法理论之上，一般都是由有经验的地质工程师根据钻孔资料、测井资料以及地震资料，通过人为地解释推断来确定地层的空间分布，力求能够在多层DEM的基础上形成一个完整的三维地层模型。地层划分的步骤简单叙述如下。

(1) 大致确定地层的空间上下关系，见图2.1-40，可根据ZK2的岩层分界点的排列确定地层的排序为Ⅰ、Ⅱ、Ⅲ、Ⅳ。

(2) 依照地层顺序，逐层判断相邻两层面是否相交，例如求出地层Ⅰ、地层Ⅱ、在A点处相交。实际应用中两层曲面相交会形成一条或多条交线，这些交线将地层曲面划分为两个或多个区间。图2.1-40中，A点将地层Ⅰ线和地层Ⅱ线划分成两个区间。

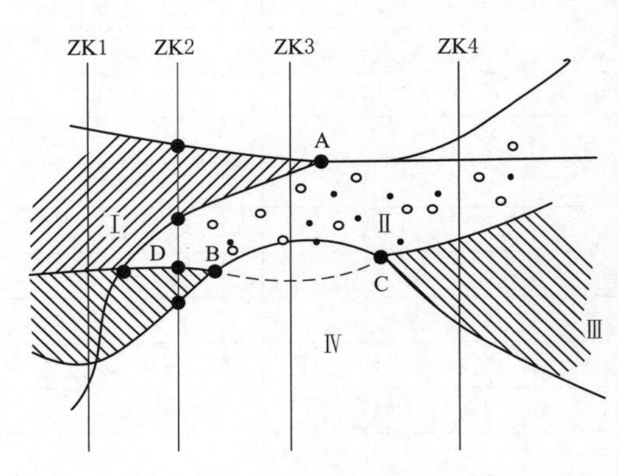

图2.1-40 地层的空间上下关系

(3) 对各个区间分别进行钻孔采样点检验，如在ZK2和ZK3所在的区间内，地层Ⅰ、地层Ⅱ两地层层面都能通过采样点的检验，两者都保留下来，而在ZK4所处的地层Ⅱ、地层Ⅲ区间内，ZK4上只有地层和地层的采样特征点，因此可判断将地层在该区间内的部分删除，只留下地层的部分。

(4) 如果在某个区间中未发现钻孔采样点，则只能根据高程进行判断。即若第n层的高程在该区间内小于第$n+1$层的高程，就在区间内删除第n层曲面，而保留第$n+1$地层曲面。

(5) 按顺序重复进行地层交叉判断和拼接划分，直到最后一层地层。

经过多层DEM建模，完成了按照岩土介质为要素的有限互斥完整体划分，形成了三维地层模型的基本构架，见图2.1-41。

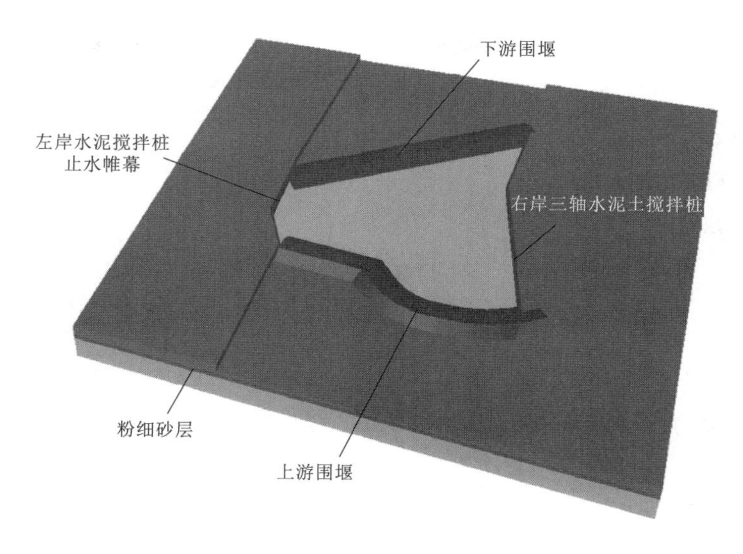

图2.1-41 三维地层模型示意图

2.1.8.2 有限元计算结果

上下游围堰采用充砂管袋型式，最大堰高约10m。三轴水泥土搅拌桩施工工艺简单，形成的防渗体连续性好，但是设备尺寸较大，对施工作业面和基础承载力有较高要求。钢板桩施工工艺简单，施工速度快，但是对地层的均一性要求较高。上游围堰施工作业面有限，且考虑围堰整体稳定性，不宜在围堰上采用大型设备进行施工。上游围堰现状堵坝段采用充砂管袋填筑施工平台，并采用钢板桩作为防渗措施，设计深度穿过粉细砂层，打入相对不透水层不小于1.5m。上游围堰道路改线段采用充砂管袋进行填筑，防渗措施采用钢板桩防渗，设计深度穿过粉细砂层，打入相对不透水层不小于1.5m。下游围堰采用充砂管袋作为围堰堰身主体，由于围堰堰身有足够的施工作业空间且围堰整体承载力足够，采用三轴水泥土搅拌桩作为防渗措施。基坑左、右岸岸坡根据工程布置特点采用水泥搅拌桩、Ⅳ型拉森钢板桩防渗，并与围堰防渗衔接形成封闭防渗体系。

本工程透水层主要为粉细砂层，根据地质勘探资料，渗透系数取值为5.7×10^{-3}cm/s。基坑渗水主要有沿基坑围堰的渗流、沿基坑基础的渗流和两侧绕渗。沿围堰体的渗流量根据式（2.1-1）计算：

$$q=kiA \tag{2.1-1}$$

式中：A——沿堰体水流断面面积；

k——堰体渗透系数；

i——水力坡降。

沿基坑基础的渗流及绕渗计算可根据式（2.1-2）计算：

$$q_2 = K\frac{HT}{nL} \tag{2.1-2}$$

式中：K——堰基的渗透系数；

L——渗透途径长度；

H——水头；

T——基础渗水深度；

n——系数，可根据表 2.1-7 确定取值。

表 2.1-7　　n 值计算参数取定表

L/T	20	5	4	3	2	1
n	1.15	1.18	1.23	1.30	1.44	1.87

根据上述计算方法，考虑基坑围堰渗水情况、堰基情况、地质资料、渗流水头等因素，计算整个基坑工程的渗水总量为 $390\text{m}^3/\text{h}$。

采用有限元软件对基坑上游、下游围堰及两岸边坡进行渗流量计算。主要土层计算参数见表 2.1-8。上下游围堰和两岸边坡计算工况见表 2.1-9，分别计算上、下游围堰和两岸边坡稳定渗流工况下的渗流量。

表 2.1-8　　主要土层计算参数

名　称	平均厚度/m	密度/(kg/m³)	渗透系数/(cm/s)
压密细砂		19.8	5.7E-3
粉细砂	1.8～2.8	18.8	5.7E-3
含砾细砂	4.9～6.6	18.8	5.0E-3
淤泥质粉质黏土	2.8～6.5	17.2	5.0E-7
含砾粉质黏土	2.7～3.6	17.2	5.0E-7

表 2.1-9　　上下游围堰和两岸边坡计算工况　　单位：m

位　置	上游水位	下游水位	位　置	上游水位	下游水位
上游围堰堵坝段	8.90	0.50	上游围堰道路段	8.90	0.50
下游围堰	8.63	1.00	两岸边坡	8.77	1.00

表 2.1-10　　基坑渗流量计算结果

工　况	不设置防渗措施	设置防渗措施
基坑渗水量/(m³/h)	1142	461

计算得到的渗流量见表 2.1-10。计算表明，在上下游围堰及岸坡处采用防渗措施后，基坑的渗流量明显减少。当设置防渗措施时，要比不设置防渗措施时渗流量减少约 60%，说明采用三轴水泥土搅拌桩和钢板桩作为防渗结构能够有效减少基坑的渗流量，从而减少抽水台班的使用。

粉细砂层是本工程地质条件中的主要地层，具有较强的透水性，是否会发生管涌与粉细砂的渗透比降息息相关。从计算结果可以看出，在设置防渗结构后，粉细砂层的渗透比降得到了明显下降，并控制在允许渗透比降的范围内（粉细砂层允许渗透比降为 0.15～

0.20）。在砂性地基条件下布置防渗墙能够有效避免砂性土管涌破坏现象的发生。北支江上游水闸船闸工程已开工建设两年来，基坑施工条件良好，未发生管涌破坏现象，形象面貌见图 2.1-42。根据施工统计情况，基坑经常性抽水量为 210～300m^3/h，与理论计算、数值计算结果基本相吻合，围堰防渗方案合理、可靠。

通过理论分析、建模分析与实际施工统计对比，对北支江上游水闸船闸工程砂性地基围堰渗流进行三维模型研究，得到如下结论：

图 2.1-42 围堰布置及施工面貌图

（1）采用钢板桩、三轴水泥土搅拌桩作为砂性基础围堰的防渗型式能够有效减少围堰渗流量，且施工较为方便，速度快，防渗结构连续性较好。

（2）采用理论方法、数值计算对围堰的渗流、砂性地基渗透比降进行分析，并与实际施工统计情况进行对比，表明在设置防渗结构后，基坑的渗流量、砂层渗透比降得到了显著的降低。本工程围堰防渗措施合理、可靠，有力保障了工程建设，同时可以为类似工程设计、施工提供有益的借鉴。

2.1.9 稳定及渗流计算

计算内容主要为北支江水闸、船闸工程施工期内上、下游围堰稳定和基坑渗流情况，可为围堰边坡稳定、防渗措施及施工期内抽排水设备配置提供参考，并优选合适的防渗体悬挂方案。

2.1.9.1 上游围堰

上游围堰位置全年 5 年一遇设计洪水位为 8.64m，基坑开挖高程为 1.50m。上游围堰计算方案见表 2.1-11。

表 2.1-11 上游围堰计算方案

工况编号	工　况	部位	迎水面边坡水位/m	背水面边坡水位/m	运行条件
1	防渗体施工期	迎水坡	7.00	7.00	非常运行Ⅰ
		背水坡			
2	基坑降水	背水坡	8.64	/	非常运行Ⅰ
3	挡水侧水位骤降期	迎水坡	由 8.64 降至 3.00	1.50	非常运行Ⅰ
4	稳定渗流期	迎水坡	8.64	1.50	正常运行
		背水坡			
		堰基			

各种材料的参数主要根据《地基岩土物理力学性质指标设计参数建一览表》并结合地质钻孔资料确定，上游围堰各种材料的物理力学指标见表 2.1-12。

表 2.1-12 上游围堰各种材料的物理力学指标表

编号	材料名称	天然容重/(kN/m³)	强度指标计算值		渗透系数/(cm/s)	
			c'/kPa	φ'	垂直	水平
1	压密细砂	19.81	3.7	26.0	6.2E-3	5.7E-3
2	塘泥	15.00	4.0	3.0	1.0E-6	1.0E-6
3	粉质黏土	17.87	30	18	5.0E-6	5.0E-6
4	含砾细砂	19.68	5	34	5.0E-4	5.0E-3
5	粉质黏土夹粉砂	17.59	35	20	5.0E-5	5.0E-4
6	细砂	19.8	5	32	5.0E-3	5.0E-3
7	含砾粉质黏土	18.69	28.5	19.5	5.0E-5	5.0E-5
8	中砂	19.83	5	35	5.0E-4	5.0E-3
9	卵石	22	0.0	40.0	5.0E-2	5.0E-2
10	混凝土	21.00	540.0	34.5	1.0E-6	1.0E-6
11	钢板桩	77	10000	35	1.0E-8	1.0E-8
12	黏土心墙	19.4	25	18	5.0E-7	5.0E-7
13	填筑砂土	19.81	2	26	1.0E-5	1.0E-5

根据拟定的计算参数、计算工况等条件，分析计算上游围堰边坡最小安全系数，见表2.1-13。

表 2.1-13 上游围堰边坡最小安全系数结果(局部滑动)

工况编号	工况	部位	简化毕肖普法	
			局部滑动	规范要求系数
1	防渗体施工期	迎水坡	2.576	≥1.15
		背水坡	2.034	
2	稳定渗流期	迎水坡	2.616	≥1.25
		背水坡	1.252	

当考虑堰体整体稳定性时，对滑弧的入口进行控制，使其出现在堰体的顶部附近或堰体另一侧时，再对滑弧出入点进行搜索后，得到堰坡的整体稳定安全系数见表2.1-14。

表 2.1-14 上游围堰边坡稳定计算结果(整体滑动)

工况编号	工况	部位	简化毕肖普法	
			整体滑动	规范要求系数
1	整体稳定性	堰基	3.154	≥1.25

水位骤降为稳定计算中的危险工况，主要是由于残存的孔隙水压力形成较高的浸润线向边坡渗流所致。本次计算对围堰基坑降水平均按照1.0m/d的速率从设计水位降至基坑底高程的极端状况进行验算，上游围堰边坡安全系数随基坑水位下降的时间过程线见图

2.1-43。由图 2.1-43 可知，最小安全系数为 1.149，满足规范规定的最小安全系数（1.15）。

另外，本次计算对围堰挡水侧水位骤降平均按照 1.0m/d 的速率从设计水位 8.64m 降至 3.00m 的极端状况进行了验算，上游围堰边坡安全系数随基坑水位下降的时间过程线见图 2.1-44。由图 2.1-44 可知，最小安全系数为 1.609，大于规范规定的最小安全系数（1.15）。

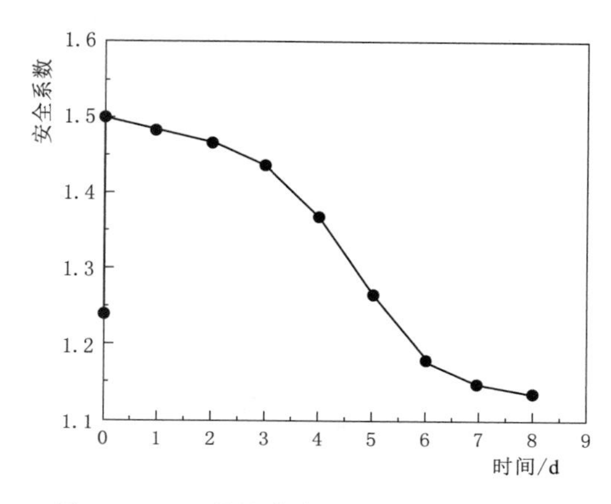

图 2.1-43 基坑降水工况下上游围堰边坡安全系数随基坑水位下降的时间过程线

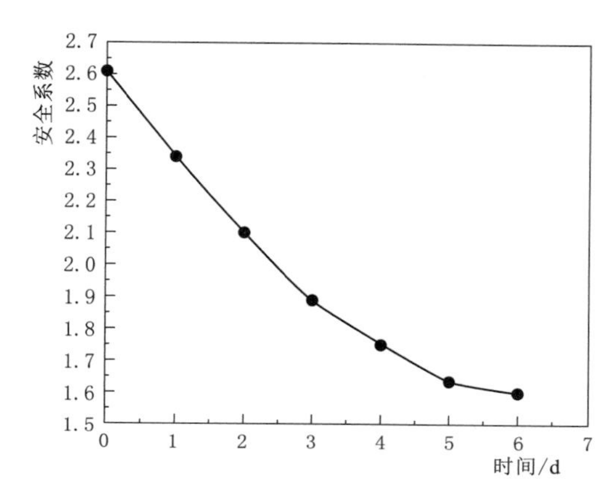

图 2.1-44 挡水侧水位骤降期工况下上游围堰边坡安全系数随基坑水位下降的时间过程线

根据稳定计算成果，围堰在各工况下最危险滑弧的安全系数均大于规范要求，并有一定的安全裕度，上游围堰的边坡是稳定和安全的。对综合计算成果进行分析比较可知，围堰背水侧边坡稳定安全系数相对较低，基坑降水时应进行重点关注，必要时进行加固防护。此外，还选择无防渗体，防渗体悬挂底高程分别为－6.00m、－11.00m、－16.00m、－52.00m 进行了计算分析，计算成果见表 2.1-22。

2.1.9.2 下游围堰

下游围堰位置 5 年一遇设计洪水位 8.14m，基坑开挖高程 1.00m。计算方案见表 2.1-15，计算参数见表 2.1-16。

表 2.1-15 下游围堰边坡稳定计算方案

工况编号	工 况	部位	迎水面边坡水位/m	背水面边坡水位/m	运行条件
1	防渗体施工期	迎水坡	7.00	7.00	非常运行Ⅰ
		背水坡			
2	基坑降水	背水坡	8.14	/	非常运行Ⅰ
3	挡水侧水位骤降期	迎水坡	由 8.14 降至 3.00	1.00	非常运行Ⅰ
4	稳定渗流期	迎水坡	8.14	1.00	正常运行
		背水坡			
		堰基			

表 2.1-16 下游围堰计算参数表

编号	材料名称	天然容重/(kN/m³)	强度指标计算值		渗透系数/(cm/s)	
			c'/kPa	φ'/(°)	垂直	水平
1	压密细砂	19.81	3.7	26.0	6.2E-3	5.7E-3
2	塘泥	15.00	4.0	3.0	1.0E-6	1.0E-6
3	粉质黏土	17.87	30	18	5.0E-6	5.0E-6
4	淤泥质粉质黏土夹粉砂	18.19	7.4	25.9	5.7E-7	4.9E-7
5	含砾细砂	19.68	5	34	5.0E-4	5.0E-3
6	细砂	19.8	5	32	5.0E-3	5.0E-3
7	含砾粉质黏土	18.69	28.5	19.5	5.0E-5	5.0E-5
8	中砂	19.83	5	35	5.0E-4	5.0E-3
9	卵石	22	0.0	40.0	5.0E-2	5.0E-2
10	混凝土	21.00	540.0	34.5	1.0E-6	1.0E-6
11	钢板桩	77	10000	35	1.0E-8	1.0E-8
12	黏土心墙	19.4	25	18	5.0E-7	5.0E-7
13	填筑砂土	19.81	0	26	1.0E-5	1.0E-5

根据拟定的计算参数、计算工况等条件，分析计算下游围堰边坡最小安全系数，见表2.1-17。

表 2.1-17 下游围堰边坡稳定计算结果(局部滑动)

工况编号	工况	部位	简化毕肖普法	
			局部滑动	规范要求系数
1	防渗体施工期	迎水坡	2.526	≥1.15
		背水坡	2.190	
2	稳定渗流期	迎水坡	2.497	≥1.25
		背水坡	1.320	

水位骤降为稳定计算中的危险工况，主要是由残存的孔隙水压力形成较高的浸润线向边坡渗流所致。本次计算对围堰基坑降水平均按照1.0m/d的速率从设计水位降至基坑底高程的极端状况进行了验算，其上游边坡安全系数随水位下降的变化过程线见图2.1-45。由图2.1-45可知，最小安全系数发生在水位最低时，会对边坡的整体稳定性产生影响，最小安全系数为1.156，大于规范规定的最小安全系数（1.15）。

另外，本次计算对围堰挡水侧水位骤降平均按照1.0m/d的速率从设计水位8.14m降至3.00m的极端状况进行了验算，其上游边坡安全系数随水位下降的变化过程线见图2.1-46。最小安全系数发生在水位最低时，会对边坡的整体稳定性产生影响，最小安全系数为1.605，大于规范规定的最小安全系数（1.15）。

此外，还选择无防渗体，以及防渗体悬挂底高程分别为－6.00m、－11.00m、－16.00m、－52.00m进行了计算分析，计算成果见表2.1-22。

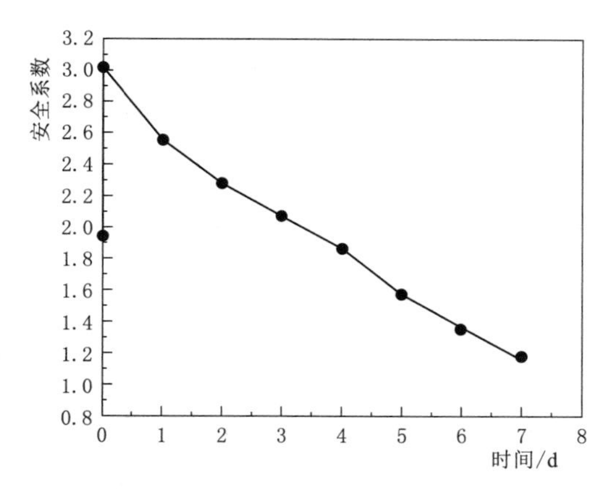

图 2.1-45 下游围堰背水坡安全系数随基坑水位下降的时间过程线

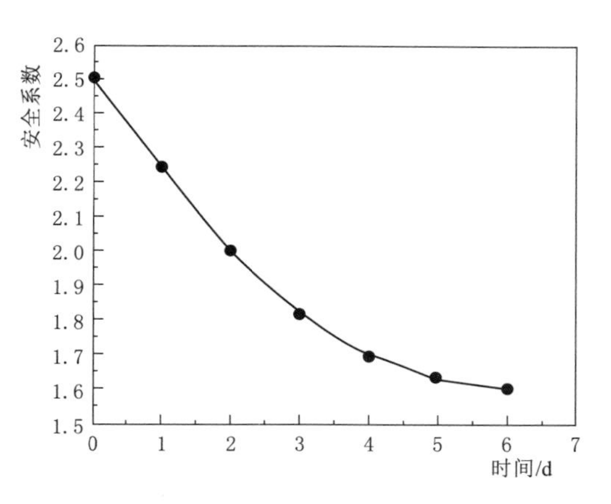

图 2.1-46 下游围堰挡水侧安全系数随水位下降的时间过程线

2.1.9.3 北岸岸坡

北岸边坡计算参数见表 2.1-18。

表 2.1-18 北岸边坡计算参数表

编号	材料名称	天然容重/(kN/m³)	强度指标计算值		渗透系数/(cm/s)	
			c'/kPa	φ'/(°)	垂直	水平
1	压密细砂	19.81	3.7	22.0	6.2E-3	5.7E-3
2	粉细砂	19.88	3.7	34.3	6.2E-3	5.7E-3
3	淤泥质粉质黏土夹粉砂	18.19	7.4	25.9	5.7E-7	4.9E-7
4	含砾细砂	19.68	5	34	5.0E-4	5.0E-3
5	淤泥质粉质黏土	17.31	11	11	5.0E-7	5.0E-7
6	中砂	19.83	5	35	5.0E-4	5.0E-3
7	卵石	22	0.0	40.0	5.0E-2	5.0E-2
8	混凝土	21.00	540.0	34.5	1.0E-6	1.0E-6
9	钢板桩	77	10000	35	1.0E-8	1.0E-8
10	填土	18.5	8	10.5	1.0E-3	1.0E-4

根据拟定的计算参数、计算工况等条件，分析计算下游围堰边坡最小安全系数，见表 2.1-19。

表 2.1-19 下游围堰边坡稳定计算结果(局部滑动)

工况编号	工况	部位	简化毕肖普法	
			局部滑动	规范要求系数
1	防渗体施工期	迎水坡	5.059	≥1.15
		背水坡	2.309	≥1.15

续表

工况编号	工 况	部 位	简化毕肖普法	
			局部滑动	规范要求系数
2	稳定渗流期	迎水坡	5.91	≥1.25
		背水坡	1.482	≥1.25

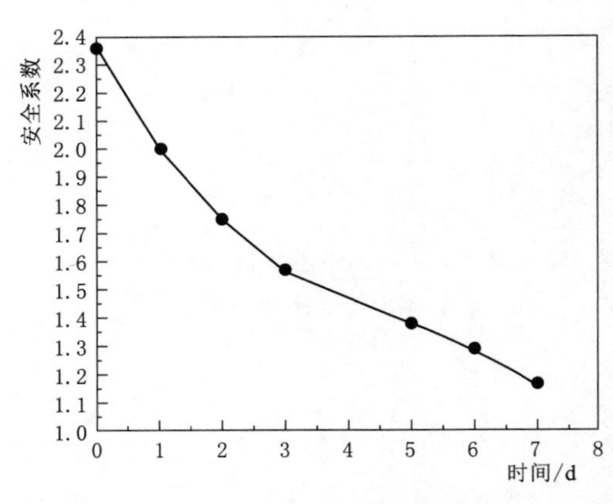

图 2.1-47 北岸围堰安全系数随基坑水位下降的时间过程线

水位骤降为稳定计算中的危险工况，主要是由残存的孔隙水压力形成较高的浸润线向边坡渗流所致。本次计算对围堰基坑降水平均按照 1.0m/d 的速率从设计水位降至基坑底高程的极端状况进行了验算，其上游边坡安全系数随水位下降的变化过程线见图 2.1-47。由图 2.1-47 可知，最小安全系数为 1.169，大于规范规定的最小安全系数（1.15）。

另外，还选择无防渗体，以及防渗体悬挂底高程分别为 －6.00m、－11.00m、－16.00m、－52.00m 进行了计算分析，计算成果见表 2.1-21。

2.1.9.4 南岸岸坡

南岸边坡计算参数见表 2.1-20。选择无防渗体，以及防渗体悬挂底高程分别为 －6.00m、－11.00m、－16.00m、－52.00m 进行了计算分析，计算成果见表 2.1-21。

表 2.1-20 南岸边坡计算参数表

编号	材 料 名 称	天然容重/(kN/m³)	强度指标计算值		渗透系数/(cm/s)	
			c'/kPa	φ'/(°)	垂直	水平
1	粉质黏土	17.87	30	18	5.0E-6	5.0E-6
2	淤泥质粉质黏土夹粉砂	18.19	7.4	25.9	5.7E-7	4.9E-7
3	粉细砂	19.88	3.7	34.3	5.0E-4	5.0E-3
4	黏质粉土	17.68	13	22	5.0E-7	5.0E-6
5	含砾细砂	19.68	5	34	5.0E-4	5.0E-3
6	黏质粉土	18.14	13	22	5.0E-7	5.0E-6
7	粉质黏土夹粉砂	17.59	35	20	5.0E-5	5.0E-4
8	细砂	19.8	5	32	5.0E-3	5.0E-3
9	含砾粉质黏土	18.69	28.5	19.5	5.0E-5	5.0E-5
10	卵石	22	0.0	40.0	5.0E-2	5.0E-2
11	水泥搅拌桩	31.36	540.0	34.5	1.0E-5	1.0E-5

2.1.9.5 渗流量计算结果

防渗体不同悬挂底高程渗流量见表 2.1-21。

表 2.1-21 防渗体不同悬挂底高程渗流量汇总表

防渗施工平台高程/m	防渗体悬挂底高程/m	位置	单宽渗流量/[$\times10^{-7}m^3$/(m·s)]	防渗体长度/m	渗水量/(m^3/h)	总渗水量/(m^3/h)
无防渗墙	无防渗墙	上游围堰中部	2892.10	247.95	336	1386
		上游围堰右部	1313.00	247.95	152	
		下游围堰	3336.50	334.59	522	
		左岸堤防	994.14	294.92	137	
		右岸堤防	1102.60	462.75	239	
7.00	−6.00	上游围堰中部	1327.80	247.95	154	630
		上游围堰右部	927.34	247.95	108	
		下游围堰	2043.20	334.59	320	
		左岸堤防	785.03	294.92	108	
		右岸堤防	327.47	462.75	71	
7.00	−11.00	上游围堰中部	821.37	247.95	95	461
		上游围堰右部	774.87	247.95	90	
		下游围堰	1315.20	334.59	206	
		左岸堤防	745.60	294.92	103	
		右岸堤防	273.93	462.75	59	
7.00	−16.00	上游围堰中部	577.50	247.95	67	394
		上游围堰右部	576.52	247.95	67	
		下游围堰	1119.60	334.59	175	
		左岸堤防	699.58	294.92	97	
		右岸堤防	252.48	462.75	55	
7.00	−52.00	上游围堰中部	0.9662	247.95	0.1	0.51
		上游围堰右部	0.5783	247.95	0.1	
		下游围堰	0.9200	334.59	0.1	
		左岸堤防	0.7779	294.92	0.1	
		右岸堤防	0.7777	462.75	0.2	

2.1.9.6 水力比降计算

防渗体悬挂底高程渗流量见表 2.1-22。

根据计算结果分析，设置悬挂式防渗体可有效增加围堰边坡稳定安全系数，并可大大减少基坑渗水量。从趋势上看，设置不同深度的悬挂式防渗体后可使各土层水力比降降低。因此，考虑工程经济性及适用性，选择合适的悬挂深度。

表 2.1-22　防渗体不同悬挂底高程渗流量汇总表

防渗体悬挂底高程/m	位　置	地　　层	单宽渗流量/[$\times10^{-8}m^3/(m\cdot s)$]	渗流过水面积/m^2	渗透参数/($\times10^{-8}m/s$)	水力比降	水力比降允许最大值	备注
无防渗墙	上游围堰中部	管袋砂	12117	7.2	5700	0.295	/	
		淤泥质粉质黏土夹粉砂 3-1	11341	8.75	4900	0.265	0.25～0.30	
		粉砂夹淤泥质粉质黏土 3-2	463.88	4.2	550	0.201	0.15～0.20	不满足
		细砂 4-2	3528.4	6.9	5000	0.102	0.15～0.20	
	上游围堰右部	管袋砂	1024.8	3	5700	0.060	/	
		淤泥质粉质黏土夹粉砂 3-1	2480.3	5	4900	0.101	0.25～0.30	
		粉细砂 4-1	4334.8	13	5000	0.067	0.15～0.20	
		细砂 4-2	737.37	4	5000	0.037	0.15～0.20	
	下游围堰	管袋砂	10637	7.2	5700	0.259	/	
		淤泥质粉质黏土夹粉砂 3-1	11637	10.75	4900	0.221	0.25～0.30	
		细砂 4-2	3360.1	6	5000	0.112	0.15～0.20	
	左岸堤防	管袋砂	22.474	2	5700	0.002	/	
		粉细砂 2-2	3335.7	4	5700	0.146	0.15～0.20	
		淤泥质粉质黏土夹粉砂 3-1	1168	1.3	4900	0.183	0.25～0.30	
		粉砂夹淤泥质粉质黏土 3-2	409.33	7.5	550	0.099	0.15～0.20	
	右岸堤防	淤泥质粉质黏土夹粉砂 3-1	4749.9	6.05	4900	0.160	0.25～0.30	
		粉细砂 4-1	5010	4.5	5000	0.223	0.15～0.20	
		黏质粉土 4-12	53.28	3.7	5000	0.003	0.25～0.30	
		细砂 4-2	1081	1.9	5000	0.114	0.15～0.20	

续表

防渗体悬挂底高程/m	位置	地层	单宽渗流量/[×10⁻⁸m³/(m·s)]	渗流过水面积/m²	渗透参数/(×10⁻⁸m/s)	水力比降	水力比降允许最大值	备注
-6.00	上游围堰中部	管袋砂	1040	7.2	5700	0.025	/	
		淤泥质粉质黏土夹粉砂 3-1	4910.5	8.75	4900	0.115	0.25～0.30	
		粉砂夹淤泥质粉质黏土 3-2	580.38	4.2	550	0.251	0.15～0.20	不满足
		细砂 4-2	4040.9	6.9	5000	0.117	0.15～0.20	
	上游围堰右部	管袋砂	106	3	5700	0.006	/	
		淤泥质粉质黏土夹粉砂 3-1	669.78	5	4900	0.027	0.25～0.30	
		粉细砂 4-1	3026.5	13	5000	0.047	0.15～0.20	
		细砂 4-2	906.84	4	5000	0.045	0.15～0.20	
	下游围堰	管袋砂	1516.2	7.2	5700	0.037	/	
		淤泥质粉质黏土夹粉砂 3-1	6345.8	10.75	4900	0.120	0.25～0.30	
		细砂 4-2	4005.2	6	5000	0.134	0.15～0.20	
	左岸堤防	管袋砂	15.046	2	5700	0.001	/	
		粉细砂 2-2	1091.6	4	5700	0.048	0.15～0.20	
		淤泥质粉质黏土夹粉砂 3-1	571.78	1.3	4900	0.090	0.25～0.30	
		粉砂夹淤泥质粉质黏土 3-2	475.22	7.5	550	0.115	0.15～0.20	
	右岸堤防	淤泥质粉质黏土夹粉砂 3-1	12.678	6.05	4900	0.000	0.25～0.30	
		粉细砂 4-1	513.7	4.5	5000	0.023	0.15～0.20	
		黏质粉土 4-12	15.995	3.7	5000	0.001	0.25～0.30	
		细砂 4-2	1080.3	1.9	5000	0.114	0.15～0.20	

续表

防渗体悬挂底高程/m	位置	地层	单宽渗流量/[$\times 10^{-8} m^3/(m \cdot s)$]	渗流过水面积/m^2	渗透参数/($\times 10^{-8}$ m/s)	水力比降	水力比降允许最大值	备注
−11.00	上游围堰中部	管袋砂	233.5	7.2	5700	0.006	/	
		淤泥质粉质黏土夹粉砂 3-1	1134.8	8.75	4900	0.026	0.25～0.30	
		粉砂夹淤泥质粉质黏土 3-2	369.55	4.2	550	0.160	0.15～0.20	
		细砂 4-2	4522.8	6.9	5000	0.131	0.15～0.20	
	上游围堰右部	管袋砂	504.11	3	5700	0.029	/	
		淤泥质粉质黏土夹粉砂 3-1	342.96	5	4900	0.014	0.25～0.30	
		粉细砂 4-1	1432.1	13	5000	0.022	0.15～0.20	
		细砂 4-2	1162.7	4	5000	0.058	0.15～0.20	
	下游围堰	管袋砂	301.57	7.2	5700	0.007	/	
		淤泥质粉质黏土夹粉砂 3-1	1405.9	10.75	4900	0.027	0.25～0.30	
		细砂 4-2	3129.8	6	5000	0.104	0.15～0.20	
	左岸堤防	管袋砂	13.633	2	5700	0.001	/	
		粉细砂 2-2	766.57	4	5700	0.034	0.15～0.20	
		淤泥质粉质黏土夹粉砂 3-1	463.05	1.3	4900	0.073	0.25～0.30	
		粉砂夹淤泥质粉质黏土 3-2	180.64	7.5	550	0.044	0.15～0.20	
	右岸堤防	淤泥质粉质黏土夹粉砂 3-1	7.4054	6.05	4900	0.000	0.25～0.30	
		粉细砂 4-1	257.06	4.5	5000	0.011	0.15～0.20	
		黏质粉土 4-12	11.386	3.7	5000	0.001	0.25～0.30	
		细砂 4-2	557.35	1.9	5000	0.059	0.15～0.20	

续表

防渗体悬挂底高程/m	位置	地层	单宽渗流量/[$\times10^{-8}m^3/(m\cdot s)$]	渗流过水面积/m^2	渗透参数/($\times10^{-8}m/s$)	水力比降	水力比降允许最大值	备注
−16.00	上游围堰中部	管袋砂	89.262	7.2	5700	0.002	/	
		淤泥质粉质黏土夹粉砂 3-1	440.06	8.75	4900	0.010	0.25～0.30	
		粉砂夹淤泥质粉质黏土 3-2	217.47	4.2	550	0.094	0.15～0.20	
		细砂 4-2	2447.2	6.9	5000	0.071	0.15～0.20	
	上游围堰右部	管袋砂	1.936	3	5700	0.000	/	
		淤泥质粉质黏土夹粉砂 3-1	22.787	5	4900	0.001	0.25～0.30	
		粉细砂 4-1	205.73	13	5000	0.003	0.15～0.20	
		细砂 4-2	351.11	4	5000	0.018	0.15～0.20	
	下游围堰	管袋砂	144.55	7.2	5700	0.004	/	
		淤泥质粉质黏土夹粉砂 3-1	593.55	10.75	4900	0.011	0.25～0.30	
		细砂 4-2	820.01	6	5000	0.027	0.15～0.20	
	左岸堤防	管袋砂	12.069	2	5700	0.001	/	
		粉细砂 2-2	597.43	4	5700	0.026	0.15～0.20	
		淤泥质粉质黏土夹粉砂 3-1	378.01	1.3	4900	0.059	0.25～0.30	
		粉砂夹淤泥质粉质黏土 3-2	100.99	7.5	550	0.024	0.15～0.20	
	右岸堤防	淤泥质粉质黏土夹粉砂 3-1	7.9701	6.05	4900	0.000	0.25～0.30	
		粉细砂 4-1	205.4	4.5	5000	0.009	0.15～0.20	
		黏质粉土 4-12	78.191	2	5000	0.008	0.25～0.30	
		细砂 4-2	494.93	1.9	5000	0.052	0.15～0.20	

续表

防渗体悬挂底高程/m	位置	地层	单宽渗流量/[$\times10^{-8}m^3$/(m·s)]	渗流过水面积/m^2	渗透参数/($\times10^{-8}$m/s)	水力比降	水力比降允许最大值	备注
−52.00	上游围堰中部	管袋砂	14.265	7.2	5700	0.000	/	
		淤泥质粉质黏土夹粉砂 3-1	65.449	8.75	4900	0.002	0.25～0.30	
		粉砂夹淤泥质粉质黏土 3-2	31.542	4.2	550	0.014	0.15～0.20	
		细砂 4-2	7.6049	6.9	5000	0.000	0.15～0.20	
	上游围堰右部	管袋砂	22.385	3	5700	0.001	/	
		淤泥质粉质黏土夹粉砂 3-1	178.31	5	4900	0.007	0.25～0.30	
		粉细砂 4-1	119.33	13	5000	0.002	0.15～0.20	
		细砂 4-2	150.83	4	5000	0.008	0.15～0.20	
	下游围堰	管袋砂	49.579	7.2	5700	0.001	/	
		淤泥质粉质黏土夹粉砂 3-1	175.18	10.75	4900	0.003	0.25～0.30	
		细砂 4-2	138.28	6	5000	0.005	0.15～0.20	
	左岸堤防	管袋砂	0.17955	2	5700	0.000	/	
		粉细砂 2-2	1.4119	4	5700	0.000	0.15～0.20	
		淤泥质粉质黏土夹粉砂 3-1	0.86205	1.3	4900	0.000	0.25～0.30	
		粉砂夹淤泥质粉质黏土 3-2	0.41823	7.5	550	0.000	0.15～0.20	
	右岸堤防	淤泥质粉质黏土夹粉砂 3-1	0.075963	6.05	4900	0.000	0.25～0.30	
		粉细砂 4-1	0.05306	4.5	5000	0.000	0.15～0.20	
		黏质粉土 4-12	0.38914	2	5000	0.000	0.25～0.30	
		细砂 4-2	3.2395	1.9	5000	0.000	0.15～0.20	

2.2 基础防渗施工工艺

2.2.1 高压喷射灌浆

高压喷射灌浆技术是通过在地层中的钻孔内下入喷射管，用高速射流（水、浆液或空气）直接冲击、切割、破坏、剥蚀原地基材料，然后使受到扰动、破坏后的土石料与同时灌注的水泥浆或其他浆液充分掺搅混合、充填挤压、移动包裹至凝结硬化，从而成为结构较密实、强度较高、有足够防渗性能的构筑物，以满足工程需要的一种技术措施。该技术的优点是施工占地少、振动小、噪声较低，缺点是容易污染环境及成本较高。高压喷射灌浆施工见图 2.2-1。

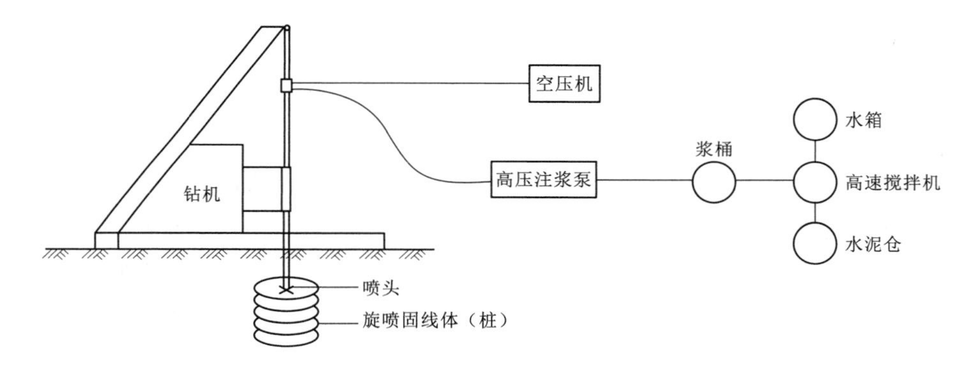

图 2.2-1 高压喷射灌浆施工示意图

双重管法高压喷射灌浆，全孔一次性由下至上连续施工，搭接成连续墙的防渗型式，主要施工技术参数选用见表 2.2-1。

表 2.2-1 双重管法高压喷射灌浆主要技术参数

项目		双管法参数	备注
气	压力/MPa	0.6～0.8	
	流量/(m³/min)	0.8～1.2	
	气嘴数量/个	2	
	环状间隙/mm	1.0～1.5	
浆	压力/MPa	30～40	
	流量/(L/min)	70～100	
	密度/(g/cm³)	1.4～1.5	
	浆嘴数量/个	2	双喷嘴
	浆嘴直径/mm	2.0～3.2	
	回浆密度/(g/m³)	≥1.3	

续表

项目		双管法参数	备注
提升速度/(cm/min)	粉土层	10～15	
	砂土层	8～15	
	砾石层	6～12	
	卵（碎石）层	5～10	
旋喷	转速/(r/min)	(0.8～1.0) v	

高压喷射灌浆防渗施工具体施工工艺按如下步骤进行。

1. 机具准备

在选择相关施工仪器设备时，应使机具满足以下要求。

(1) 钻孔机具应满足能在施工地层中单独钻进成孔或携带喷射管钻进成孔的要求。

(2) 喷射管、喷头和送液器（亦称高压水龙头）应密封可靠、装卸简便。喷射管体应具有足够刚度且连接顺直，喷嘴定向应准确。

(3) 搅拌机的性能应与所用浆液类型和需浆量相适应，能保证浆液拌制均匀，本工程宜选用高速搅拌机。

(4) 灌浆泵（包括高压泵）的性能应与所灌浆液的类型、密度相适应，灌浆泵和高压水泵的压力、流量应满足施工要求，其额定压力应不小于设计规定压力的1.2倍。

(5) 应在各类泵或输送管路上安装压力表，使用压力宜为压力表最大标值的1/3～1/4，压力表应定期进行检查。

(6) 空气压缩机的供气量和额定压力应不小于设计规定值，供气管路上宜设有测量气量的仪表。

(7) 高压喷射台车的旋转、提升和摆动机构的性能应满足设计要求，宜采用高塔架的无级调速型台车。

2. 钻孔

由于围堰为充填砂管袋结构，钻孔时易出现塌孔、埋钻等事故，喷浆时易发生埋管、堵眼等事故，在钻孔时采用XPG-65旋喷钻机型全液压工程钻机、冲击回转跟管钻进的方法施工。

(1) 放点、就位。钻孔孔位按设计孔距采用区全站仪一次性测量放样，用木桩做标记，并进行统一编号，以防高压喷射时出现错喷的情况，确保成墙连续，孔位偏差应控制在±5cm以内。

(2) 钻进。钻机就位后，选用可冲击回转的跟管钻具将护壁钢套管直接打入地层内成孔。在钻孔过程中，定时检测钻孔倾斜情况，发现钻孔倾斜超标后应及时通过调整钻机水平度及钻杆垂直度进行纠偏，其中前2根套管更应提高检测频率，确保钻孔孔斜率在1%以内。钻孔孔径大于喷射管外径20mm以上，钻孔的有效深度应超过设计桩底深度0.3m。钻进过程中，详细且准确地记录钻孔时遇到的各种现象，根据返渣情况、钻进速度、钻机及冲击器运行情况等判断地层分层情况、地下水位、动水等情况。

3. 浆液配备

高压喷射灌浆浆液采用水泥浆，采用P. O42. 5MPa普通硅酸盐水泥，未掺入膨润土、黏性土等外加剂。高压喷射灌浆浆液的水灰比为1.2∶1～0.6∶1（密度为1.5～1.7g/cm^3），制浆材料称量采用电子秤计量，称量误差应不大于5%。水泥浆液搅拌时间，使用高速搅拌机应不小于30s，使用普通拌和机应不小于90s，应定期及时检查浆液比重密度。水泥浆从制备至用完的时间不应超过4h，当浆液存放时间超过有效时间时，应按废浆处理。

（1）浆液原材料。根据设计文件规定，高压喷射灌浆浆液使用的主要原材料为水泥和水。

1）水泥：灌浆所用的水泥，必须是新鲜水泥，不得使用受潮结块水泥。水泥的细度必须符合规范标准。

2）水：高压喷射浆液拌和用的水质按混凝土拌和用水的要求执行。

（2）浆液制备与输送。水泥浆液在制浆系统集中搅拌，并经高压泵输送。储浆桶内已制成待用的浆液采用低速搅拌机搅拌，以防止沉淀；制成但已经超过保存时间的浆液予以废弃。

（3）浆液质量控制。水泥浆液应进行严格的过滤，防止喷嘴在喷射过程中堵塞高压喷射管。在制浆系统，设有浆液试验，根据需要对浆液密度、温度和时间等性能参数进行检测和记录，据此控制浆液质量，认真做好原始记录及资料整理工作，做到资料齐全、准确、工整。

4. 高压喷射灌浆

（1）高压喷射灌浆应在钻孔施工完成并检验合格后进行。采用钻喷一体化施工工艺时，钻孔达到设计要求并检验合格后可立即喷浆。

（2）下喷射管前，应进行地面试喷，检查机械及管路运行情况，并调整喷射方向和摆动角度。下入或拆卸喷射管时，应采取措施防止喷嘴堵塞。当喷口下至设计深度，应先按规定参数进行原位喷射，待浆液返至出孔口、情况正常后方可开始提升喷射。

（3）特殊情况及其处理。当地层中水流流速过大时，应先进行堵水处理，而后再进行高压喷射灌浆；高压喷射灌浆采用全孔自下而上连续作业，需中途拆卸喷射管时，搭接段应进行复喷，复喷长度不得小于0.2m；出现压力突降或骤增、孔口回浆密度或回浆量异常等情况时，必须查明原因，及时处理；在进浆正常的情况下，若孔口回浆密度变小、回浆量增大，应降低气压并加大进浆浆液密度或进浆量；发生串浆时，应填堵灌浆孔，待灌浆孔高压喷射灌浆结束，尽快对串浆孔扫孔，进行高压喷射灌浆或继续钻进；高压喷射灌浆因故中断后恢复施工时，应对中断孔段进行复喷，搭接长度不得小于0.5m。

（4）高压喷射灌浆过程中，若孔内发生严重漏浆，可采取以下措施处理：①孔口不返浆时，应立即停止提升；②孔口少量返浆时，降低提升速度；③降低喷射压力、流量，进行原位灌浆；④在浆液中掺入速凝剂；⑤加大浆液密度或灌注水泥砂浆、水泥黏土浆等；⑥向孔内填入砂、土等堵漏材料。

（5）高压喷射灌浆结束后，应利用回浆或水泥浆及时回灌，直至孔口浆面不下降为止。

（6）当局部需要扩大喷射范围或提高凝结体的密实度时，可采取复喷措施。

（7）高压喷射台车就位并对准孔口后，为了直观检查高压系统的完好性，以及是否能够满足使用要求，首先应进行地面试喷，检查喷嘴是否畅通。根据钻孔揭露出地层情况，边旋转边提升，自下而上进行高压喷射灌浆作业，直至设计终喷高程停喷。喷管钻下至指定深度后，拌制水泥浆液，即可供浆、供风、供水开喷。待各压力参数和流量参数均达到设计要求，且孔口已返出浆液时，即可按既定的提升速度进行喷射灌浆。在喷灌过程中，要时刻注意检查风、浆的流量及提升速度等参数是否符合要求，遇到特殊情况，如浆压过高或喷嘴堵塞等，应将喷具提出地面进行处理后再进行施工。继续喷射时，搭接长度不得小于0.5m以确保其连续性。

（8）喷射过程中要严格控制以下施工参数，保证施工质量：①提升速度误差不超过±5mm/min；②转动速度误差不超过±0.5r/min；③喷射管应具有足够刚度，避免因喷射管刚度不足，造成喷射管下部旋转滞后于上部；④若喷射过程中孔内漏浆应停止提升，直到不漏浆为止；⑤其他质量控制：压缩气、水泥浆、喷管提速等都要按设计施工工艺参数随时检验，发现超标应立即停喷，检查处理后才能再行喷灌。

5. 静压灌浆

高压喷射灌浆结束后，充分利用孔口回浆或水泥浆液对已完成孔进行及时回灌，直至浆液面不下降为止，以防止塌孔，保证防渗墙体的密实性和连续性。施工中监控浆液流量、灌浆压力等各项参数，同时对浆液材料用量、异常情况及处理等做好记录。

6. 冲洗

高压喷射灌浆结束后，要对水泥搅拌机、送浆管路和喷管及时进行清洗，防止水泥凝固，从而影响到正常施工。

7. 报表记录

施工过程中应由专人负责记录每根桩的下沉时间、提升时间、钻进深度、水泥用量等情况，记录要求详细、真实、准确，及时填写当天施工的报表记录和送交监理审核。高压喷射灌浆施工工艺流程图见图2.2-2。

2.2.2 三轴水泥土搅拌桩

三轴搅拌钻机以水泥为固化剂，通过三轴螺旋钻头对地基土进行原位上下、左右旋转翻滚式强制搅拌，主要以切削土体剪切力为主，在下沉及提升搅拌过程中喷浆，同时加入高压空气使水泥土充分、均匀搅拌。该工艺对周围环境影响小，同时高压空气不断释放压力也在一定程度上减少了对周围土体的侧向压力。

本工程三轴水泥土搅拌桩设计采用“二喷二搅”施工工艺，止水帷幕采用套接一孔法施工，坑内加固相邻桩搭接250mm。搅拌桩采用P.O42.5普通硅酸盐水泥，水泥掺量为20%，水灰比为1.5∶1。设计要求施工前将场地平整到国家基准标高5.00m，施工时右岸场地平整到高程5.00m，1号道路段进行挖除削坡，右岸全部为止水桩，设计桩长为16.50m。为达到良好的止水效果，止水桩施工采用跳槽式双孔全套复搅式连接工艺。

三轴水泥土搅拌桩施工分为止水桩施工和坑内加固桩施工，按图2.2-3顺序进行，其中阴影部分为重复套钻，保证墙体的连续性和接头的施工质量，水泥土搅拌桩的搭接以及施工设备的垂直度补正依靠重复套钻来保证，以达到止水的作用。

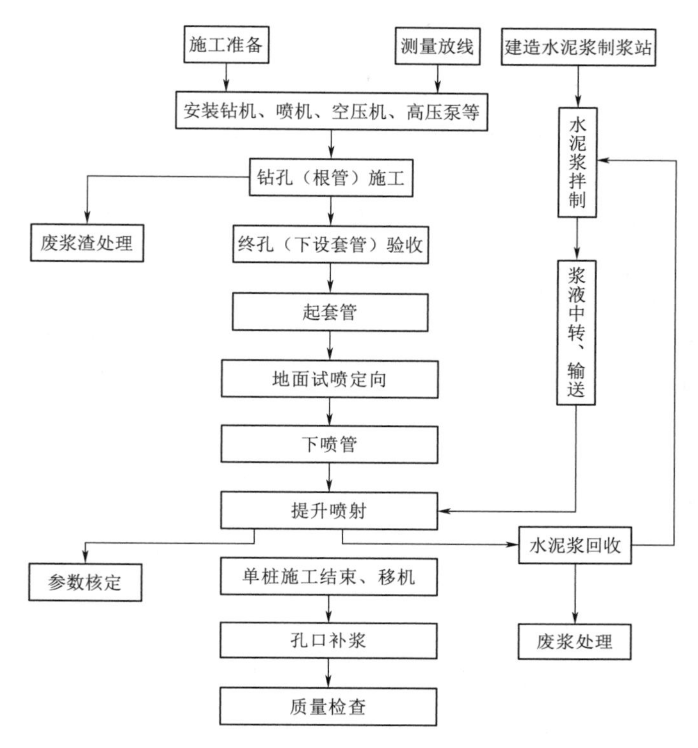

图 2.2-2　高压喷射灌浆施工工艺流程图

三轴水泥土搅拌桩防渗施工具体施工工艺按如下步骤进行。

1. 测量放样

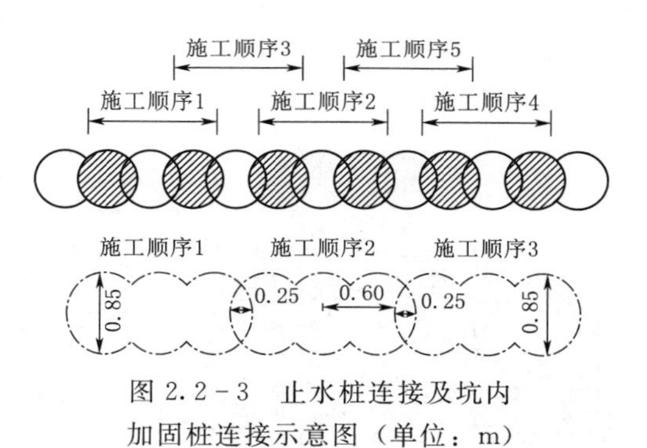

图 2.2-3　止水桩连接及坑内加固桩连接示意图（单位：m）

（1）绘制布桩图：开工前，根据施工设计图按各分段里程绘制布桩图。布桩图上应标明线路中心，每个桩应编号、量出设计桩长，布桩图报设计单位、监理工程师验收确认后方可施工。

（2）测量放样：对设计单位移交的导线点、水准点，施工前会同业主和监理工程师进行复核，确认无误后使用。测量人员按施工设计图，进行搅拌桩桩位、原地面标高、孔口标高等有关测量放样工作。测量放样记录及布桩图等，应报请业主和监理工程师复核抽查，并填写测量放样报验单，经业主和监理工程师审查签认。

2. 开挖沟槽、清除障碍

根据三轴水泥土搅拌桩桩位中心线用 EX200 挖机开挖槽沟，沟槽宽 1.2m，深 1.0～1.2m，并清除地下障碍物。开挖导向沟槽，及时处理余土以保证桩机能够水平行走。

3. 设置导向定位线

开挖沟槽后，沿沟槽设置水平导向线；单桩施工完成后沿导向线进行桩机移位。

4. 桩机就位及调直

组装架立搅拌桩机，检查主机各部的连接和液压系统、电气系统、喷浆系统各部分安装调试情况，以及浆罐、管路的密封连接情况是否正常，做好必要的调整和紧固工作，排除异常情况后，方可进行操作。浆罐装满料后，进料口加盖密封。安装钻机时，将钻机对准桩位，调平桩机机身以保证桩的垂直度。

三轴水泥土搅拌桩定位后再进行定位复核，偏差值应小于设计及规范要求。统一指挥桩机就位，桩机下铺设钢板，移动前看清上下左右各方面的情况，发现有障碍物应及时清除，移动结束后检查定位情况并及时纠正；桩机应平稳、平正，在桩机就位过程中主要通过以下三点来控制桩位偏差、垂直度偏差和有效桩长。

（1）桩机平面位置控制。使搅拌机移动到相应位置，使钻杆中心对准桩位中心。桩机移位应统一指挥，移动前仔细观察现场情况，保证移位平稳、安全，桩位偏差不得大于10mm。

（2）垂直度控制。在桩架上焊接一半径为1cm的铁圈，6m高处悬挂一铅锤，利用经纬仪校直钻杆垂直度，使铅垂线正好通过铁圈中心。每次施工前适当调节钻杆，使铅垂位于铁圈内，即把钻杆垂直度误差控制在$L/250$以内。

（3）桩长控制标记。施工前在钻杆上做好标记，控制搅拌桩桩长不小于设计桩长，当桩长变化时应擦去旧标记，做好新标记。图2.2-4是桩机就位及调直示意图。

5. 制备和注入浆液

开钻前对拌浆工作人员做好交底工作，在施工现场配备自动搅拌系统和散装水泥输送系统，以确保浆液质量的稳定，见图2.2-5。水泥比为1.5∶1，质检员须对搅拌好的水泥浆进行测验，符合设计要求后方能进行输送工作，每次检测结果如实填写在记录表中，做到所有水泥浆都符合设计要求。

图2.2-4 桩机就位及调直

图2.2-5 浆液制备及泵送

水泥浆配制好后，停滞时间不得超过2h，因故搁置超过2h的拌制浆液应作废浆处理，严禁再用。搭接施工的相邻搅拌桩施工间隔不得超过24h，注浆时通过2台注浆泵、2条管路同Y形接头在H口进行混合，喷浆压力不大于0.8MPa。

6. 提升钻头

确认加固浆液已到桩底后再提升搅拌钻头，一般在桩底停滞1～3min，即可保证加固浆液到达桩底，提升到设计标高时停止喷浆，停止喷浆深度应结合搅拌提升的速度确定。在尚未喷桩的情况下严禁进行钻机提升工作。

7. 钻进

桩机调正后启动主电机钻进，待搅拌钻头接近地面时再启动空压机送气。钻深由深度尺盘确定，其数值应等于设计加固深度和桩机横移槽距地面高度之和。三轴水泥土搅拌桩在下沉和提升过程中均应注入水泥浆液，同时严格控制下沉和提升速度，喷浆下沉、提升速度应符合设计及试桩参数要求，并做好原始记录。

8. 停止提升

打开送气阀门，关闭送料阀，保持空压机运转，待搅拌钻头提升至桩顶时停止提升。

9. 报表记录

将搅拌钻头提升到地面以上，关闭主电机和空压机，填写施工记录。施工过程中由专人负责记录每根桩的下沉时间、提升时间、钻进深度、水泥用量等情况，记录要求详细、真实、准确，及时填写当天施工的报表记录，次日送交监理。

10. 清洗、移位

集料斗中加入适量清水，开启灰浆泵，清洗压浆管道和其他所用机具，然后移位再进行下一根桩的施工。

11. 工程完工，设备退场

群桩施工完毕，回填平整场地及处理残土后按照如下步骤进行设备拆卸：①拆除钻头、钻杆、动力头装置、主提升滑轮组及钻杆筒等；②前步履与平台纵向平行，支起前步履，使之受力后，再部分收起后支腿，将锁销插入立柱底节销孔，放回前必须确认锁销已可靠插放销孔；③按起架形式，穿上钢丝绳，并使钢丝绳适度拉紧，注意穿绕钢丝绳，严格检查主卷扬机的制动器是否可靠、钢丝绳绳夹是否可靠、有无卡绳现象等；④顶部滑轮组前部向前方拉两根安全绳；⑤开动斜撑调整装置，配合开动主卷扬机，放下钢丝绳使起架滑轮组配合斜撑调整机构放开，使立柱前倾至约 9°（此时斜撑调整机构丝杠放松至尽头），应保证此时架滑轮组和起架拉绳充分受力；⑥分别取下两边斜撑调整丝杠球座压盖，观察无误后，继续开动主卷扬机放绳，直至将立柱完全放倒；⑦拆卸完各油路接口必须用塑料布包好。之后，运输到其他工地开始新的工程施工。三轴水泥土搅拌桩防渗施工工艺流程见图 2.2-6。

2.2.3 拉森钢板桩

拉森钢板桩防渗施工具体施工工艺流程按如下步骤进行。

1. 钢板桩的检验

对钢板桩，一般有材质检验和外观检验，本工程钢板桩均采用全新钢板桩，直接由钢厂发货至工地现场，最大程度减少打桩过程中的困难。

外观检验包括表面缺陷、长度、宽度、厚度、端部矩形比、平直度和锁口形状等项内容，原则上要对全部钢板桩进行外观质量检查。若钢板桩有严重锈蚀，应测量其实际断面厚度。

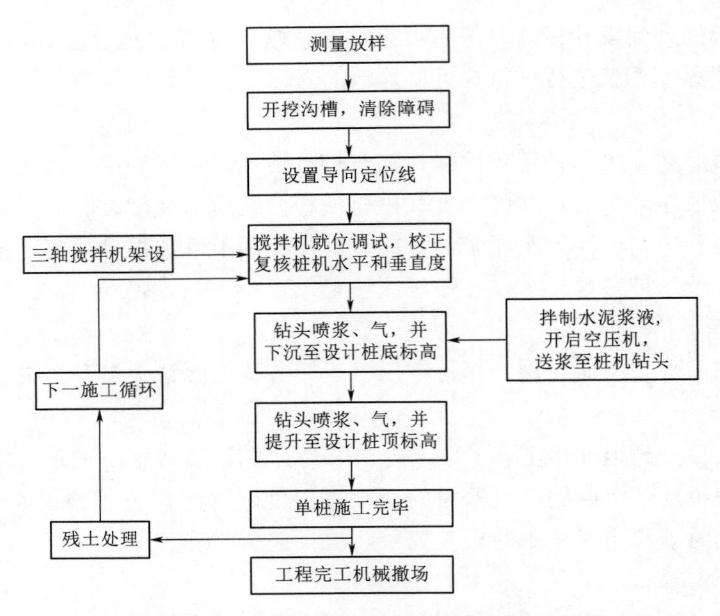

图 2.2-6　三轴水泥土搅拌桩施工工艺流程图

2. 钢板桩的吊运

(1) 装卸钢板桩宜采用两点吊装的方式进行操作。

(2) 吊运时，每次吊起的钢板桩根数不宜过多，并应注意保护锁口避免损伤。

(3) 吊运方式采用单根起吊，单根起吊采用专用的吊具。

3. 钢板桩的堆放

(1) 场区按施工进度计划或现场情况组织钢板桩进场的时间，确保钢板桩的施工满足进度要求；钢板桩的堆放位置宜根据施工要求及场地情况沿防渗轴线分散堆放，避免集中堆放在一起造成二次搬运。

(2) 选择在不会因压重而发生较大沉陷变形的平坦而稳固的围堰吹填场地上，便于现场打拔和运输。

(3) 堆放的顺序、位置、方向和平面布置等应考虑到以后的施工方面。

(4) 钢板桩按型号、规格、长度分别堆放，并在堆放处设置标牌说明。对堆放基础进行整平，钢板桩应分层堆放，每层堆放数量一般不超过 10 根，各层间要放牢靠，堆放总高度不宜超过 0.8m。

4. 测量放线

对设计单位移交的导线点、水准点，施工前会同甲方和监理工程师进行复核，确认无误后使用。测量人员按施工导流设计图进行防渗轴线、原地面标高、桩顶标高等有关测量放样工作，采用石灰线对防渗轴线进行标识，定期复核轴线偏差。

5. 导沟开挖

根据放样的防渗轴线及设计图纸，需要对钢板桩顶标高以下 2m 进行黏土回填，黏土与防渗膜有效结合，形成整体防渗体系。为方便后续黏土回填和质量控制，考虑黏土回填与导沟开挖同步进行，沟槽宽 1.5m，深 1.5～2.0m，并清除沟槽其他杂物。开挖导向沟槽时余土应及时处理，以保证桩机水平行走。导向槽开挖完成后，进行二次放样，再次用石灰对防渗轴线进行标识。

6. 安装导轨及限位

(1) 在钢板桩施工中，为保证沉桩轴线位置正确和桩的竖直性，控制桩的打入精度，防止板桩的屈曲变形和提高桩的贯入能力，一般都要设置具有一定刚度的、坚固的导架。

(2) 导架采用单层双面形式，通常由导梁和围檩桩等组成，围檩桩的间距一般为2.5～3.5m，双面围擦之间的间距不宜过大，一般略比板桩墙厚度大8～15mm，安装导架时应注意以下几点：①采用GPS和水平仪控制和调整导梁位置；②导梁的高度要适宜，要有利于控制钢板桩的施工高度和提高施工工效；③导梁不能随着钢板桩的深入而产生下沉和变形等情况；④导梁的位置应尽量垂直，并不能与钢板桩产生碰撞。

7. 钢板桩施打

拉森钢板桩施工关系到围堰防渗止水和施工安全，是本工程施工最关键的工序之一，在施工中要注意以下施工要求：①拉森钢板桩采用履带式挖土机施打，施打前一定要熟悉设备参数、钢板桩各项指标，确保防渗轴线准确无误；②打桩前，对钢板桩逐根进行检查，剔除连接锁扣处的锈蚀、变形严重的钢板桩，待修整合格后才可使用；③打桩前，均在钢板桩的锁口内涂抹混合油，体积配合比为黄油∶干膨润土∶干锯末＝5∶5∶3，以方便钢板桩顺利打入和拔出，并增强其防渗性能；④在钢板桩插打过程中，随时测量监控每块桩的斜度，要求其不超过1%，偏斜较小时可采用人工扶正，当偏斜过大不能用拉齐方法调正时，必须拔起重打；⑤打拔过程中应缓慢静压，不宜过快，防止因速度过快发生锁口未有效连接现象。图2.2-7是拉森钢板桩施打现场照片。

8. 导向沟黏土回填

根据设计图纸，对开挖的导向沟槽进行黏土回填，并设置防渗膜，防渗膜与黏土搭接长度要满足设计要求，搭接效果良好。防渗黏土料压实度要求不小于96%，干密度不小于$1.69g/cm^3$，渗透系数不大于$1\times10^{-5}cm/s$，有机含量不大于5%，水溶盐含量不大于3%，因本工程范围内无黏土，故需要外购。

图2.2-7　拉森钢板桩施打现场照片

9. 钢板桩拔除

主体工程完成验收后，需要对围堰进行拆除，先拆除到原钢板桩施工平台高程，再对钢板桩进行拔除。

(1) 拔除钢板桩前，应讨论拔桩顺序、拔桩时间和土孔处理。否则，由于拔桩的振动影响和拔桩带土过多会引起地面沉降与移位，会给后续围堰拆除带来困难，并影响围堰拆除质量。设法减少拔桩带土量十分重要，目前主要采用灌水措施。

(2) 本工程采用振动锤拔桩：利用振动锤产生的强迫振动，扰动土质，破坏钢板桩周围土的黏聚力以克服拔桩阻力，依靠附加起吊力的作用将其拔除。

(3) 拔桩时的注意事项。

1) 拔桩起点和顺序：拔桩起点应离开角桩5根以上。可根据沉桩时的情况确定拔桩起点，必要时也可用跳拔的方法。拔桩的顺序最好与打桩时相反。

2) 振打与振拔：拔桩时，可先用振动锤将板桩锁口振活以减小土的黏附，然后边振边拔。对较难拔除的板桩可先用柴油锤将桩振下100～300mm，再与振动锤交替振打、振拔。

(4) 如钢板桩不能拔出，可采用以下措施：①用振动锤再复打一次，以克服与土的黏着力和咬口间的铁锈等产生的阻力；②按与板桩打设顺序相反的次序拔桩；③板桩承受土压一侧的土较密实，在其附近并列打入另一根板桩，可使原来的板桩顺利拔出；④在板桩两侧开槽，放入膨润土浆液，拔桩时可减少阻力。拉森钢板桩防渗施工工艺流程见图2.2-8。

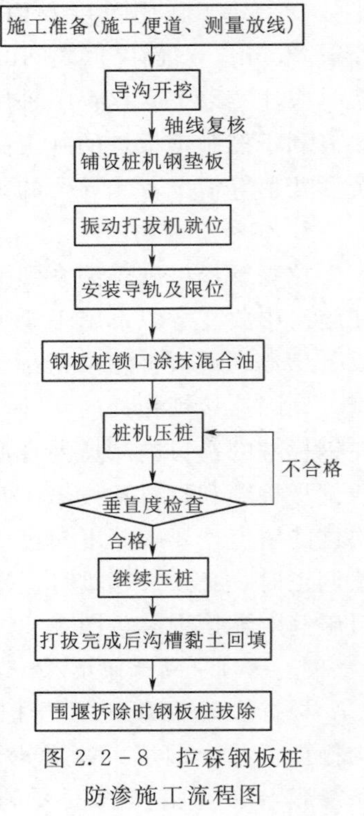

图2.2-8 拉森钢板桩防渗施工流程图

2.2.4 充砂管袋复合围堰绿色施工

1. 工法特点

围堰结构采用充砂管袋+填芯砂+挂网喷混凝土护面的结构，围堰防渗采用Ⅳ型拉森钢板桩防渗墙结构，整体结构稳定、防渗效果好。

吹填料源就地取材，避免了土方运输过程中的环保问题，施工方便，施工进度快，施工质量有保证。

利用水上挖机将基础塘泥清挖，在围堰底面铺设一道土工格栅，围堰底层设二层通袋，围堰整体抗滑稳定性能好。

利用临时砂库对河道取料进行泥沙分离，避免河道料源内的黏粒进入管袋排入江中，不仅减少了管袋滤水时间，加快了施工进度，还避免了对周围河道水体的影响，起到了一定的清淤作业。

2. 适用范围

适用于挡水水头低于20m、水流流速低于1.5m/s、粉细砂料源充足、需要在水下填筑的水利工程管袋围堰吹填施工。

3. 工艺原理

依靠200m^3/h绞吸船上安装的离心式砂泵将砂水混合物吸起后直接排入临时砂库（储泥池）中，在砂库中对河道料源中的泥沙进行分离，对分离后的泥浆进行沉淀。砂库设置吸砂管、吸砂头和冲水管等吸砂装置，依靠大型吸泥泵将砂水混合物吸入，再经排砂管线输送到围堰施工区域，砂水混合物在管袋充灌后经过沉淀形成围堰主体。围堰吹填至防渗墙施工高程后进行拉森钢板桩施工，待防渗墙施工完成后进行上部管袋、填芯砂和黏土心墙施工，最后进行围堰堰顶结构及附属工程施工。管袋围堰吹填施工示意图见图2.2-9。

4. 工艺流程

充砂管袋复合围堰施工工艺流程见图2.2-10。

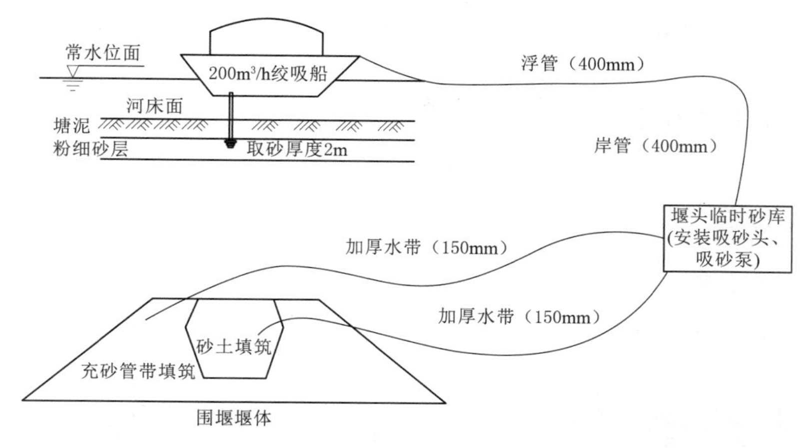

图 2.2-9 管袋围堰吹填施工示意图

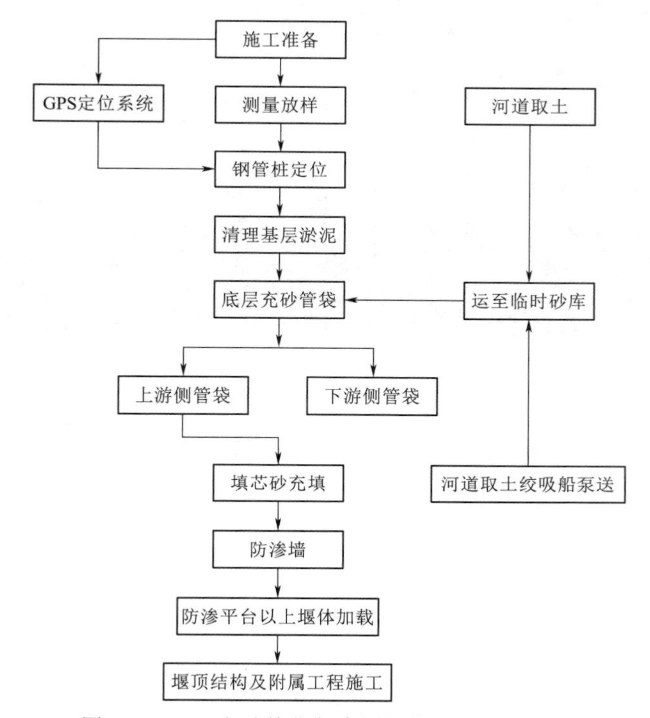

图 2.2-10 充砂管袋复合围堰施工工艺流程图

5. 效益分析

利用充砂管袋复合围堰施工工法，提高了施工效率及安全性。围堰结构采用充砂管袋护面+填芯砂的结构，围堰防渗采用Ⅳ型拉森钢板桩防渗墙结构，整体结构稳定，防渗效果好，确保了围堰质量。

6. 效果评价

本工法施工科学、合理、安全、可靠，有助于提高围堰吹填在施工中的进度、质量和精度，保障了吹填质量，大大提高了施工效率，在北支江上游水闸、船闸工程和北支江下游水闸、船闸工程中成功应用，得到了业主、监理单位的一致好评。

2.3　施工质量控制

2.3.1　机械设备

2.3.1.1　高压喷射灌浆

根据高压喷射灌浆施工进度要求和场地情况，工程施工所需机械、设备投入见图 2.3－1 和表 2.3－1。

图 2.3－1　XPG－65 型旋喷钻机

表 2.3－1　　高压喷射灌浆施工机械、设备投入一览表

设备名称	设备型号	数量	设备用途	备注
旋喷台车	XPG－65	1	钻孔、灌浆	
高压注浆泵	聚能 XPB－90EX	1	加压送浆	
螺杆式空气压缩机	KF－8	1	制造气压	
挖机	360	1	辅助工作	
装载机	50	1	辅助工作	
清水泵	7.5kW	2	抽水	
搅拌机	/	2	搅拌	
储浆桶	/	2	储浆	
全站仪	NTS－342R	1	测量放样	
水准仪	DSZ2	1	高程测量	
电缆	$6mm^2$、$16mm^2$、$75mm^2$	1100m	施工用电	
风管	$\phi 73$	800m	风管	
水管	$\phi 50$	800m	水管	

注　表中所列的机械及配套设施数量，为每台套机械设备施工时必须配备的最低标准要求。每增加一台套机械设备，配套设施可以参照配置。

2.3.1.2 三轴水泥土搅拌桩

根据三轴水泥土搅拌桩施工进度要求和场地情况，工程施工所需机械、设备投入见表2.3-2，三轴水泥土搅拌桩设备见图2.3-2。表2.3-2所列的机械及配套设施数量，为每台套机械设备施工时必须配备的最低标准要求。每增加一台套机械设备，配套设施可以参照配置。

表2.3-2 三轴水泥土搅拌桩施工机械、设备投入一览表

序号	设备名称	设备型号	数量/台	备注
1	多轴钻孔机	ZKD85-3A	1	成孔
2	全液压步履式打桩架	BZ70	1	
3	环保型水泥自动搅拌注浆站	ZYJ-60	1	制备水泥浆
4	注浆泵	BW-250	3（1台备用）	输送水泥浆
5	挖掘机	EX200	1	导沟开挖及倒运泥土
6	空压机	W型系列	3	输送高压空气
7	钢板	2m×6m	3块	机械占位地面加固
8	全站仪	南方425R	1套	测量定位
9	水泥罐	70t	2个	储存水泥

2.3.1.3 拉森钢板桩

根据拉森钢板桩施工进度要求和场地情况，工程施工所需机械、设备投入见表2.3-3。

表2.3-3 拉森钢板桩施工机械、设备一览表

序号	设备名称	单位	数量	主要性能指标	备注
1	挖掘机	台	2	日立360/PC220	
2	装载机	台	1	Z50	
3	液压打拔机	台	1	ZX450H	
4	汽车吊	台	1	25t	
5	钢板桩起吊专用工具	套	1	/	
6	钢板	t	10	2m×6m×20mm	
7	GPS	台	2	南方S86	
8	水准仪	台	1	苏一光DSZ2	

2.3.2 质量保证措施

施工过程中项目部贯彻全员、全面、全过程质量管理的思想，运用动态控制原理，进行质量的事前控制、事中控制和事后控制。将施工准备阶段的质量把控、施工过程中的质量控制放在第一位，对施工的工序质量、工作质量、质量控制要点实行严格管控。结合本工程的实际经验，介绍高压喷射灌浆、三轴水泥土搅拌桩和拉森钢板桩施工的质量控制措施。

2.3.2.1 高压喷射灌浆

1. 事前控制

在高压喷射桩施工过程中，喷嘴直径、提升速度、旋转速度、水气浆压力、供气量、地下水及地层土质情况等对高压喷射灌浆形成的凝结体的尺寸和形状都有不同程度的影响，掌握各种因素对高压喷射凝结体的影响规律，能够有效控制高压喷射灌浆工程的施工质量。

图 2.3-2 三轴水泥土搅拌桩设备

由于工程所处位置不同，工程地质、地下水活动情况也不同，在不同情况下高压喷射形成的旋喷桩有效直径也不同，因此，高压喷射灌浆机的喷射压力、喷射流量、提升速度、高压喷射孔间距等施工参数都应根据高压喷射试验进行确定。如施工参数较保守，则浪费工程投资，使工期滞后；反之，则会出现旋喷桩直径偏小、断桩等情况，不能满足止水要求。因此，选择有代表性的地层进行高压喷射灌浆现场试验是必要的。高压喷射灌浆现场试验内容较多，试验项目需要有重点。

高压喷射灌浆现场试验主要确定喷嘴直径、高压水喷嘴直径、水泥浆喷嘴直径、喷射管旋转速度、提升速度等参数。其中喷射管提升速度的快慢，直接影响旋喷桩直径大小，甚至还会影响到旋喷桩的质量。喷射管提升速度快，形成的桩径小；喷射管提升速度慢，形成的桩径大。当其他高压喷射灌浆参数一定时，旋喷桩的直径与提升速度呈负相关。施工参数确定后，必须按照试验确定的提升速度施工，如果为了加快工程进度、盲目节约工程投资，旋喷桩的直径难以保证，不能满足设计要求，将给工程带来安全和质量隐患。

高压喷射灌浆试验确定施工参数后，在喷每一个孔之前，必须进行地面试喷。尽管喷射管的旋转速度和提升速度是通过高压喷射台车来调整，但是转速和提升速度的校核都是在地面试喷阶段完成；另外，管路运行情况、喷射方向也是通过地面试喷来确定；通过地面试喷，能够检查喷射流的喷射距离、喷射流的形状等。因此，下喷射管前，应进行地面试喷、检查机械和管路运行情况，并调准喷射方向和摆动角度。

在施工准备阶段，还应做好以下工作。

（1）建立主要工序的质量控制程序，按照质量控制程序、质量目标和相关质量验收标准，逐工序进行质量检查、检测。

（2）开展质量教育工作，以强化质量意识。经常组织施工员、技术员和其他施工生产人员、管理人员学习技术规范、质量验收标准，使全体人员明确工程质量方针、质量目标，掌握控制工程质量的方法和要点，不断强化控制工程质量的意识和提高控制工程质量的水平。

（3）及时提出各项质量指标，分阶段向各施工人员进行技术交底，各施工队又组织班组进行技术交底。通过层层交底，使各级施工人员掌握技术要点，明确质量目标。

(4) 建立以工程技术部为主体的技术管理组织体系，逐级落实技术责任制。

(5) 认真调查、研究工程地质条件，结合联营体的技术能力和类似工程施工经验，按技术管理程序，制定切合工程特征的技术方案、措施和应急技术措施，做好技术交底，建立技术档案，将技术管理落到实处。

(6) 建立严格的“三检制”制度，施工过程中跟踪检查，发现问题及时处理。

(7) 保证所选用的灌浆设备耐压、供浆能力满足本工程的施工要求。配备足够的生产设备，选用生产率程度高的设备，设备选型上应选择自动化程度高、性能良好的机械设备，尤其是灌浆设备，避免因机械故障而导致灌浆中断，影响工程质量，建立设备管理制度和岗位职责，设专人负责设备管理。

(8) 基坑防渗施工为本工程重中之重，对局部和拐角位置进行间距加密处理，要严格按照不同地质对应的提升速度来操作，对地质条件较差区域适当调整参数确保施工质量。

2. 事中控制

质量检验按照设计图纸文件要求或相关指示，施工过程中应对高压喷射灌浆材料、浆液和各道工序的质量进行控制和检查，并做好施工原始记录。

高压喷射注浆作业前，应进行桩位的现场放样成果和材料试验成果的质量检查和验收。

高压喷射注浆作业过程中应进行喷射插管插入深度或高程、高压喷射作业的工艺检验的质量检查和验收。

高压喷射注浆施工结束后，按施工图纸规定和相关指示要求进行高压喷射桩平面位置、防渗墙体的垂直度、连续性、均匀性和搭接质量检查。

高压喷射注浆固结体的强度、透水性检查应符合《水电水利工程高压喷射灌浆技术规范》(DL/T 5200—2004) 的规定。

在做好施工准备工作情况下，对施工过程中的质量控制也要做到位。只有这样，才能确保桩的质量。施工过程中的质量，可以通过采取组织措施和技术措施来进行管控。

(1) 组织措施。

1) 应选派管理能力强、业务水平高的管理人员和责任心强、技术水平高的作业人员。

2) 根据施工进度计划安排工作时间。

3) 定期分析、研究和预测，落实各层次的进度控制，落实具体任务和工作责任。对于影响进度的因素应制定相应的对策进行整改。

(2) 技术措施。

1) 施工技术人员在高压喷射灌浆工程开工前应对图纸、文件、规范深入研究，做到“施工生产，技术先行”。由技术人员对施工作业人员进行技术交底，使施工作业人员掌握施工作业程序和施工技术要领。

2) 投入足够的机械设备，并有一定备用量。机械设备应具有较高的完好率，随时维护，以提高机械效率，加快施工进度。

3) 施工现场应随时开展技术分析会和质量分析会，不断改进施工工艺，提高质量。

4) 所使用的原材料和半成品都必须符合设计技术参数和规范规定的质量标准。

5) 认真做好原始记录和资料整理工作，做到资料齐全、准确、工整。

3. 质量检查和验收

(1) 施工过程中应对灌浆材料、浆液和各道工序的质量进行控制和检查，并做记录。施工结束后应对高压喷射凝结体的平面位置、垂直度、连续性、均匀性和搭接程度进行检查。

(2) 高压喷射墙的防渗性能应根据墙体结构形式和深度选用围井、钻孔或其他方法进行检查。

(3) 高压喷射墙质量检查宜在以下重点部位进行：①地层复杂的部位；②漏浆严重的部位；③可能存在质量缺陷的部位。

(4) 围井检查法宜在围井的高压喷射灌浆结束7d后进行，如需开挖或取样，宜在14d后进行；钻孔检查宜在该部位高压喷射灌浆结束28d后进行。

(5) 采用围井法进行注水试验或抽水试验时，渗透系数应按照《水电水利工程高压喷射灌浆技术规范》(DL/T 5200) 规定进行计算；采用钻孔法进行静水头压水试验时，透水率值的计算可依据《水工建筑物水泥灌浆施工技术规范》(DL/T 5148) 的规定进行。

(6) 围堰堰体和堰基中的高压喷射墙的整体效果检查，可在基坑开挖时测定其渗水量，并检查有无集中渗水点，据以分析整体防渗效果。

(7) 高压喷射墙防渗工程的质量应结合施工资料和检查测试成果综合评定。

2.3.2.2 三轴水泥土搅拌桩

1. 事前控制

施工前的准备工作对三轴水泥土搅拌桩的质量影响很大，在施工准备阶段，应做好以下工作。

(1) 场地整理。在施工前，查清场地内的地下管线、障碍物和地上高压线等的分布情况，将地下障碍物清除干净，与高压线、电线杆等保持足够的安全距离。此外，还要修建施工机械和施工材料的进场通道，要注意电力设备的维修工作，配备有应急电源。

(2) 施工放样。在开始施工之前，使用全站仪和经纬仪来确定起始桩和边线的位置，严格按照设计图稿的要求来布置桩距，确定好每一个桩位。

(3) 施工材料的质量检验。水泥搅拌桩主要的材料是水和水泥，水泥是作为固化剂，是最为关键的材料，在选用材料时，严格按照设计规范要求来选用合适的水泥，确保其性能和质量达标。此外，还要注意采购的数量和进场时间，不能出现因供应不足而导致施工进度停滞等现象；材料存储也要注意，防止使用过期、变质和受潮的水泥。水的质量在水泥固化效果方面有着很大的影响，在施工时要选好水源，避免劣质水对水泥造成侵蚀。一般而言，在进场时，所有使用的材料都要进行抽样、送检，检验合格后才能使用，采购材料的人员也要进行定期培训。

(4) 施工设备的检修。桩机和动力头是该设备的核心部件，在施工之前一定要检查好桩机和动力头的状况，确保具备良好的工作状态。在入场后，要检查钻头的直径和钻杆的长度是否达到设计方案中的桩长要求。检查好水泥浆泵送导管的状况，是否存在堵塞或泄漏的情况；检查水泥制浆罐和压力泵的工作状态是否正常。

在设备进场后，还要进行机身调整，使用桩机两边的拉杆来调整桩机机身，确保机身处于纵向竖直的状态；调整桩机下部装有液压装置的支撑脚，确定机身横向竖直；查看钻杆上方的悬垂线是否指向中心刻度，如果机身纵向竖直和横向竖直都正确，则悬垂线一定会指向中心刻度。

（5）以上施工准备工作中，要特别注意施工材料的检验和设备入场调试工作，这会直接影响水泥搅拌桩的质量和施工进度。

2. 事中控制

在做好施工准备工作的情况下，对施工过程中的质量控制也要做到位。只有这样，才能确保水泥土搅拌桩的质量。施工过程中主要把控试桩、制浆、送浆和单桩施工质量管控。

（1）试桩。一般而言，在进行大规模的施工之前都要试桩，通常试桩至少5根，以确保桩的质量。同时，还可以检查施工参数的合理性，确保施工的设计方案可满足原先确定的水泥用量对钻进速度、搅拌速度和提升速度的需求。

（2）制浆和送浆。在制浆时，一定要有专业的人员来检查制出来的浆液是否达标，严格控制水和水泥用量。同时要注意制备好的浆液要维持在搅拌状态，不能静止超过2h，否则会出现沉降现象，影响浆液的稳定性。浆液在导入集料的时候也要注意加筛，避免因浆液结块而造成泵体损坏，进而影响施工进度和施工质量。泥浆泵在输入浆液之前要先润湿送管路，降低浆液输送压力，泵送的过程中要注意保持泵送压力稳定，供浆要连续进行，确保搅匀。如果在泵输送浆液的过程中出现堵塞要及时清理干净。

（3）单桩施工质量管控。

1）水灰比控制。在试桩完毕后，根据试桩结果选出最优水灰比，且在施工过程中还要不定期地对浆液稠度进行比重检测，不能随意更改水灰比。

2）泵送管理。在施工过程中，一定要确保泵送压力稳定，泵送要连续，根据之前的施工经验和试桩结果制订出合适的输送速度，浆液输送速度一定要与钻进速度和搅拌速度相匹配。

3）桩机操作。要确保桩机钻进深度达到设计要求，最好能在单桩施工结束时将该桩的水泥浆刚好用完。桩机操作要正确、合理，确保钻杆的垂直；钻头钻进到一定的标深时，要停止钻进，反向旋转钻头将钻杆提升上来，持续灌浆，让土体与水泥浆之间初步搅拌；在钻头提升至接近地面1m时，减缓提升速度，保证钻头位置搅拌均匀，如果施工过程中浆液输送停止应将搅拌钻头下沉至地面以下0.5m处，否则会出现断桩或缺浆的情况；对于桩长控制，要准确掌握钻进深度和复搅深度。

3. 补缺措施

施工过程中三轴水泥土搅拌桩施工工艺流程应保持连续性，施工过程中因超时无法搭接或搭接不良，应作为冷缝记录在案且应尽量避免产生冷缝。施工过程中，一定要将桩位起始点、不可避免的施工冷缝、三轴水泥土搅拌桩与钢板桩的搭接处和取芯成桩效果不理想的桩号位置及时测量放线，采用明显的标记物进行标示，以便后续进行补缺。本工程围堰防渗体系根据不同的地质条件采取相应的防渗处理措施，因此三轴水泥土搅拌桩防渗墙存在多处搭接，需要处理。

按照设计要求，施工冷缝接头墙背采用双重管施工工艺、ϕ800@400高压喷射止水或在搭接处补做搅拌桩等技术措施，加固同帷幕深度的桩体和墙体，进行补缺处理，确保工程施工质量。

2.3.2.3 拉森钢板桩

建立健全质量安全管理体系，分工明确，责任到人，及时发现和解决各种质量安全隐患，防患于未然。

(1) 严格按质量要求采购各种原材料、半成品。钢板桩由钢厂直接加工运输到现场后，及时检查、分类、编号，钢板桩锁口应以一块长1.5～2.0m标准钢板桩进行滑动检查，锁口不合应进行修正合格后方能使用。

(2) 钢板桩质量要求：①桩的垂直度控制在1%以内；②桩底高程误差控制在10cm左右；③沉桩要连续，不能出现不连锁现象；④桩的平面位移误差应控制在±15cm以内。

(3) 在使用拼接接长的钢板桩时，钢板桩的拼接接头不能在围堰的同一断面上，而且相邻桩的接头上下错开至少2m，在组拼钢板桩时要预先配桩，在运输、存放时应按插桩顺利堆码，插桩时按规定的顺序吊插。

(4) 因上下游围堰防渗轴线较长，钢板桩打设过程中垂直度存在一定的累计偏差，累计偏差较大时，采用以下方法进行处理：①按段设置1～2根调整钢板桩；②调整部位断开，预留40cm，采用高压喷射防渗墙进行补强。

(5) 钢板桩施工中常见的问题和处理方法如下。

1) 倾斜。产生这种问题的原因是被打桩与邻桩锁口间阻力较大，而打桩行进方向的贯入阻力小。处理方法有：施工过程中用仪器随时检查、控制、纠正；发生倾斜时用钢丝绳拉住桩身，边拉边打，逐步纠正；对先打的板桩适度预留偏差。

2) 扭转。产生这种问题的原因是锁口采用铰式连接。处理方法有：在打桩行进方向用卡板锁住板桩的前锁口；在钢板桩之间的两边空隙内，设滑轮支架，制止板桩下沉中的转动；在两块板桩锁口搭扣处的两边，用垫铁和木榫填实。

3) 共连。产生这种问题的原因是钢板桩倾斜弯曲，使槽口阻力增加。处理方法有：发生板桩倾斜及时纠正；把相邻已打好的桩用角铁电焊临时固定。

2.3.3 特殊情况及其处理

2.3.3.1 高压喷射灌浆

(1) 喷射过程中如出现故障停喷要及时进行处理，并在记录表上记下故障原因，超过20min未能解决问题，要将喷管下伸不小于0.5m。若故障时间过长，出现喷管无法下伸的情况，需在周边补设高压喷射孔进行补喷以保证墙体质量。

(2) 供浆正常情况下，若出现孔口回浆密度变小、回浆量增大等情况，应降低风压并加大进浆密度或进浆量。

(3) 高压喷射灌浆应全孔连续作业。灌浆过程中若出现压力突降或骤增、孔口回浆浓度或回浆量异常等情况，应查明原因，及时处理。

(4) 喷射过程中若相邻孔串浆，应将串浆孔封堵后再继续进行。待高压喷射灌浆结束后，尽快对被串孔进行扫孔至原钻孔深度。

(5) 若出现喷管无法到达设计深度的情况，应采用通风、水平旋转喷具的方法处理，使喷具下到设计深度。若喷具不能下到设计深度应重新造孔。

(6) 在供浆过程中遇到故障应立即通知喷灌作业人员停止提升喷具，待事故妥善处理后再进行喷灌作业。供浆过程中应随时用比重秤测量浆液密度，工作结束后，统计该孔的各种灌浆材料用量。

(7) 高压喷射灌浆过程中，若孔内发生严重漏浆应采取以下措施处理：①孔口不返浆时，应立即停止提升；孔口少量返浆时，降低提升速度；②降低喷射压力、流量，进行原位灌浆；③在浆液中掺入速凝剂；④加大浆液密度或灌注水泥砂浆、水泥黏土等；⑤向孔内填入砂、土等堵漏材料。

2.3.3.2 三轴水泥土搅拌桩

(1) 无法到达设计深度进行施工时，应及时上报业主、监理，经各方研究后，采取补救措施。

(2) 施工过程中，如遇到停电或特殊情况造成停机导致成桩工艺中断时，均应将搅拌机下降至停浆点以下 0.5m 处，待恢复供浆后再喷浆钻搅，以防止出现不连续桩体。如因故停机时间较长，宜先拆卸输浆管路，清洗干净，以防止浆液硬结堵管。

(3) 发现管道堵塞，应立即停泵处理。待处理结束后再将搅拌钻具上提和下沉 1.0m 后方能继续注浆，等 10～20s 恢复向上提升搅拌，以防断桩发生。

(4) 施工冷缝处理。施工过程中因超时无法搭接或搭接不良，应作为冷缝记录在案，采取在搭接处补做搅拌桩或旋喷桩等技术措施，确保止水搅拌桩的施工质量。

(5) 施工前应对箱涵进行位移观测，在箱涵伸缩缝等重要部位做观测点及灰饼，施工过程中如发现箱涵有较大位移，应先暂停施工并与设计部门沟通。

(6) 施工中应按设计喷浆量喷浆，发现喷浆量不足时，应及时对原桩复钻复喷，复喷的喷浆量仍不应小于设计用量。施工过程中应随时检查浆罐内的水泥加入量、剩余水泥量，复核每米喷浆量及成桩后喷浆总量。

2018 年 7 月 5—6 日在施工 NA10 - NA1 号桩时，因右岸局部区域存在地下障碍物，该处曾经为建筑垃圾渣场。该段施工三轴水泥土搅拌桩钻进速度为 0.4m/min、提升速度为 1m/min，单桩成桩时间为 58min/副。钻进、提升时间过长，导致水泥实际用量超出单桩设计量的 20%，达到 10.04t，单桩水泥设计量为 8.67t，但未对设备造成损坏。

2018 年 7 月 21 日，三轴水泥土搅拌桩设备移动到左岸进行左岸基坑围护止水桩的施工，因靠近北支江泵站箱涵的止水轴线地下障碍物较多，安排挖机对地面以下 3.5m 范围内进行清障、换填，但较深区域还存有石块、桩头等障碍物。7 月 24 日施工时，一侧喷浆轴钻头因遇到障碍物而断裂，三轴设备钻头焊接见图 2.3 - 3。

图 2.3 - 3 三轴设备钻头焊接

在 7 月 29 日、8 月 1 日、8 月 7 日施工过程中遇到地下障碍物，导致钻头叶片断裂，钻进困难，1 副桩施工时间达到 70min，3 副桩施工时间达到 80min，4 副桩无法钻进至设计桩底高程。8 月 8 日傍晚 1 副桩施工时，遇到障碍物导致设备动力头损坏。

鉴于以上情况，总承包项目部在认真研究地质资料的基础上借鉴类似工程施工经验，对北支江泵站箱涵南侧的止水轴线地下障碍物进行清障，由于箱涵距离三轴水泥土搅拌桩施工边线最近为3m，需要采取措施保护箱涵基础，以保证箱涵不会因为掏槽扰动到基础而导致不均匀沉降或者箱涵发生变形、失稳等情况发生。总承包项目部在施工前向监理部上报《左岸基坑围护地下清障专项施工方案》，建立测量控制网并放出施工边线，沿线洒白石灰进行标示，采用挖机打设6m长28号工字钢，间距按40cm设置，单次开挖长度不超过7m。

施工时按照清障专项施工方案的安全、质量等防护要求严格执行，同时和北支江配水泵站总承包项目部保持良好的沟通，在取水箱涵上布置沉降观测点，定期观测。施工过程中箱涵未发生沉降变形，风险得到有效控制。

施工过程中，如遇到停电或特殊情况造成停机导致成桩工艺中断时，均应将搅拌机下降至停浆点以下0.5m处，待恢复供浆时再喷浆钻搅，以防止出现不连续桩体。如因故停机时间较长，宜先拆卸输浆管路、清洗，防止浆液硬结堵管。发现管道堵塞，应立即停泵处理。待处理结束后立即把搅拌钻具上提和下沉1.0m后方能继续注浆，等10～20s恢复向上提升搅拌，以防断桩发生。按设计的喷浆量喷浆，施工中发现喷浆量不足时，应及时对原桩复钻复喷，复喷的喷浆量仍不应小于设计用量。施工过程中应随时检查浆罐内的水泥加入量、剩余水泥量，复核每米喷浆量及成桩后喷浆总量。

2.4 工程施工管理

2.4.1 保证措施

(1) 建立安全保证体系，成立以项目经理、副经理、总工程师为首的安全生产领导小组，形成一个健全的安全保证体系。定期组织安全检查，对不符合要求的要及时发出整改通知，指导工程项目部和班组安全员的工作，对违章作业者进行批评教育和处罚。

(2) 切实保证施工人员安全，树立“安全第一，预防为主”的思想，落实安全生产责任制。

(3) 优化安全技术组织措施，包括以改善施工条件，防止伤亡事故为目的的一切技术措施，如积极改进操作方法、改善劳动条件、减轻劳动强度、消除危险因素、机械设备应设有安全装置等措施。

(4) 机械操作人员必须持证上岗，各种作业人员应佩戴相应的安全防护用具和劳保用品，严禁操作人员违章作业，管理人员违章指挥。

(5) 施工中所有机械、电器设备必须达到国家安全防护标准，自制设备、设施应通过安全检验，一切设备应经过工前性能检验合格后方可使用，并由专人负责，严格执行交接班制度，并按规定定期检查保养。

(6) 凡进入现场的一切人员均要正确佩戴安全帽，正确使用“三宝”。要配合各单位各部门检查工作，项目部要实行周检，项目点要日检，施工中应抽检，及时消除安全隐患。

（7）严格执行各项安全操作规程，施工前要进行安全交底，施工人员未经三级安全教育不得上岗。加强安全教育和监督，坚持经常性的安全交底制度，提高施工人员的安全生产意识，及时消除事故隐患。

（8）现场施工用高低压设备及线路，严禁电线随地走，所有电掣应有门锁和危险标志。严格执行《施工现场临时用电安全技术规范》（JGJ 46—2005）的规定，现场采用“三相五线”制供电，执行“一机一闸一漏电保护开关”制度。所有电器设备和金属构架均应按规定设置可靠的接零及接地保护，施工现场所有用电设备必须按规定设置漏电保护装置，要定期检查，发现问题及时处理。

（9）各种机械要有专人负责维修、保养，并经常对机械运行的关键部位进行检查。

（10）使用机械时，操作员要密切注意机上的仪器、仪表、指针是否超出安全范围，机体是否有异常振动及异响，出现问题应进行停电关机处理，不得擅离职守，隐瞒不报。

（11）设备基础必须平稳、牢固，钢板桩打设过程中必须拴挂安全带，以防滑落，并设置安全警戒范围，由专职安全员跟班作业，杜绝无关人员进入。

2.4.2 文明施工和环境保护

2.4.2.1 文明施工保证措施

为维护工地整洁和区域安全，使现场施工符合富阳区“文明施工大比武”各项要求。项目部成立文明施工领导小组，建立文明施工管理责任制，开展文明施工达标活动，以加强施工现场管理，提高文明施工水平，创建文明工地。

（1）文明施工目标：严格按照国家相关规定实施并落实，施工现场符合建设工程文明施工要求，争创文明施工工地。

（2）狠抓本工程文明施工的管理工作，结合本工程的实际情况制定标准化工地创建方案，报监理工程师批准后实施。

（3）建立文明施工责任制，划分区域，明确管理负责人，实行上岗挂牌，做到现场清洁整齐。

（4）施工现场的临时设施和照明、动力线路，要严格遵循有关规定，搭设整齐。

（5）工人操作地点和周围必须清洁整齐，做到活完脚下清，工完场地清。

（6）丢洒在路上的泥土、杂物应及时清理。

（7）设备出入时应及时冲洗，严禁路面有泥泞、车印等泥土。

（8）进入施工现场的人员必须正确佩戴安全帽，严禁穿拖鞋、凉鞋、高跟鞋，严禁酒后进入施工现场。

2.4.2.2 环境保护措施

环境保护就是通过采取行政、法律、经济、科学技术等多方面措施，保护人类生存的环境不受污染和破坏。此外，还要根据人类的意愿保护和改善环境，使它更好地适合于人类劳动、生活和自然界中生物的生存，消除那些破坏环境并危及人类生活和生存的不利因素。环境保护所要解决的问题大致包括两个方面的内容：①保护和改善环境质量，保护人类身心健康，防止机体在环境的影响下变异和退化；②合理利用自然资源，减少或消除有害物质进入环境，以及保护自然资源（包括生物资源）的恢复和扩大再生产，以利于人类生命活动。

为了防止因工程施工造成对环境的污染，依据《中华人民共和国环境保护法》等有关规定制定本措施。

1. 防止大气污染措施

(1) 施工现场主要道路必须进行硬化处理。施工现场应采取覆盖、固化、绿化、洒水等有效措施确保不泥泞、不扬尘。材料存放区、大模板存放区等场地必须平整夯实。

(2) 遇有四级风及以上天气不得进行土方回填、转运和其他可能产生扬尘污染的施工。

(3) 施工现场需安排专人负责环保工作，配备相应的洒水设备，及时洒水，减少扬尘污染。

(4) 建筑垃圾清运必须采用封闭式容器吊运，严禁凌空抛撒。施工现场设密闭式垃圾站，施工垃圾、生活垃圾应分类存放。施工垃圾清运时提前适量洒水，并按规定及时清运消纳。

(5) 水泥和其他易飞扬的细颗粒建筑材料应密闭存放，使用过程中采取有效措施防止扬尘。此外，施工现场土方集中堆放，采取覆盖措施。

(6) 土方、渣土和建筑垃圾的运输必须使用密闭式运输车辆，并与持有消纳证的运输单位签订防遗撒、防扬尘、防乱倒协议书。施工现场出入口处设置冲洗车辆的喷水设施，出场时必须将车辆清理干净，不得将泥沙带出施工现场。

(7) 施工道路铣刨作业时，采用冲洗等措施控制扬尘污染。灰土和无机料拌和，采用预拌进场，碾压过程中要洒水降尘。

(8) 施工现场使用的热水茶炉、炊事炉灶和冬施取暖等必须使用清洁燃料。施工机械、车辆尾气排放应符合环保要求。

(9) 拆除旧有建筑时，随时洒水，减少扬尘污染。渣土要在拆除施工完成之日起三日内清运完毕，并遵守拆除工程的有关规定。

2. 防止噪声污染措施

(1) 施工现场遵照《建筑施工场界环境噪声排放标准》(GB 12523—2011) 制定降噪措施。施工过程中使用的机械设备可能产生噪声污染的应按有关规定向工程所在地的环保部门申报。

(2) 施工现场的电锯、电刨、搅拌机、固定式混凝土输送泵、大型空气压缩机等强噪声设备应搭设封闭式机棚，并尽可能设置在远离居民区的一侧，以减少噪声污染。

(3) 因生产工艺上要求必须连续作业或者有特殊需要时，确需在22时至次日6时期间进行施工的，在施工前到工程所在地建设行政主管部门提出申请，经批准后方可进行夜间施工，做好周边居民工作并公布施工期限。

(4) 对人为的施工噪声，建立教育管理制度和降噪措施，并进行严格控制。承担夜间材料运输的车辆，进入施工现场严禁鸣笛，装卸材料应做到轻拿轻放，最大限度地减少噪声扰民。

(5) 严格遵守《建筑施工场界环境噪声排放标准》(GB 12523—2011) 的降噪限值，施工现场随时测试噪声值，发现超标及时采取降噪措施。

2.5 结语

亚运场馆及北支江综合整治工程项目中的两个水闸和船闸工程均涉及基坑防渗施工，并且这两处工程施工场地均为软土地基，地质条件复杂多变，某一种防渗型式无法满足基坑防渗要求。因此，需要将高压喷射灌浆、三轴水泥土搅拌桩和拉森钢板桩等三种防渗型式结合在一起，确保深层地基防渗效果满足要求。通过对多种防渗技术在水利工程深层地基中的设计及施工工艺进行研究，解决了亚运场馆及北支江综合整治工程中的地基防渗问题，并全面、系统化地掌握了深层地基防渗施工技术。在实际施工过程中，提高了各工序施工效率和施工人员素质，解决了重点部位的施工难题，且全过程未发生安全事故，可为其他类似工程提供参考借鉴。通过分析研究，得到以下主要结论。

（1）高压喷射防渗墙采用双重管高压旋喷施工，高压喷射灌浆钻喷施工分Ⅱ序进行，形成了一套成熟的施工工艺，并对地层适应性、进出场施工准备、材料耗用量、施工功效等进行了总结。试验成果表明，钻孔取芯率总体较高，取芯质量较好。但是仍存在由切割能量不足导致的一些问题，可通过复核并调整相关工艺参数解决。

（2）三轴水泥土搅拌桩在本工程中采用“二喷二搅”的施工工艺，止水帷幕采用套接一孔法施工，工程效益明显，并形成了一套完善的三轴水泥土搅拌桩施工工艺，同样对地层适应性、进出场施工准备、材料耗用量、施工功效等进行了总结。本工程右岸止水帷幕三轴水泥土搅拌桩，在松散～中密粉细砂、粉质黏土、淤泥质粉质黏土、圆砾石地层的钻进速度为0.5m/min，提升速度为1.5m/min，钻杆转速为1.50r/min。在上述地层中，三轴水泥土搅拌桩成桩纯功效为0.43m/min，综合功效为0.37m/min。

（3）在本工程中，确定了合理的SY390－Ⅳ型拉森钢板桩设计参数，设计了围堰方案，形成了成套的施工工艺。工程实践表明，SY390－Ⅳ型拉森钢板桩在本工程中的应用效果较好。

第3章 双排灌注桩斜抛撑深基坑支护结构设计及施工工艺

3.1 双排灌注桩斜抛撑深基坑支护结构设计

3.1.1 设计依据

(1) 北支江综合整治上游水闸、船闸工程水闸、船闸枢纽布置图。

(2) 北支江综合整治上游水闸、船闸工程水闸、船闸结构布置图。

(3) 北支江综合整治上游水闸、船闸工程岩土工程勘察报告(详勘)(中国电建集团华东勘测设计研究院)。

(4)《建筑地基基础设计规范》(GB 50007—2011)。

(5)《浙江省建筑基坑工程支护技术规程》(DB33/T 1096—2014)。

(6)《建筑基坑支护技术规程》(JGJ 120—2012)。

(7)《建筑基坑工程监测技术规范》(GB 50497—2009)。

(8)《建筑桩基技术规范》(JGJ 94—2008)。

(9)《混凝土结构设计规范》(GB 50010—2010)。

(10)《型钢水泥土搅拌墙技术规程》(DB33/T 1082—2011)。

(11)《民用建筑可靠性鉴定标准》(GB 50292—1999)。

(12) 其他相关规范及建设方所提要求。

3.1.2 工程概况

北支江位于富阳主城下游3km,东洲岛之北,西起东洲大岭山脚,东至江丰紫铜村,全长12.5km,一般江面宽250~300m,地形坐标为北纬30°03′~30°05′和东经119°13′~120°02′。北支江南岸是富春江上最大的东洲岛,岛域面积36.2km^2。1976年4月,东洲北支江河道约7.5km的上、下游筑起来两座堤坝,形成了2500亩水面,成为东洲、江丰渔场。东洲北支江的堵坝截流,虽然便利了交通、发展了经济,但减少了东洲河段的行洪断面(北支过水面积占东洲河段过水面积的12%以上)和行洪流量,以至于抬高了富阳区的洪水位。

拟建上游水闸位于北支江上游,距离现状上堵坝约50m。场区北侧为正在施工的泵站及出水箱涵,南侧现状为江面,地面高程为5.63~9.09m,场区水面宽约300m。由于东洲上、下堵坝建成后，堵坝支内水体逐年污染又得不到交换，影响水生态环境。根据2015年2月批复的《钱塘江流域综合规划（2011—2020）》，富春江电站以下至闻家堰干流防洪规划提出富春江干流河道整治工程，其中拆除上、下两座堵坝，使其恢复过水，是重要的防洪措施之一。

随着富阳区的发展，目前东洲岛已升格为东洲街道，成为富阳区的城市阳台。《富阳市域总体规划》（2007—2020）将东洲岛定位为杭州近郊度假运动休闲新城和高档社区，需要有优美的环境，富阳区设想今后在东洲北支江内建设游艇基地。北支江综合整治项目规划目标将建设成为集行洪、生态、文化、观光、体育赛事、运动休闲等功能于一体的、具有国际水准的北支江运动、休闲产业带。

北支江河段整治后，由于此河道内水位变幅大，枯水期水位太低，影响北支江附近的景观，难以满足2022年亚运会水上赛场的要求，也难以保证游艇行驶的水深要求，不适应北支江沿岸的发展定位。为此，富阳区决定在拆除上、下堵坝的同时，在上堵坝附近及北支江出口段修建水闸、船闸，在非洪水期使北支江河道保持一定的景观水位，起到涵养水源并美化周边环境的作用；而在洪水期，又可参与富春江泄洪，发挥行洪功能，建成集行洪、度假、休闲、娱乐等为一体的多功能区，营造北支江城市滨水景观、运动产业休闲带，为富阳区、西湖区的可持续发展创造条件。

上游水闸、船闸工程位于北支江上游，距离现状上堵坝约50m。水闸、船闸工程左岸为正在施工的泵站和出水箱涵，地面高程为5.63～9.09m，右岸为施工临时用地，地面高程为7.00～8.50m，水闸基坑左右岸宽约300m，上下游方向长约400m。下游水闸、船闸工程位于北支江下游与富春江会合口处、周浦港大桥下游约1200m处，北侧约20m处为富春江北岸海塘。左岸为已建的4号浦排灌站，排灌站位于水闸下游约150m处。为减少4号浦排灌站运行对过往船闸通航影响，船闸布置于河道右岸，其上闸首与水闸相邻。上下游水闸、船闸工程均涉及双排灌注桩斜抛撑深基坑支护设计和施工，基本没有差别，故本书仅对上游水闸、船闸工程双排灌注桩斜抛撑深基坑支护设计与施工做详细介绍。

本工程采用1985年国家黄海高程基准、1954坐标系统，根据现状地形标高结合建筑规划标高，围护施工前将场地平整至黄海高程5.50m（以下均为绝对标高）。

本工程闸上0+030.00～闸上（下）0+000.00位置混凝土铺盖顶标高为1.50m，C30钢筋混凝土板厚50cm，碎石垫层厚20cm，开挖深度4.7～8.6m；闸上（下）0+000.00～闸下0+008.00位置启闭机室底板顶标高为－0.75m，底板底标高为－3.50m，混凝土垫层厚20cm，开挖深度8.6m；闸下0+08.00～闸下0+035.00位置启闭机室底板顶标高为－2.40m，底板底标高为－5.40m，混凝土垫层厚20cm，开挖深度11.1m；闸下0+035.00～闸下0+060.00位置混凝土护坦顶标高为0.00～1.00m，C30钢筋混凝土板厚50cm，碎石垫层厚20cm，开挖深度5.2～11.1m。

根据《水利水电工程边坡设计规范》（SL 386—2007）的有关规定，本工程水闸、船闸上下闸首为2级建筑物，工程永久边坡级别取2级，施工期临时边坡为5级。根据浙江省《建筑基坑工程技术标准》（DB33/T 1096—2014）的有关规定和周围环境的特点，将左、右岸基坑工程安全等级定为一级，对应基坑工程安全等级重要性系数取1.1。

3.1.3 周围环境条件

上游水闸、船闸工程位于北支江上游，距离现状上堵坝约50m。基坑左岸为正在施工的泵站和出水箱涵，围护外边界线距离泵站约50m，围护外边界线距离出水箱涵约9.6m。基坑右岸为施工临时用地，现状水面宽约300m。基坑上游为上堵坝，上堵坝上游正在进行防渗墙施工，具体见详图3.1-1～图3.1-5。

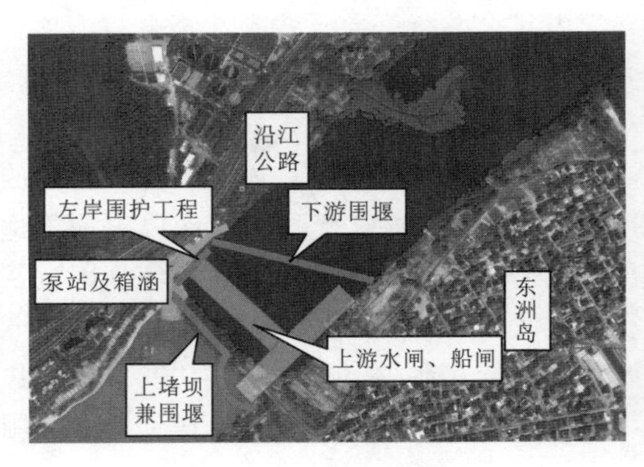

图3.1-1 周边环境图

图3.1-2 正在施工的泵站和出水箱涵现状图

图3.1-3 上堵坝现状图

图3.1-4 上堵坝上游围堰吹填施工图

3.1.4 基坑围护方案

3.1.4.1 左岸基坑围护方案

（1）工程特点。综合分析工程的基坑形状、面积、开挖深度、地质条件及周围环境等情况，本工程基坑围护设计具有以下几个特点。

1）围护工程仅位于河岸一侧，最大长度为90m，平面形状呈线性，空间效应较差。

图3.1-5 下游围堰吹填施工图

2）围护工程开挖深度不均，开挖深度为4.7～11.1m。

3）根据地质勘察报告，基坑影响深度范围内存在淤泥质粉质黏土夹粉砂及淤泥质粉质黏土层，淤泥质黏土厚的区域对整体稳定不利，应引起重视。

4）工程周边环境复杂，北侧为在建泵站及出水箱涵，基坑开挖须考虑对其影响。

5）水闸施工完成后北侧需进行永久边坡放坡回填，因此工程围护结构还应是永久挡土结构。

（2）围护方案确定。左岸基坑围护结构采用ϕ800@2000/ϕ800@2000、ϕ1200@2800/ϕ1200@1400 2排钻孔灌注桩、水闸底板工程桩ϕ800@3000、3排三轴水泥土搅拌桩止水和若干三轴水泥土搅拌桩加固，并结合坑内4道混凝土结构斜抛撑。钻孔灌注桩嵌固深度为进入⑥-4卵石层不少于2m，基坑竖向设4道支撑，每一道支撑均为800mm×900mm支撑梁，中间设钢立柱，端部在水闸地板上设置斜抛撑牛腿，水平间距为9m，长度为25.45m；第二、三道支撑采用ϕ609（$t=16$）的钢管支撑，水平间距为3m。桩间网喷钢筋网采用ϕ6.5@250×250mm，混凝土采用C20喷射混凝土，厚度为100mm。2排灌注桩桩顶设钢筋混凝土冠梁，冠梁截面尺寸为1400mm×900mm，中间连梁截面尺寸为800mm×900mm。

左岸基坑围护施工步骤：①填筑施工平台、完成场地平整；②打设三轴水泥土搅拌桩；③打设灌注桩及工程桩；④钢立柱安装；⑤施工冠梁（预留斜抛撑钢筋）；⑥基坑降水及开挖（详见《基坑开挖及降水施工方案》）；⑦开挖施工缝南侧区域土体并浇筑底板；⑧设置斜抛撑、完成养护；⑨开挖施工缝北侧保留土体，浇筑该区域底板，并与已施工区域底板连接；⑩斜抛撑拆除。

左岸基坑紧邻泵站箱涵建筑物，围护结构施工的质量关系到基坑周边地表沉降、建筑物倾斜、渗流及基坑开挖稳定等方面的问题。同时，基坑围护施工为主体工程基础开挖的关键线路，因此必须以合理可靠的技术措施、施工方案，精心组织施工，以确保基坑围护施工质量和工期目标的实现。

3.1.4.2 右岸基坑围护方案

本工程右岸布置船闸，上、下闸首基础高程为－3.00m，施工期最大开挖深度为10m，闸首施工完成后回填至原地面高程约7.00m。引航道基础高程为0.50m，施工期及永久运行期边坡高约6.5m。根据施工场地布置情况，右岸岸坡布置有施工办公用房、设备场、材料仓等，建筑物距离船闸右岸边坡开口线约20m。根据边坡稳定计算结果，右岸边坡开挖坡比采用1∶2.5。闸首临时边坡开挖剖面见图3.1-6，引航道永久边坡开挖剖面见图3.1-7。

3.1.4.3 上、下游围堰方案

本工程主要利用上堵坝作为上游围堰挡水，同时在上堵坝上游侧采用充砂管袋填筑形成施工平台（高程7.00m），修建拉森钢板桩防渗墙以增强上游围堰防渗性。围堰顶高程为10.00m，顶宽为8.0m。上堵坝南端由于船闸工程施工需要挖断，需要布置改线道路，顶高程为10.00m，顶宽为8.0m，兼作上游围堰挡水。下游采用围堰拦断河床，左岸与先期施工的挡墙衔接，顶高程为9.20m。围堰采用充砂管袋围堰结构，顶宽为6.0m，两侧坡比为1∶（1.8～2）。

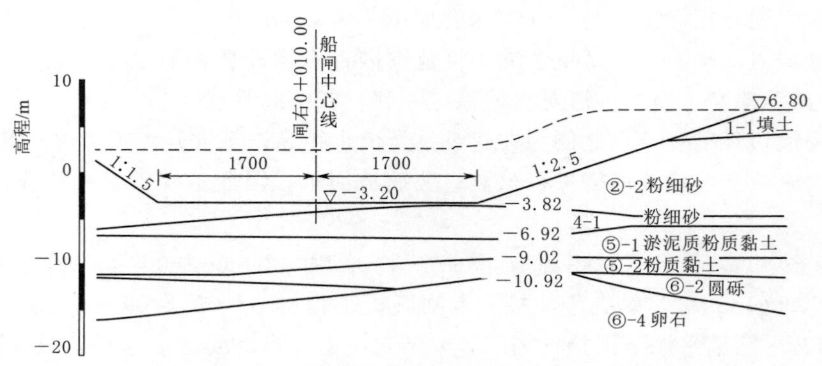

图 3.1-6　闸首临时边坡开挖剖面（尺寸单位：cm；高程单位：m）

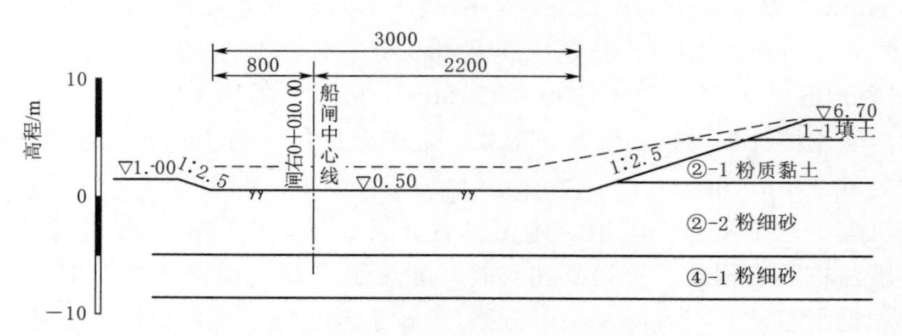

图 3.1-7　引航道永久边坡开挖剖面（尺寸单位：cm；高程单位：m）

3.1.5　周边建筑物保护措施

（1）左岸基坑。工程北侧有在建泵站及出水箱涵，距离施工工地较近。其中，距离围护外边线最近约5.4m。故基坑开挖施工时需考虑对在建出水箱涵的影响，采取的相关措施如下。

1）围护桩采用桩径800mm、1000mm、1200mm大直径灌注桩以增加支护体的刚度，减少基坑开挖对周边建筑物的影响。

2）基坑开挖影响范围内有淤泥质粉质黏土夹粉砂层及淤泥质粉质黏土层，因此增设三轴水泥土搅拌桩作为被动区加固措施，提高土体抗力，减少支护体变形。

3）考虑到本工程闸上（下）0+000.00～闸下0+44.000挖深较深，因此采用双排混凝土灌注桩结合一至两道可回收扩大头预应力锚索，进一步增加围护结构水平抗力，减小位移。

4）考虑到本工程闸下0+008.00～闸下0+035.00换撑工况悬臂深度较大，因此增设换撑牛腿，避免该工况下产生较大位移。

5）在围护结构北侧增设一道ϕ850@600三轴水泥土搅拌桩，与前排止水帷幕形成封闭降水范围，并在施工过程中对该封闭区块进行降水。可在减小围护结构位移的前提下有效避免降水对北侧在建出水箱涵的影响。

6）施工前对基坑周边的构筑物、管线等做原始记录，根据相关规范要求设置监测点，委托第三方进行监测，特殊管线由相应职能部门进行专业监测。

（2）右岸基坑。本工程右岸施工临时场地布置距离施工区较远，距边坡开挖开口线约20m，为2倍基坑深度，影响较小。因此在边坡开挖前做好止水帷幕，施工过程中对该区域进行降水，并进行日常性巡视检查，同时做好施工机械管理工作，要求非作业人员和设备远离施工区域。

（3）上、下游围堰。本工程上游围堰主要利用现状上堵坝，施工期在上堵坝下游坡脚布置充砂管袋防护。下游围堰在北支江河道内填筑，围堰防渗结构在左岸与左岸基坑围护结构衔接，右岸沿岸坡布置钢板桩防渗墙，与上、下游围堰形成封闭防渗体系。施工前应对周边的构筑物、管线等做原始记录，根据相关规范要求设置监测点，委托第三方进行监测。特殊管线由相应职能部门专业监测。

3.1.6 围护工程施工说明

3.1.6.1 三轴水泥土搅拌桩

（1）本工程采用三轴 ϕ850@600 水泥土搅拌桩作坑外止水帷幕，水泥土搅拌桩采用标准连续方式施工，搭接形式为全断面套打。

（2）三轴水泥土搅拌桩采用普通硅酸盐水泥42.5，水灰比为1.5，水泥掺入比为20%，外掺剂木质素磺酸钙、SN201和生石膏粉，掺量分别为水泥重量的0.2%、0.5%和2%。坑内加固坑底以上空搅部分水泥质量掺入比为10%。

（3）桩身采用一次搅拌工艺，水泥和原状土须均匀拌和，下沉及提升均为喷浆搅拌，为保证水泥土搅拌均匀，必须控制好钻具下沉及提升速度，钻机钻进搅拌速度一般在0.5～1.0m/min范围内，提升搅拌速度一般在1.0～1.5m/min范围内，在桩底部分（3.0m范围内）重复搅拌注浆。提升速度不宜过快，避免出现真空负压、孔壁塌方等现象。

（4）搅拌桩成桩应均匀、持续、无颈缩和断层，严禁在提升喷浆过程中断浆，特殊情况造成断浆应重新成桩施工。搅拌桩桩位偏差不超过50mm，桩身垂直度误差不超过 $L/250$（L 为桩长），桩径偏差不大于10mm，桩底标高偏差不超过50mm。

（5）施工冷缝接头墙背采用 ϕ800@400 高压喷射桩止水：加固深度同帷幕，采用三重管施工工艺。施工控制参数建议如下：空气压力为0.7MPa，浆液压力为3MPa，水压为25MPa，提升速度为10cm/min，旋转速度为10r/min，浆液流量为100L/min，水灰比为0.8。

（6）三轴水泥土搅拌桩主要起到挡土、止水的作用，因此应确保水泥土搅拌桩的施工质量（28d无侧限抗压强度大于1.0MPa）。基坑开挖前应对水泥土搅拌桩的成桩质量及其搭接效果进行检验。检验内容包括浆液试块强度试验。每台班应抽检1根桩，每根桩不应少于2个取样点，每个取样点应制作3件试块。具体取样位置由有关各方根据实际施工情况共同商定。

3.1.6.2 钻孔灌注桩、压顶梁及支撑

（1）左岸基坑围护钻孔灌注桩施工分为基坑围护钻孔灌注桩施工和施工平台闸室范围内钻孔灌注桩施工两部分，灌注桩采用跳打方式，相邻两桩最小施工间隔时间不应小于36h。三轴水泥土搅拌桩施工完成后，即进行钻孔灌注桩的施工准备，待三轴水泥土搅拌

桩退场、工作面具备施工条件后开始进行钻孔灌注桩的施工。左岸基坑围护钻孔灌注桩中800mm 直径的共99根，桩长15.1m；直径为1200mm 的共45根，桩长24.6m。根据地质资料，钻孔灌注桩施工采用GPS-20型钻机造孔，水下直升导管法浇筑混凝土。桩位偏差不大于1%，截桩高度为50cm。

(2) 桩径允许偏差为±50mm，垂直度允许偏差为0.8%。充盈系数应大于1.10，孔底沉渣厚度应小等于100mm，钢筋笼安装深度允许偏差为±100mm。

(3) 成孔施工应一次不间断地完成，成孔完毕至灌注混凝土的时间间隔不应大于24h。

(4) 分段制作的钢筋笼，其钢筋接头应采用焊接方式连接，在同一截面内的钢筋接头不得超过主筋总数的50%，两个接头的竖向间距不小于500mm，焊接长度单面焊为10d，双面焊为5d（d 为直径）。

(5) 水下混凝土必须具有良好的和易性。水灰比宜在0.5～0.55的范围内，坍落度可取180～220mm。

(6) 水下混凝土必须连续灌注，每根桩的灌注时间按初盘混凝土的初凝时间控制。

(7) 工程施工过程中应保证施工质量，不得出现离析、缩颈、露筋、断桩等施工质量问题。

(8) 桩身、压顶梁及围檩的混凝土强度等级为C30，灌注桩钢筋净保护层厚度为5.0cm，压顶梁、围檩、混凝土支撑钢筋保护层厚2.5cm，其他按照施工规范要求。

(9) 支撑施工允许偏差应符合下列要求：①截面尺寸，允许偏差为+20mm、−10mm；②支撑轴线标高，允许偏差不大于20mm；③支撑轴线平面位置，允许偏差不大于30mm；④支撑挠曲度，允许偏差不大于支撑长度的1/1000；⑤支撑两端的标高差，允许偏差不大于20mm 及支撑长度的1/600。

(10) 支撑底模应具有一定的刚度、强度和稳定性，采用混凝土垫层作底模时，应有隔离措施，挖土时及时清除。

(11) 围檩施工前应凿除围护墙表面泥浆、混凝土松软层和凸出墙面的混凝土，保证围檩与围护墙间接触密实。

(12) 支撑系统中通长支撑为主撑，短杆件为次撑，节点处次撑钢筋位于主撑钢筋内部。

(13) 围檩和支撑纵向钢筋采用焊接，接头设在距支点$L/3$（L 为长度）处，焊接接头应相互错开，单面焊焊接接头连接区长度为10d（d 为主筋直径），焊接接头连接区段长度为35d，同一连接区段纵向受拉钢筋接头数量不大于50%。

(14) 围檩及支撑宜整体浇筑，超长支撑杆件（超过100m）宜分段浇筑；围檩及支撑分段浇筑时，断点应设置于距支点$L/3$处，表面进行凿毛处理并设置钢丝网。

3.1.6.3 高压喷射可回收扩大头预应力锚索

(1) 锚固段要求进入⑥-2层圆砾层和⑥-夹层含砂粉质黏土层，普通锚固段直径为150mm，长3m；扩大头段直径600mm，长8m；索体采用4根直径15.2mm 无黏结钢绞线，采用270级高强低松弛、抗拉强度不小于1860MPa 的钢绞线，每根钢绞线由7根钢丝铰合而成，梁外预留1.2m 供张拉使用。

（2）锚索施工机械为 YGL－130 型履带式工程钻机、ZB4－500 型高压油泵；套管直径为 135mm，非扩大头段全套管跟进施工；钻杆直径为 70mm。

（3）锚索水平、垂直方向的孔距误差不应大于 100mm，偏斜率不应大于锚索长度的 2%。

（4）扩孔的高压喷射压力大于 25MPa，喷嘴移动速度为 20cm/min；高压喷射注浆的水泥选用 42.5 级普通硅酸盐水泥，水灰比为 1.0～1.5。

（5）锚固段注浆材料采用纯水泥浆，水泥浆采用 42.5 级普通硅酸盐水泥，水灰比为 1.6～2.0，注浆压力保持在 1.0MPa 左右，养护 21d 后单轴抗压强度不小于 25MPa。

（6）张拉。锚索施工完毕养护 21d 后可进行张拉、锁定，冬季施工时可掺适量早强剂提高早期水泥强度。

（7）每一根锚索施工须做好施工记录表，按中华人民共和国行业标准《高压喷射扩大头锚杆技术规程》（JGJ/T 282—2012）附录 C 制表。

（8）扩大头直径的试验检验可采用下列方法：①在基坑旁边相同土层中进行扩孔实验，通过现场量测和现场开挖量测；②在锚索设计位置进行试验性施工，通过灌浆量计算验证扩大头直径。

（9）锚索基本试验荷载不大于 0.8 倍锚索索体极限承载力，不同长度各取 5 根进行试验。

（10）锚杆验收试验荷载取 1.2 倍抗拔力特征值，试验数量为总数的 5%，不同长度各取 5 根进行试验。

（11）扩大头锚杆需先进行试锚，达到设计要求后方可按照施工方案进行施工。

（12）锚杆施工前应办理相关借地手续，确保锚杆在基坑施工完成后 100%回收。

3.1.6.4 基坑降水及排水

基坑降水是指在开挖基坑时，地下水位高于开挖底面，地下水会不断渗入坑内，为保证能在干燥条件下施工，防止出现边坡失稳、基础流沙、坑底隆起、坑底管涌和地基承载力下降等问题而做的降水工作。基坑降水方法主要有：明沟加集水井降水、轻型井点降水、喷射井点降水、电渗井点降水、深井井点降水等。在选择具体的降水方法时主要考虑以下三个因素。

（1）场地条件及该建筑物设计施工资料。场地条件制约着降水方案的制定，主要包括：①场地四周已有建筑物的高度、分布、结构和离拟建工程的距离；②地基四周的地下设施（包括给排水管道、光纤电缆、供气管道等）；③向外抽水排水通道和供电情况等。有关设计施工资料主要包括：①基坑开挖尺寸和分布；②地下建筑物施工的有关要求等。这些条件决定了所应该采用的降水方法和具体的设计施工方案，也决定了保证周边建筑物和地下设施安全的具体的实施措施。

（2）地质条件。熟悉地基土的分层地质柱状图及地质剖面图、各层岩土的物理力学性质、地下水类型及埋藏情况、水文地质情况、水质分析结果，特别是土层的渗透性。土体渗透系数取决于土的形成条件、颗粒级配、胶体颗粒含量和土的结构等因素，因此场区土层的不同深度和不同方位的渗透系数是不同的，渗透系数计算结果的真实性，将直接影响到降水方案的选择。由于影响渗透系数的因数较多，比较复杂，一般的地质勘察报告提供的数值多是室内试验数据，误差往往较大，只能供降水设计时参考，对重要工程应做现场抽水试验加以确定。

（3）场地地下水条件。地下水分潜水和承压水两种。潜水储存于地表与第一层不透水层之间，是无压力重力水，可向四周渗透。从工程实践来看，潜水大多来源于大气降水和地下埋设的上下水管道破裂漏水，主要积存于地表下杂填土和老建筑物被冲刷掏空的地基中。承压水储存于两个不透水层之间的含水层中，若水充满此含水层，则水具有一定的压力。所以，要根据地质和水文资料，熟悉场区各处透水层和不透水层向下沿深度的分布厚度和变化情况；掌握场区各处承压静止水位埋深、混合静止水位埋深和年变化幅度及水位标高；查明场地地下水补给源的方位、距离和透水层的联系情况；清楚地下水层是否与江、河、湖、海等无限水源连通；不论是潜水还是承压水，若与无限水源连通，都会造成降水困难甚至于降水无效。

本工程采用深井井点降水方案，在施工过程中采取以下措施保证降水效果：

1）在土方开挖之前做好基坑降水工作，降低基坑内外的地下水位。

2）在土方开挖前一周开始预降水，以保证基坑内地下水位深度至少控制在开挖面以下0.5m处。

3）在降水前后对基坑内外地下水位进行全面监测，以确保降水效果。

4）自流深井采用钻机泥浆护壁成孔，并切实做好洗井工作，以保证降水效果。

5）在降水开始前做好井点和管路的清洗和检查工作，如发现问题及时处理，防止出现“死井现象”。在降水过程中施工单位应加强管理，确保管路畅通和井点正常工作。

6）基坑降水时，根据工期安排、挖土工况合理安排降水速率，随着基坑土方开挖工程的进行，逐渐将基坑内地下水位降低至设计标高。

7）确保深井反滤层的施工质量，做到“出水常清”。对出水混浊的井点给予更换或停闭。

8）施工现场自备发动机或双路供电，以保证降水工作的连续性。

9）除井点降水措施外，开挖面及坑内设明沟和集水井相结合的排水措施。基坑内明排水沟及集水坑不得设置在基坑周边。开挖过程中发现围护结构接缝处渗水应及时采取封堵措施。

10）在基坑周围设置400mm×400mm的砖砌排水沟，间隔20m设置1000mm×500mm×500mm的沉淀池进行基坑排水作业。

3.1.6.5 土方开挖

（1）土方开挖前对基坑四周的场地进行平整，确保平整后的场地标高不高于设计标高。

（2）实际开挖深度应结合结构施工图进行。当结构施工图与基坑围护结构图有出入时，以结构施工图为准。

（3）土方开挖前，施工单位应根据围护设计方案编制详细的土方开挖施工组织设计，同时根据建设部发布的相关规范性文件组织论证。当结构施工图与基坑围护结构剖面图中的基底标高有出入时，以结构施工图为准，并应及时通知业主和围护结构设计人员，以制定相应的对策。

（4）土方开挖应按照大基坑小开挖原则分层分块进行，分层厚度不大于1.0m，分段长度为10～15m，临时开挖坡度缓于1∶3，开挖至设计标高后应尽快进行垫层和板底混凝土浇筑施工，基坑不得长时间暴露。

（5）基坑开挖过程中挖土机应按指定出入口进入基坑。严禁挖土机碾压基坑周围并进行挖土操作，严禁运土卡车在基坑周围任意行走。

（6）土方开挖期间应有专人定时检查边坡稳定情况，发现问题及时与设计人员联系以便及时处理。

（7）土方开挖及结构施工过程中应严格满足以下几条要求：①坑底以上30cm局部深处土方宜采用人工开挖；②严格控制土方开挖时的土坡高差及坡度，防止挖土过程中挤斜坑内工程桩，基坑内不同区块土方开挖时，应保持1∶3的坡度。土方开挖后必须外运出去，不得就近堆放在土坡顶。

（8）场地出土口处应铺设道板，避免车辆荷载集中造成路面损坏及沉降。

（9）严禁挖土机碰撞围护桩。

（10）相邻剖面按有利原则协调交接面上的土方开挖。

3.1.6.6 锚杆拔除

（1）施工启闭机室底板时，应用同底板同标号素混凝土浇捣填实底板与围护桩之间的空隙（须清除钻孔桩表面的浮土）。

（2）待启闭机室底板、回填混凝土强度达到设计强度的80%后，可拆除第二道高压喷射可回收扩大头预应力锚索。

（3）待驳岸结构混凝土强度达到设计强度的80%后，可拆除第一道高压喷射可回收扩大头预应力锚索。

（4）锚杆拔除前，施工单位应充分考虑各种可能性，并制定应急预案。

（5）锚杆拔除时应结合现场监测情况，及时调整拆除方案。

3.1.6.7 基坑回填

（1）回填土材料应采用黏性土，填料中不得含有杂草、碎石、碎木头、废塑料等杂质。

（2）现场挖出的淤泥、粉砂、杂填土和有机质含量大于8%的腐殖土不能作为回填土。

（3）回填前应对备用的回填土进行试验，确定最佳含水量并作击实试验。

（4）回填土应分层夯实，分层厚度不大于30cm，顶板以上及边墙结构外皮回填土碾压密实度应大等于94%。

（5）基坑边永久边坡放坡回填需待驳岸结构施工后方可实施。

3.2 双排灌注桩斜抛撑深基坑支护结构计算

3.2.1 左岸基坑围护

（1）计算内容。围护墙在不同工况下的内力及变形计算。

（2）计算参数取值说明。

1）基坑计算开挖深度取4.10～10.5m。

2）地面超载按15kPa考虑。

3）各土层物理、力学指标和土层厚度参考地质勘察报告取值。

4）土压力采用朗肯土压力理论进行计算，水土合算，同时还考虑了土的成层性，根据地质剖面的土层分布情况，分别采用相应的抗剪指标计算土压力。

（3）计算方法说明。工程围护结构计算采用浙江省基坑规程推荐的各种方法，下面具体介绍一些计算方法和相应的计算结果。

1）瑞典圆弧滑动面条分法。瑞典圆弧滑动面条分法是将假定滑动面以上的土体分成n个垂直土条，对作用于各土条上的力进行力和力矩平衡分析，求出极限平衡状态下土体稳定的安全系数。该法由于忽略土条之间的相互作用力的影响，因此是条分法中最简单的一种方法。

2）考虑分工况施工的杆系有限元法。按朗肯土压力理论计算作用于围护墙上的土压力。将支撑视作可变形的弹簧，在被动区设置土弹簧以模拟被动区土体抗力，弹性抗力按“m”法计算。利用程序模拟实际土方开挖和支撑施工情况，用增量法求解各工况地下墙的内力及变形分布，可完整考虑支撑拆除和换撑等对地下墙内力及变形的影响。

3）排桩支护整体稳定验算。经计算，各剖面的整体稳定安全系数均满足规范要求。

4）基坑底抗隆起验算。该内容包括两部分：①围护桩底端地基承载力；②基坑底部土体的抗隆起稳定性。经验算，各种情况下计算得到的抗力分项系数均满足规范要求。

5）围护结构抗倾覆稳定验算。应用规范推荐的方法，对两种典型情况的抗倾覆稳定进行了验算，相应的抗力分项系数均满足规范要求。

3.2.2 右岸基坑开挖

（1）计算内容。基坑右岸边坡在施工期、运行期不同工况下的安全稳定性计算见表3.2-1。

表3.2-1 基坑右岸边坡在不同工况下的安全稳定性计算

工况编号	工 况 说 明	安全系数标准
工况一	施工期临时边坡，基坑四周设置防渗墙，基坑内进行抽排水，坡外水位为－3.00m，坡内水位为－1.00m。坡顶超载15kPa	1.05
工况二	施工期遇暴雨工况，坡外水位为－3.00m，坡内水位为1.00m。坡顶超载15kPa	1.05
工况三	运行期永久边坡，坡外水位为5.40m，坡内水位为5.80m	1.20
工况四	运行期水位骤降，坡外水位为2.00m，坡内水位为4.00m	1.20

（2）计算参数取值说明。

1）基坑施工期临时开挖至－3m，边坡高10m，开挖坡比为1∶2.5；永久边坡底高程为0.50m，边坡高为6.5m，边坡坡比为1∶2.5。

2）施工期右岸边坡上布置有施工场地，包括施工办公用房、设备停放场、材料仓库等，根据其布置距离边坡开挖开口线约20m，地面超载按15kPa考虑。

3）各岩土层物理、力学指标设计参数详见表3.2-2。

表 3.2-2　各岩土层物理、力学性质指标设计参数表

层号	岩土名称	天然重度 $\gamma/(kN/m^3)$	固结快剪		快剪	
			凝聚力 c/kPa	内摩擦角 φ/(°)	凝聚力 c/kPa	内摩擦角 φ/(°)
①-1	填土	18.5	8.0	10.5	—	—
①-2	塘泥	15.0	4.0	3.0	—	—
②-2	粉细砂	18.8	4.5	23.0	—	—
③-1	淤泥质粉质黏土夹粉砂	17.1	11.0	10.5	9.0	7.0
③-2	黏质粉土夹粉砂	18.8	15.0	22.0	10.0	20.0
④-1	粉细砂	19.0	4.0	26.0	—	—
④-2	含砾细砂	19.5	4.0	27.0	—	—
⑤-1	淤泥质粉质黏土	17.2	10.5	10.0	9.0	7.0
⑤-2	粉质黏土	19.4	25.0	18.0	23.0	16.0
⑤-3	粉质黏土与粉砂互层	19.0	35.0	20.0	—	—
⑥-1	含砾粉质黏土	19.2	40.0	20.5	35.0	20.0
⑥-2	圆砾	21.5				
⑥-3	中砂	21.0				
⑥-4	卵石	22.0				
⑥-夹	含砂粉质黏土	19.2			40.0	19.0
⑦-1	全风化花岗闪长岩	19.5				
⑦-2	强风化花岗闪长岩					
⑦-3	中风化花岗闪长岩					

(3) 计算方法说明。工程围护结构计算采用浙江省基坑规程推荐的各种方法，下面具体介绍一些计算方法及相应计算结果。

1) 瑞典圆弧滑动面条分法。瑞典圆弧滑动面条分法是将假定滑动面以上的土体分成 n 个垂直土条，对作用于各土条上的力进行力平衡和力矩平衡分析，求出极限平衡状态下土体稳定的安全系数。该法由于忽略土条之间的相互作用力的影响，因此是条分法中最简单的一种方法。

2) 考虑分工况施工的杆系有限元法。按朗肯土压力理论计算作用于围护墙上的土压力。将支撑视作可变形的弹簧，在被动区设置土弹簧以模拟被动区土体抗力，弹性抗力按"m"法计算。

利用程序模拟实际土方开挖和支撑施工情况，用增量法求解各工况地下墙的内力及变形分布。可完整考虑支撑拆除和换撑等对地下墙内力及变形的影响。

3) 排桩支护整体稳定验算。经计算，各剖面的整体稳定安全系数均满足规范要求。

4) 基坑底抗隆起验算。该内容包括两部分：①围护桩底端地基承载力；②基坑底部土体的抗隆起稳定性。经验算，各种情况下计算得到的抗力分项系数均满足规范要求。

5) 围护结构抗倾覆稳定验算。应用规范推荐的方法，对两种典型情况的抗倾覆稳定进行了验算，相应的抗力分项系数均满足规范要求。

6) 混凝土支撑稳定性验算。对混凝土支撑最不利工况进行验算，均满足规范要求。

7）钢格构立柱验算。经验算最不利工况下钢构立柱均满足材料本身强度、稳定性要求。

3.3　双排灌注桩斜抛撑深基坑支护施工工艺

3.3.1　生产性试验

3.3.1.1　试桩目的

由于工程地质情况较为复杂且结构体较大，重要性较高。因此，应通过试桩验证桩基施工工艺、灌注工艺和打桩钻孔机具选择是否合理，以及推测拌和站的混凝土供应能力，以便在施工中加以改进。试桩检验和确定本桩基础的施工工艺，包括泥浆配比、钻进工艺、清孔效果和成桩质量检测等。试桩应取得的具体指标有以下几种。

（1）对不同地质状况的机具选型。

（2）钻进时的参数：进尺、钻进、泥浆性能等。

（3）灌注前二次清孔后的泥浆指标和清孔方法。

（4）成孔质量控制措施（孔径、倾斜度、中心偏位等）。

（5）桩基完整性检测。

（6）为施工提供实际地质情况、优化施工方案。

3.3.1.2　试桩要求

根据北支江上游水闸、船闸工程施工技术要求，双排灌注桩斜抛撑深基坑支护施工前要进行现场生产性试验，且需满足如下设计要求方可正式施工。

（1）桩长均为19.2m，桩径为1.2m。

（2）试桩采取跳桩形式。

（3）混凝土强度等级采用C30水下混凝土；现场留置混凝土试块6组，其中3组标准养护，3组同条件养护。

（4）主筋采用25C28HRB400级钢筋，ϕ8@200HPB300级钢筋；加箍筋C22@2000，原材料进场后各种规格钢筋均做1组原材料检测，C25双面焊接1组。

3.3.1.3　试桩情况

根据现场实际情况，桩基进场组装在左岸冠梁区域，该段区域较为平坦，故试桩采取就近原则，在左岸冠梁围护区域进行试桩，试桩根数为3根，试桩桩位编号为G56、G71、G75。试桩施工由项目总工全面负责，技术员、试验员和测量员负责具体的技术指导、试验检测和平面位置的控制工作。混凝土采用上闸拌和站自拌混凝土，钢材经检验合格再进场使用。2018年8月15—20日，按照预先设定的灌注桩设计参数，对其进行生产性试验。经过对施工现场试验过程的观测和双排灌注桩斜抛撑深基坑支护效果检测，发现采取如上的设计参数是符合施工要求的，并且效果较好，可以根据试桩工艺进行规模化施工。

3.3.2　施工工艺及流程

双排灌注桩斜抛撑深基坑支护施工具体施工工艺按如下步骤进行。

3.3.2.1 施工平台填筑及场地平整

受梅汛期影响，现有河水位 5.70～5.80m，为满足三轴水泥土搅拌桩及钻孔灌注桩施工作业条件，保障施工作业安全，作业平台至少高于地下水位 1.5m，综合考虑三轴水泥土搅拌桩施工作业平台高程需达到 7.00m。本次基坑围护施工平台填筑前应对原状回填块石、障碍物及相邻标段围堰遗留淤泥等进行挖除，再进行吹填施工，确保吹填质量。吹填外侧加固桩临江侧填筑边线不小于 20m，因考虑高大设备施工安全，增加软土地基承载力，故全部采用充砂管袋填筑防渗，管袋棱体外侧按 1∶3 进行放坡，施工平台上游填筑与堵坝相接。吹填施工流程图见图 3.3-1。

3.3.2.2 障碍物清除及箱涵侧方土方临时支护

因本施工区为地基处理及防渗工程作业区，箱涵南侧至江边多为块石泥土填筑，需要采用 360 挖机对此区域进行清除，以保证地基加固工程施工顺利。沟槽开挖、换填施工应按照随挖随填，分段施工原则。左岸基坑围护三轴水泥土搅拌桩沟槽开挖、换填只涉及掏清施工平台以下 3m 范围内障碍物清理，不涉及其他地下作业，但第一排止水桩离泵站箱涵距离较近，距沟槽开挖边线 3m 左右，为保证箱涵稳定，并满足施工作业要求，第一排止水桩掏槽回填施工前应沿沟槽边线打设 6m 长的 28 号工字钢，间距按 40cm 设置，再进行沟槽开挖、回填。第二、三排及土体加固桩离箱涵距离较远，直接掏槽开挖、回填，不进行工字钢支护。

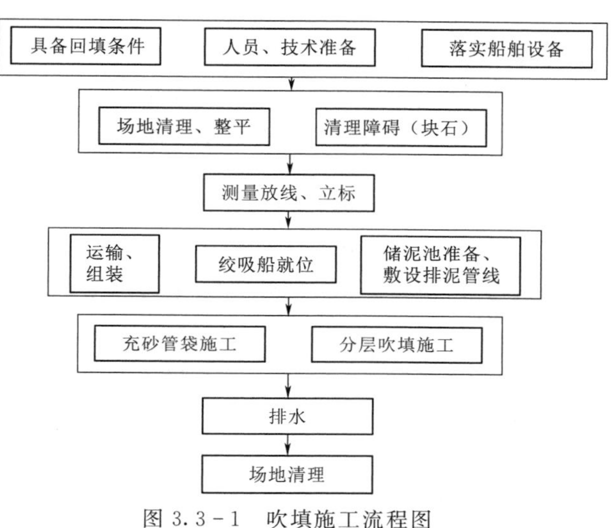

图 3.3-1 吹填施工流程图

3.3.2.3 充砂管袋施工

绞吸船将泥砂直接输送至临时储泥池内，用泥浆泵吸送至施工平台回填场地内。

1. 管袋制作

（1）袋体的底部宽度根据回填场地原始高程、顶宽度、坡比综合考虑而确定，长度取用 30～40m，上下管袋错缝搭接。

（2）根据取用的土料、充填机具及充填方法，袋体为筒式，袋体尺寸视棱体断面不同高度上的宽度再加上退挡尺寸缝制，长度一般为 30～40m。编织布为 280g/m^2 防紫外线抗老化土工布。

（3）每只袋视容积不同设置充填管口，要求充填作用区相等，在管袋顶面缝制 3～4 个袖管状充泥口。袋体缝制采用 35 支三股锦纶线缝制，缝三道（先缝一道，折选后再缝二道），保证线缝平顺均匀，缝合牢固。

（4）每只管袋视容积不同设置充填管口，一般每 30～40m^2 设置一个管口，管口直径约为 12cm，长 40cm。充填完成后及时用绳子将吹砂管口扎紧，防止管袋中土方流失。

2. 管袋充灌

(1) 对铺设管袋区域用小型管袋充灌进行找平，对河床底层尖刺杂物利用挖泥船进行清理，边坡上块石采用220挖机进行整平、修整，避免刺破管袋。

(2) 管袋充灌采用人工铺设袋布，由人工将袋体摊铺就位，做好固定和管口联结，编织布袋的缝合线要垂直轴线，然后启动泥浆泵开始充填。

(3) 当袋体逐步充满后，在屏浆期间要十分注意对屏浆压力的控制，为防止布袋炸裂加快排水固结，可采用踩、踏扰动的方式加速排水固结，也可以在管袋顶面适当位置增设排水口(不得在侧面开排水口)，对充盈不饱满的管袋可以补灌。充灌结束后需绑扎袖口，防止漏砂。

(4) 袋体在滤水完毕之前，不宜在其上部充填另一只袋体。

(5) 加速固结采用人工挖纵横排水沟、用挖土机挖斗强制扰动等措施加速固结。

3.3.2.4 质量控制

(1) 本基坑围护工程施工平台回填形成采用河床土料，取料时严格按照施工技术要求做好检验工作，确保施工符合吹填要求。

(2) 取料区的位置有明显标志，施工区域附近须设置水尺，控制取料区底部高程。

(3) 场地回填标高为7.0m (指吹填砂压缩沉降稳定后的验收标高)，按时观测沉降量，并预留一定的沉降量。

(4) 吹填工程的施工前，必须进行回填范围内建筑垃圾、块石、树枝，严格按相关质量要求进行施工。

(5) 严格履行交底制度，各工程开工前，均进行书面技术交底，详细交代施工方法、步骤、质量要求，认真学习施工图、有关技术操作规范和质量标准，做到心中有底。经交底人、接受人双方签字后实施，使操作人员明确施工程序、施工方法和质量标准。

3.3.2.5 测量定位及复检

测量人员根据基线控制点和高程点、桩位平面图 (图3.3-2) 和现场基准水准点，使用全站仪放样桩位 (图3.3-3)，并打入明显标记，桩位放样应确保准确无误，定位偏差不大于10mm。放样完成后经过监理复核后方可开钻。基点在护筒埋设前按十字线方向原则，从桩位每侧延长2.5m埋设4根1m长钢筋 (C16) 并做专门保护，不得损坏，以便施工过程中随时校验桩位。

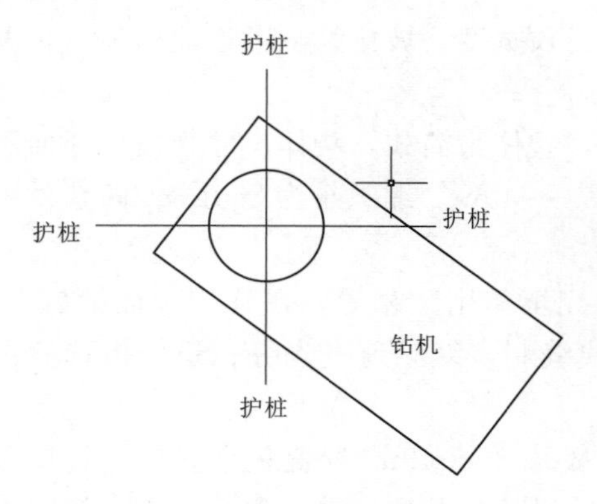

图3.3-2 桩位平面图

图3.3-3 测量放线

3.3.2.6 埋设护筒

钢护筒采用厚度为12mm的钢板卷制，护筒长度为5m，护筒端部加焊一圈20cm高度的钢板作为护板以防止打拔时变形，可选择打拔机、履带吊配合振桩锤等两种埋设方式进行护筒的埋设。根据现场实际情况，护筒内径比桩设计直径大20cm，护筒顶部高度高出钻孔平台30cm，以防杂物落入孔内。根据《建筑地基基础工程施工质量验收规范》（GB 50202—2018），护筒中心与桩位中心的偏差不得大于50mm，为防止钢护筒下垂和倾斜，在钢护筒顶部做加固处理。钻孔桩钻孔允许偏差和检验方法见表3.3-1，图3.3-4为埋设护筒施工示意图。

图3.3-4 埋设护筒施工示意图

表3.3-1 钻孔桩钻孔允许偏差和检验方法

序号	项目		允许偏差	检验方法
1	护筒	顶面位置	50mm	测量检查
		倾斜度	1%	
2	孔位中心		50mm	
3	倾斜度		1%	测量检查

3.3.2.7 制备浆液

泥浆具有排除钻渣、稳固孔壁和冷却钻具的作用。选择和备足良好的黏土供制浆使用，做好泥浆的配合比试验工作，泥浆采用黏土制作，具体指标见表3.3-2。

表3.3-2 泥浆的性能指标要求表

地质情况	泥浆指标			
	相对密度/(g/cm^3)	稠度/s	含砂率/%	pH
黏土	1.06～1.10	18～28	≤4	7～9
易坍塌地层	1.2～1.4	22～30	≤4	7～9
卵石	1.1～1.3	20～35	≤4	7～9

泥浆性能采用泥浆比重计检测，桩机成孔过程中泥浆比重控制在1.06～1.2范围内，成孔后一次清孔泥浆比重为1.1～1.2，灌注前2次清孔泥浆比重控制在1.1～1.15范围内，技术参数详见泥浆的性能指标要求表。

3.3.2.8 钻机定位

钻机安放就位是开钻前的一项主要工作，其就位质量关系到桩位和垂直度的准确与否。要求主钻杆垂直，转盘水平，底盘稳固可靠，就位要求反复对中，钻杆中心误差小于1cm，并在钻机底部铺设钢制路基板，且用方木加固，以确保成孔质量。钢护筒埋设完毕，经检验符合要求后，将钻机移到桩位上，中心要对准，钻杆垂直，磨盘调到水平状态，全部校正结束后，中心偏差控制在20mm以内，并经质检人员和监理工程师验收合格后方可进行下一道工序施工。定位结束后，连接泥浆泵，并在护筒内放入泥浆，接通电源，经检查无误后，方可开钻。

3.3.2.9 钻进、成孔

开钻前先在孔内灌注泥浆或将黏土投入孔中加水用钻头冲调，孔内水位比护筒顶部低0.2m。冲击钻施工时，应按照“小冲程、勤松绳”的原则进行。借助钻头的冲击力将泥膏、石块挤向孔壁，以加固护筒刃脚，使成孔坚实、竖直、圆顺，对继续钻孔起向导作用。当钻进深度超过钻头全高加冲程之后，方可进行正常的冲击钻孔，冲程以2.0～3.0m为宜。

正常钻孔采用中、低冲程进行，如遇孔内的探头石、漂石，应回填小片石，采用高冲程冲击；如遇基岩时，采用低冲程、高频率，入基岩后采用高冲程。在钻进过程中始终保持孔内水位高出地下水位1.5m左右。钻孔过程中，钻头起落速度应均匀，不得过猛或骤然变速。孔口出土不得堆积在孔口周围。在钻进过程中随时察看钢丝绳回弹、回转情况，听冲击声音借以判别孔底情况，掌握好松绳的尺度。钻进过程中应根据地质情况、钻头形式和重量等确定松绳量，均匀松放钢丝绳。每次松绳长度控制在3～8cm范围内（松软地层5～8cm，密实地层3～5cm），严禁打空锤和松绳过多。钻进过程中要经常检查钢丝绳磨损情况，检查转向装置是否灵活，避免发生质量事故。随时注意或定时检查钢丝绳是否移位，若有发现即时调整，避免出现桩孔跑位、不直、倾斜等缺陷。

另外，钻进过程中要随时检查泥浆的比重和含砂率。当钻渣太厚时泥浆不能将钻渣全部悬浮上来，钻锥冲击不到新土（岩）层上，这会使泥浆逐渐变稠，吸收大量冲击能，并妨碍钻锥转动，使冲击进尺显著下降或有冲击成梅花孔、扁孔的危险，故必须按时掏渣。在钻进过程中尽量使用换浆法掏渣，当换浆法掏渣无法满足要求时应使用掏渣筒掏渣。掏渣筒放到孔底后，要在孔底上下摆放几次，使多进些钻渣，然后提出。一般在密实坚硬土层纯钻进小于5～10cm/h、松软地层纯钻进小于15～30cm/h时应进行掏渣。或每进尺0.5～1.0m需掏渣一次，每次掏4～5筒或掏至泥浆内含渣量显著减少、无粗颗粒、相对密度恢复正常为止。正常钻进时每班至少掏渣一次，掏渣后及时向孔内添加泥浆或清水以维护水头高度。投放黏土自行造浆的，一次不可投入过多，以免粘锥、卡锥。

在掏渣或停钻后再钻时，由低冲程逐渐向高冲程过渡。经常检查钻头直径的磨耗情况，当钻头直径磨损超过15mm时，应进行修补或更换以保证孔径符合设计要求。对于磨耗部分用耐磨焊条补焊，常备两个钻头轮换使用、修补。为防止卡钻，一次补焊不能过多，且补焊后在原孔使用时，先用低冲程冲击一段时间，再用较高冲程钻进。钻孔过程中现场钻机必须配备渣样盒，并及时填写钻孔记录。同一岩层按每延米进尺进行取样，不同岩层转换时也要留存渣样，渣样的留存是作为设计终孔的主要判断依据。钻孔桩地质剖面图与设计不符时及时报请监理现场确认并留存渣样，由设计单位确定是否进行变更设计。同时，钻孔记录也要仔细记录，一般每两小时记录一次钻孔深度。

3.3.2.10 成孔检查

钻孔达到设计标高后，先报请监理工程师及设计、勘查专业工程师对桩基的嵌岩深度进行确认。嵌岩深度满足要求后，报请监理工程师对桩孔的中心位置、孔径、孔深、倾斜度等进行检测，发现桩孔存在不直、偏斜、缩孔、椭圆形断面、井壁有探头石等缺陷时应及时采取补救措施，合格后及时进行清孔。

使用检孔器对孔径进行检查，检孔器外径小于桩的设计直径，长度为桩径的3倍，用钢筋就地焊制。钻孔的允许误差：①平面位置，任何方向在5cm以内；②钻孔直径，不小于设计桩径；③钻孔深度，不小于设计深度且不小于设计要求的嵌岩深度；④倾斜度，小于1%。

3.3.2.11 清孔

为保证钻孔桩质量，提高支承能力，在灌注桩浇筑混凝土之前，对已钻成的孔必须进行清孔。清孔的目的是清除钻渣和沉淀层，尽量减少孔底沉淀厚度，防止桩底存留过厚沉渣而降低桩的承载力。现场采用换浆法结合掏渣法进行清孔。在清孔过程中，仍要提高孔内水头高度，保持静水压力不变及孔壁稳固。换浆法清孔方法：用泥浆泵向孔内注入性能良好的泥浆，以正循环法带出钻渣至孔底沉渣厚度，直至泥浆性能达到设计要求为止。

安排技术全面的操作人员进行清孔，不以加深孔深来替代清孔。清孔分两次进行，第一次清孔在钻孔深度达到设计深度后进行，若第一次清孔满足规范要求，应及时下放钢筋笼。待钢筋笼安装到位后下放导管再进行第二次清孔，灌注混凝土前必须达到以下标准：①孔内排出或抽出的泥浆无2～3mm颗粒；②泥浆比重在1.1～1.15范围内；③含砂率不大于2%；④黏度为17～20s；⑤孔底沉淀物厚度不得大于50mm。清孔示意图见图3.3-5。

图3.3-5 清孔示意图

3.3.2.12 钢筋笼制作及安装

钢筋运至现场，须按型号、类别分别架空堆放。使用前必须调直除锈，且在本工程开工或每批钢筋正式焊接之前，根据现场条件进行焊接性能试验，并具备出厂合格证和试验合格，方可使用。

钢筋笼制作应严格按照设计图纸的要求，对钢筋的种类、型号、主筋根数等进行确认，并下发技术交底，各类加工应满足设计及规范要求。

钢筋笼加工采用滚焊机，用机械连接方式进行连接，保证成笼质量。钻孔桩钢筋骨架的允许偏差和检验方法见表3.3-3。

表3.3-3 钻孔桩钢筋骨架的允许偏差和检验方法

序号	项目	允许偏差	检验方法
1	钢筋骨架长度	±100mm	尺量检查
2	钢筋骨架直径	±20mm	

续表

序号	项　目	允许偏差	检验方法
3	主钢筋间距	$\pm 0.5d$	尺量检查不少于5处
4	加强筋间距	±20mm	
5	箍筋间距或螺旋筋间距	±20mm	
6	钢筋骨架垂直度	1%	吊线尺量检查
7	钢筋保护层厚度	不小于设计值	检查垫块

钢筋骨架在钢筋加工场内完成加工，确保位置准确及焊接牢固，成型骨架架空堆放，经质检和监理检查合格后方可使用并认真做好隐检记录。成型的钢筋笼在运输中宜采用吊机、平板车辅以人工运输防止变形。为保证主筋具有一定的保护层厚度，钢筋笼外圈骨架上预先焊接耳筋，保证钢筋笼保护层厚度不小于70mm。吊入钢筋笼时对准孔位轻放、慢放，由专人扶住并居孔中心，缓慢下至设计深度，避免钢筋笼卡住或碰撞孔壁。若遇阻碍，随起随落和正反旋转使之下放。若无效应停止下放，查明原因，进行处理。不得高起猛落，强行下放，以防碰坏孔壁而引起塌孔。下放过程中，时刻注意观察孔内水位情况，如发现异常现象，马上停放，检查是否坍孔。

钢筋笼骨架按设计要求的材料和尺寸加工，并加设加强箍筋的内撑架，放入孔内后进行固定，支承系统对准中线防止骨架倾斜和移动。钢筋骨架应在混凝土浇筑前整体放入孔内。若混凝土不能紧接着在钢筋骨架放入之后灌注，则钢筋骨架应从孔内移出。在钢筋骨架重放前，对钻孔的完整性，包括孔底松散物应重新进行检查。将笼子固定后，再次取样测定泥浆比重，合格后方可进行下道工序。

3.3.2.13　检测管的连接及检查

按设计要求安装声测管，深测管型号SCG50×1.2－QY，上部超出桩顶50cm，底部距桩底10cm。声测管预先绑扎在钢筋笼内，每节钢筋笼对接完后，对接声测管并将其固定牢靠，确保成桩后的声测管互相平行，声测管内灌水检查其是否漏水，声测管顶口堵死，声测管顶节外露高度要满足检测要求。每节钢筋笼下放时应将声测管灌满清水，然后略微提高钢筋笼，并停滞一段时间观察检测管内水位，若水位无任何变化则表明检测管密实无漏，则可用套管插入（焊接）上下节检测管，后进行下放；若水位有所下降，则应将钢筋笼缓慢提起，查找漏水位置，并予以封堵，封堵完毕即可下放。钢筋笼下放到位后，顶口封闭以防泥浆等杂物掉进孔内。声测管的插入（焊接）除要求强度以外，还要满足插入连接（焊缝）致密不漏水。图3.3－6是检测钢管大样图。

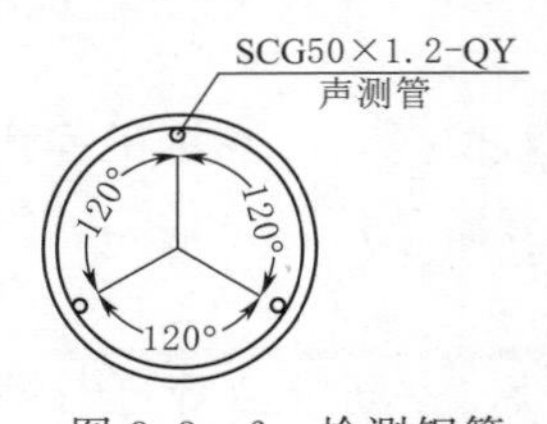

图3.3－6　检测钢管大样图

3.3.2.14　导管水密、承压和接头抗拉试验

（1）检查每节导管有无明显孔洞及密封圈密封情况。如缺少或破旧不能使用，要及时拆除更换或添加，并在钢索槽中适当涂抹黄油。

（2）选择合适的场地使导管在地面上平整对接。对接时就各管按顺序编号。

（3）对导管两端安装封闭装置，封闭装置采用既有试压套。在试压封闭两端安装进水孔。安装时使两孔位于管道的正上方，以便注水时空气从孔中溢出。

(4) 安装水管向导管内注水，注水至管道另一端出水时停止，并应保证导管内充水达70%以上，方可停止。

(5) 将一端注水孔密封，另一端与空气压力机连接，检查导管连接处封闭端安装情况，检查合格后压风机充压0.6MPa，并保持压力15min。检查导管接头处溢水情况，对溢水处做好记录。试压将导管翻滚180°，再次加压，保持压力15min，检查情况并做好记录。

(6) 导管水密试验时的水压应不小于井孔内水深1.5倍的压力，进行承压试验时水压不应大于导管壁可能承受的最大内压力 P_{max}，P_{max} 可按下式计算：

$$P_{max}=1.3(\gamma_c H_{cmax}-\gamma_\omega H_w) \quad (3.3-1)$$

式中：P_{max}——导管壁可能承受的最大内压力，kPa；

γ_c——混凝土容重（用24kN/m³），kN/m³；

H_{cmax}——导管内混凝土柱最大高度，采用导管全长，m；

γ_ω——钻孔内水或泥浆容重，泥浆容重大于12kN/m³时不宜灌注水下混凝土，kN/m³；

H_w——钻孔内水或泥浆深度，m。

3.3.2.15 灌注水下混凝土

钢筋笼插放完毕，经测深、检查孔径和沉淀物均符合要求后，即进行水下混凝土灌注工作（图3.3-7），在混凝土灌注前对钢筋笼做垂直固定。水下混凝土灌注采用直升导管法施工，导管在孔位附近先分段组拼，再逐段用桩机起吊。导管在使用前要对其规格、质量和拼接进行水密试验。要求水密试验时的压力应不小于灌注混凝土时导管壁能承受的最大压力。经试验15min管壁无变形、接头不漏水后，方可供施工使用。

导管采用专用的丝扣式导管，导管内径200～300mm，分节长2m，最下节长4m，同时配备长度为1m、0.5m的调整节。使用前应在监理的监督下进行水密承压试验。水密试验的水压不应小于孔内水深的1.3倍。导管制作要坚固、内壁光滑、顺直、无局部凹凸，各节导管内径大小一致，偏差不大于±2mm。待监理确认试验准确后，才可使用，并应准备备用管节。

图3.3-7 浇筑混凝土

吊放时应居中放置，轴线直顺，稳步沉放，防止卡挂钢筋笼。将导管轻轻下放到孔底，然后再往上提升30～40cm，与导管的理论长度进行比较，吻合之后，将导管固定在灌注平台上。此时若孔内沉淀物符合设计和规范要求则可进行水下混凝土灌注，否则应进行二次清孔。

混凝土灌注完成后，及时对管内壁混凝土进行冲洗，保证内壁清洁。拔出的导管对丝扣位置应用干净袋子套好摆放，方便下次施工。每套导管使用3～4次后及时更换密封圈，防止密封圈破损，漏水、漏气，使施工无法正常进行。

导管插入钻孔内，下口离孔底约40cm，上口通过提升机钩挂在专设的型钢横梁上与贮存混凝土的漏斗颈部连接，形成一条灌注水下混凝土的流水线。灌注混凝土时，在漏斗颈部设置一个隔水橡胶球，下面垫一层塑料布，球袋由细铁钢丝拴住并挂在横梁上，当漏斗内混凝土贮存满后，剪断细铁丝，使混凝土压着球袋和塑料垫层与水隔绝，并挤走导管内的泥浆，使漏斗内混凝土顺利地通过导管并从导管底部流出，向四周上翻，确保水下混凝土的质量。

灌注钻孔桩混凝土应采用混凝土输送车运输，用滑槽输入混凝土漏斗进行灌注。首盘灌注混凝土量依据孔深、孔径和导管内径计算得出，灌注必须连续进行，不得中断。导管接头不能漏水或进空气。提升导管时，不能摇动，要维持孔内静水状态，要保证导管底部埋入混凝土内，深度宜为2～6m，并不得进水。灌注完成后钻孔桩桩顶标高比设计高出50～100cm，以便截除桩头软弱部分混凝土后保证桩头的质量，混凝土浇筑完成15d后进行桩体完整性检测。

首盘混凝土计算公式：

$$V=\pi D^2/4(H_1+H_2)+\pi d^2/4\times h_1 \tag{3.3-2}$$

$$h_1=\rho_1 H_w/\rho_2 \tag{3.3-3}$$

式中：V——灌注首批混凝土的用量，m^3；

D——桩孔直径，m；

H_1——桩孔底至导管底端间距，一般为0.4m；

H_2——导管初次埋置深度，一般取1.0m；

d——导管内径，为0.3m；

h_1——桩孔内混凝土达到埋置深度H_2时，导管内混凝土柱平衡导管外（或泥浆）压力所需的高度，m；

ρ_1——泥浆密度，取1.1kg/m^3；

ρ_2——灌注混凝土密度，取2.4kg/m^3；

H_w——桩孔内混凝土达到埋置深度H_2时，孔内泥浆高度。$H_w=L-(H_1+H_2)$，6号墩桩长为19.2m，取$L=25$。

由此计算得：

$$h_1=1.1\times(25-0.4-1)/2.4=10.82\text{m}$$

首盘混凝土用量：

$$V=3.14\times1.2\times1.2/4\times(0.4+1)+3.14\times0.3\times0.075\times10.82=2.35\text{m}^3$$

3.3.2.16 废浆处理

钻机成孔过程中，循环池中多余的泥浆不准排入北支江中，须在围堰下游一侧设置2个泥浆池，受施工现场实际影响的个别泥浆池尺寸可做适当调整。定期对泥浆池进行翻晒，硬化后采用泥浆泵及时将泥浆池内的废浆抽到泥浆运输车内，运出工地。

注意事项如下。

(1) 钢筋笼安装完毕后，应进行隐蔽工程验收，合格后应立即浇筑混凝土。

(2) 使用的场拌混凝土应具有良好的和易性，坍落度宜为18～22cm，场拌混凝土进入现场后，试验员必须对每车混凝土进行坍落度测试，达不到规范要求的混凝土坚决不用。

（3）水下混凝土浇筑宜采用直径200～300mm的导管，导管接头宜采用双螺纹方扣快速接头。使用前应试拼装、试压，试水压力为0.6～1.0MPa，破损的密封圈应及时更换。

（4）使用的隔水塞应具有良好的隔水性能，保证顺利排出。施工中向导管内放入球胆作为隔水塞。导管入孔后应缓慢转动导管，检查导管与钢筋笼是否卡在一起。

（5）应具有足够的混凝土储备量，使第一次埋入导管内混凝土在1～3m之间，且不宜大于3m。

（6）导管埋入混凝土面深度宜为2～6m，严禁导管提出混凝土面，应有专人测量导管埋深及管内外混凝土的高差，填写混凝土的浇筑记录。

（7）水下混凝土必须连续施工，每根桩的浇筑时间按初盘混凝土的初凝时间控制，对浇筑过程中的一切故障均应记录备案。双排灌注桩斜抛撑深基坑支护施工工艺流程见图3.3-8。

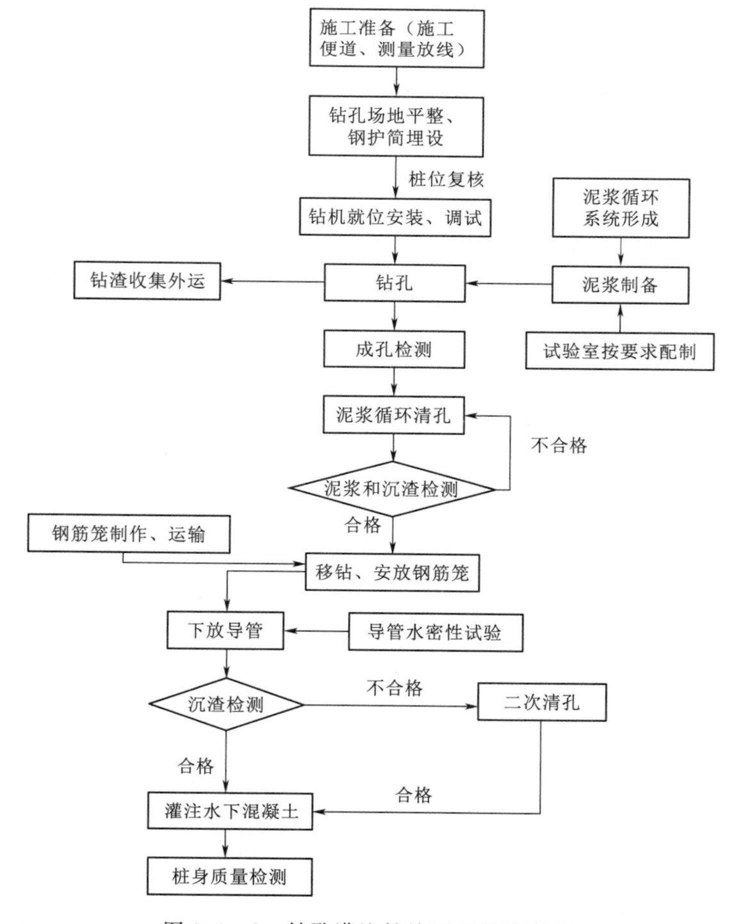

图3.3-8 钻孔灌注桩施工工艺流程图

3.4 施工质量控制

3.4.1 机械设备

投入的机械设备型号及数量见表3.4-1。

表3.4-1 投入的机械设备计划表

设备名称	规格型号	完好状况	数量	备注
冲击钻机	CZ102-6	良好	3	
吊车	25t	良好	1	
泥浆泵	25kW	良好	3	
电焊机	30kVA	良好	1	
水泵	7.5kW	良好	3	
钢筋弯曲机	LTWQ-55	良好	1	
钢筋锯床	GB4230	良好	1	
钢筋调直机	GT4-12	良好	1	
钢筋笼滚焊机	LT2000-12	台	1	
钢筋直螺纹滚丝机	LT-40	台	1	
挖掘机	PC220	台	1	
泥浆比重仪		良好	1	
坍落度筒		良好	1	
履带式打拔机	470	良好	1	
履带吊	80t	良好	1	
振桩锤	120kW	良好	1	

3.4.2 质量保证措施

3.4.2.1 质量目标

双排灌注桩试桩施工工艺均符合施工方案要求，各分部分项工程质量达到质量标准，合格率达到100%。

3.4.2.2 质量保证体系

质量保证体系见图3.4-1。

3.4.2.3 质量保证措施

1. 明确责任

明确质量责任人，落实质量责任制，各个环节要落实到人。严格按设计文件和有关技术规范要求组织施工。明确工程的技术负责人和相应的施工操作人员，建立施工质量管理的有关制度和岗位职责。组织参加施工的有关人员进行技术培训和技术交底，熟悉钻孔灌

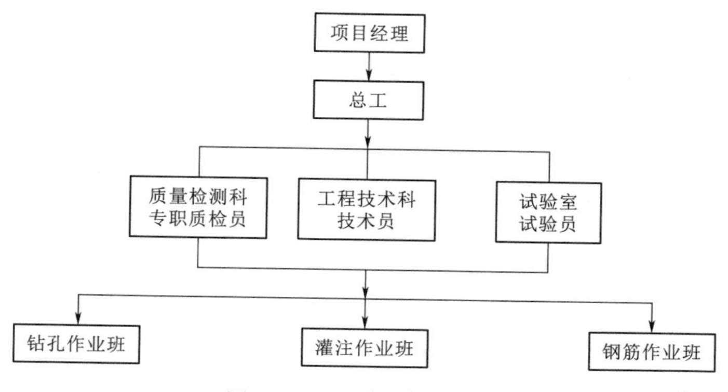

图 3.4-1 质量保证体系

注桩的施工的工艺过程。

（1）严格按质量保证体系有关程序文件执行，全面开展质量管理意识教育，把质量看成是提高企业信誉和经济效益的重要手段，牢固树立对工程质量负责、贯彻生产必须抓质量的原则，把工程质量作为考核干部和队伍的一项重要指标。

（2）在加强作业队自检、互检和专检的基础上，项目工程管理部和安全质量管理部还要定期对工程进行联合检查。

（3）对施工中易发生的质量通病采取有针对性的措施，严格进行监督检查。

（4）做好各施工环节的质量检查，严格执行技术交底制、隐蔽工程验收制，坚持三检制和岗位责任制。设专职、兼职质检员，严格检查施工班组的施工质量，出现任何质量事故时应及时填写质量事故报表，组织质量事故分析会，按规定上报。

（5）按监理要求，技术、质检员分期呈报工程报验单和有关质检资料，对监理提出的质量问题及时传达到施工班组，并监督班组进行整改。

（6）坚持按图纸施工，工程设计变更一律以设计单位书面通知为准，任何口头通知无效。工程洽商问题在办好签证后再施工，不得擅自施工。

（7）所有机械设备和材料必须满足设计要求，并有出厂合格证，严格进行验收。

2. 钻孔垂直度和护壁泥浆比重控制

（1）钻孔垂直度控制。钻孔垂直度控制对双排灌注桩斜抛撑深基坑的后续施工具有重要的意义，若钻孔垂直度偏差较大，将导致灌注桩垂直度达不到设计要求，对后期主体结构的施工和使用带来较大的影响。施工过程中采用水准仪并辅以人工测斜来控制钻孔的垂直度，确保其满足设计要求。

（2）护壁泥浆比重控制。泥浆主要起护壁、携渣、冷却和润滑作用，其中以护壁作用最为重要。泥浆护壁就是在充满水、膨润土和CMC等其他外加剂的混合液的情况下，对于地下连续墙成槽、钻孔灌注桩钻孔等工程，由于泥浆对槽壁产生的静压力而在槽壁上形成的泥皮，可以有效地防止槽、孔坍塌。此外，由于泥浆还具有较高的黏性，通过循环泥浆可将切削破碎的土石渣屑悬浮起来，随同泥浆排出孔外，起到携渣、排土的作用。同时，由于泥浆循环作冲洗液，因而对钻头有冷却和润滑作用，减轻钻头的磨损。施工过程中应严格按技术要求执行，并安排专职试验人员每间隔3h就测试一次比重，不符合要求的泥浆坚决废弃。

3.4.3 常见事故的预防和处理措施

3.4.3.1 坍孔

各种钻孔方法都可能发生坍孔事故，坍孔的特征主要有：孔内水位突然下降，孔口冒细密的水泡，出渣量显著增加而不见进尺，钻机负荷显著增加等。

1. 坍孔原因

(1) 泥浆相对密度不够及其他泥浆性能指标不符合要求，使孔壁未形成坚实泥皮。

(2) 由于出渣后未及时补充泥浆（或水），或河水、潮水上涨，或孔内出现承压水，或钻孔通过砂砾等强透水层，孔内水流失等而造成孔内水头高度不够。

(3) 护筒埋置太浅，下端孔口漏水、坍塌或孔口附近地面受水浸湿泡软，或钻机直接接触在护筒上，由于振动使孔口坍塌，扩展成较大坍孔。

(4) 在松软砂层中钻进进尺太快。

(5) 水头太高，使孔壁渗浆或护筒底形成反穿孔。

(6) 清孔后泥浆相对密度、黏度等指标降低，用空气吸泥机进行清孔后，未及时补浆（或水），使孔内水位低于地下水位。

(7) 清孔操作不当，供水管嘴直接冲刷孔壁、清孔时间过久或清孔停顿时间过长。

(8) 吊入钢筋骨架时碰撞孔壁。

2. 坍孔的预防及处理

(1) 在松散粉砂土或流砂中钻进时，应控制进尺速度，选用具有较大的相对密度、黏度、胶体率的泥浆或高质量泥浆。

(2) 发生孔口坍塌时，可立即拆除护筒并回填钻孔，重新埋设护筒再钻。

(3) 如发生孔内坍塌，坍孔不严重时，应判明坍塌位置，回填砂和黏质土（或砂砾和黄土）混合物到坍孔处以上1～2m。坍孔严重时应全部回填，待回填物沉积密实后再行钻进。

(4) 清孔时应指定专人补浆（或水），保证孔内必要的水头高度。供水管最好不要直接插入钻孔中，应通过水槽或水池使水减速后再流入孔中，避免冲刷孔壁。扶正吸泥机以防止触动孔壁。不宜使用过大的风压，不宜超过钻孔中水柱压力的1.5～1.6倍。

(5) 吊入钢筋骨架时应对准钻孔中心竖直插入，严防触及孔壁造成坍孔。

3.4.3.2 钻孔偏斜

1. 偏斜原因

(1) 钻孔过程中遇到较大的孤石或探头石。

(2) 在倾斜的软硬地层交界处，岩面倾斜钻进；或者粒径大小悬殊的砂卵石层中钻进，钻头受力不均。

(3) 扩孔较大处，钻头摆动偏向一方。

(4) 钻机底座未安置水平或产生不均匀沉陷、位移。

2. 预防和处理

(1) 安装钻机时要使钻架和护筒中心在一条竖直线上，并经常检查校正。

(2) 应逐个检查钻杆接头，发现钻杆偏斜应及时调整。当钻杆弯曲时，要用千斤顶及时调直。

(3) 在倾斜的软、硬地层钻进时，应吊着钻杆控制进尺且低速钻进，或回填片石冲平后再钻进。

3.4.3.3 掉钻落物

1. 掉钻落物原因

(1) 卡钻时强提强扭，操作不当，使钻杆或钢丝绳超负荷或疲劳断裂。

(2) 钻头接头不良。

(3) 操作不慎，落入扳手、撬棍等物。

2. 预防措施

开钻前应清除孔内落物，零星铁件可用电磁铁吸上来，较大落物和钻具可用冲抓锥打捞，然后在护筒口加盖。经常检查钻具、钻杆、钢丝绳和联结装置。为便于打捞落锥，可在冲击锥或其他类型的钻头上预先焊打捞环、打捞杆，或在锥身上围捆几圈钢丝绳。

3.4.3.4 扩孔和缩孔

扩孔比较多见，一般表现为局部孔径过大。在地下水呈运动状态、土质松散地层处或钻锥摆动过大时，容易出现扩孔现象。扩孔发生原因与坍孔相同，轻则为扩孔，重则为坍孔。若只孔内局部发生坍塌而扩孔，钻孔仍能达到设计深度则不必处理，只是混凝土灌注量大大增加。若因扩孔后发生坍塌影响钻进，应按坍孔事故处理。

缩孔即孔径的超常缩小，一般表现为钻机钻进时发生卡钻或提不出钻头。缩孔原因主要有两种：一种是钻头焊补不及时，严重磨耗的钻头往往钻出较设计桩径稍小的孔；另一种是由于地层中有软塑土（俗称橡皮土），遇水膨胀后使孔径缩小。各种钻孔方法均可能发生缩孔。为防止缩孔，前者要及时修补磨损的钻头，后者要使用失水率小的优质泥浆护壁并需快转慢进，并复钻 2～3 次，或者使用卷扬机吊住钻锥上下、左右反复扫孔以扩大孔径，直至使发生缩孔部位达到设计要求为止。对于出现缩孔现象的孔位，钢筋笼就位后须立即灌注，以免桩身缩径或露筋。

3.4.3.5 钻孔漏浆

1. 漏浆原因

(1) 护筒埋置太浅，回填土夯实不够，致使刃脚漏浆。

(2) 护筒制作不良，接缝不严密，造成漏浆。

(3) 水头过高，水柱压力过大，使孔壁渗浆。

2. 处理办法

(1) 护筒漏浆。应按 3.3.2 节护筒制作与埋设的规范规定处理。

(2) 接缝处漏浆。若接缝处漏浆不严重，可用棉、絮堵塞，封闭接缝；若漏水严重，应拔出护筒，修理完善后再重新埋设。

3.4.4 成品保证措施

现场进行成品保护教育，达到人人具有成品保护意识和成品保护知识；临电、临水设施有围护措施，并有提示保护的标志；钢筋笼码放整齐，并有人看管。

3.4.4.1 钢筋原材料管理

(1) 质检科负责进场钢筋原材的外观检查，外观检查不合格的立即退货。

(2) 无钢筋材质证明单的钢筋原材，严格拒收。

(3) 负责及时提供给项目部合格的材质证明。

(4) 试验处负责对进场钢筋及时进行试验，试验合格后方可加工。并将其中一份进场钢筋试验报告报技术处备案。同时，建立钢筋原材复试台账，做到试验委托单与钢筋试验报告单一一对应，有据可查。

(5) 提前将传递单传给监理单位，并及时通知监理员到加工场进行原材取样工作。监理员见证取样合格后方可将加工后的钢筋送检。

(6) 特殊情况送原材试件到项目部的必须与项目部有交接手续。

(7) 接到检测结构不合格报告通知后应积极配合检测单位做好双倍复试工作、钢筋退场工作和施工现场的处理工作。

(8) 采购钢筋由建设单位限定供货商和钢筋生产厂家，项目部无权使用限定以外的钢筋生产厂家生产的钢筋。

3.4.4.2 成品与半成品管理

1. 管理措施

(1) 项目经理部根据施工组织设计、设计图纸编制所施工工程项目具体的成品保护措施，并以合同、协议等形式明确施工人员对成品的交接和保护责任，项目经理部负责监督、协调管理。

(2) 统一供应的材料、半成品、设备进场后，由项目经理部物机部负责保管，项目经理部安质部进行协助管理，由项目经理发送到各作业队或施工班组的材料、半成品、设备，由作业队或施工班组负责保管、使用。

(3) 上道工序与下道工序（或不同专业单位间的工序交接）之间要办理交接手续。交接工作在各专业之间进行，项目经理部起协调监督作用，项目经理部各主管工程师要将交接情况记录在施工日记中。工序产品在验收之前，由该工序的施工班组负责人负责看管，验收后由下道工序施工班组负责人负责看管。

(4) 各专业在进行本道工序施工时，如需要碰动其他专业的成品时，必须以书面形式上报项目经理部，项目经理部与其他专业协调后，其他专业派人协助施工，待施工完成后恢复其成品。最终的工程产品由项目经理部指定专人看管，直至产品交付为止。

2. 技术措施

(1) 钻孔灌注桩施工。

1) 安装钻机时要求钻头中心同钻架上的起吊滑车在同一垂直线上，钻头中心位置偏差不得大于 2cm，钻机底座应垫平稳固，以防钻架倾斜或位移。

2) 钢筋笼与孔壁保持设计保护层距离，每隔 2m 设置一层钢筋耳环（4 个）进行控制。吊放钢筋笼时，必须确保其不变形，并防止碰撞孔壁而引起塌孔。钢筋笼入孔后即牢固定位。

3) 每根桩必须连续灌注，中途中断灌浆不得超过 30min；灌注标高必须高出设计桩顶标高 1.0m。灌注水下混凝土前及灌注过程中及时填写工程检查证和水下混凝土灌注测量记录。

4）桩头预留的主筋插筋，应妥善保护，不得任意弯曲或压断。

（2）半成品保护措施。

1）堆放场地要求：地基平整、排水良好，必要时采用横木搁置，所有成品按指定位置堆放，便于运输，小件成品必须在库中存放。

2）半成品堆放：各类成品分规格堆放整齐、平直，下放垫木，对于可叠层堆放的构件，如钢筋笼等放置必须符合图集及规范要求。保证构件水平且各搁置点受力均匀，防止变形断裂。侧向堆放除放置垫木外还需加设斜支撑，以防倾覆。成品堆放要根据品种和性质的不同做好防雷、防污染、防锈蚀措施。

3）半成品运输：运输成品时需要计算好装车宽度、高度和长度，捆扎牢固，行车平稳，轻装轻卸，吊运时合理选择吊点，保证吊件不产生过大的变形。

3.5 工程施工管理

3.5.1 工期保证措施

严格进行工期计划控制，以机械成孔、混凝土灌注和钢筋笼加工三项工期控制线将总工期分解为小段工期，落实到每个班组和每道工序，实行工期责任制。

做好与施工人员、机械设备和材料有关的各项进度计划，并根据工程实际进度提前组织人员、设备和材料进场。保证各工种人员调配得当，材料质量合格，性能达到设计要求，设备完好率为100%。

做好试桩施工方案与技术交底，提前对工人进行作业与质量培训。严格执行“三检”制度，质检员跟班作业，将质量问题解决在施工过程中，保证工程验收一次性通过。

提前通知监理工程师进行工程验收，避免因不能及时验收影响下一步施工，保证施工工序连接的连续性。

每天对施工进度进行总结，提前预测后面施工中可能影响进度的因素并做出针对各项不利因素的解决措施。以日计划保证周计划，周计划保证月计划，月计划保证整个施工工期。加强例会制度，解决矛盾、协调关系，保证按照施工进度计划进行。

3.5.2 安全生产保证体系和保证措施

1. 安全生产保证体系

成立以项目经理、副经理、总工程师为首的安全生产领导小组，组织领导安全施工管理工作。定期进行安全检查、召开安全分析会议，及时发现问题，研究改进措施，积极推动项目经理部全面安全管理工作的深入开展。

安全生产保证体系见图3.5-1。

2. 吊装施工安全保证措施

（1）吊装前，应对钢筋笼焊接质量进行全面检查，钢筋焊接质量符合相关规范要求。

（2）钢筋吊点布置必须对称布设，防止在吊装过程中出现钢筋笼偏斜等情况。

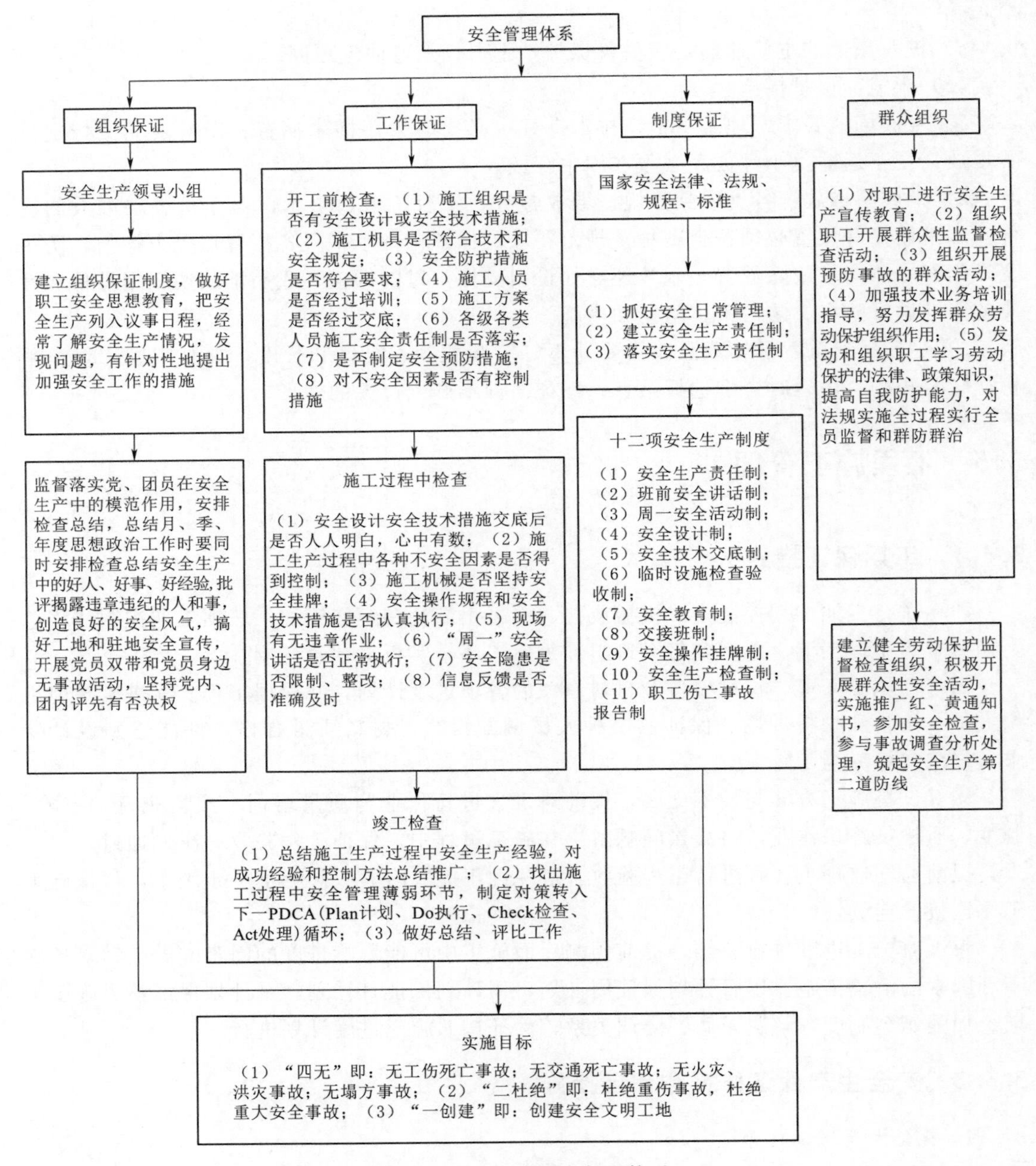

图3.5-1　安全生产保证体系

（3）钢筋笼入孔前应吊直扶稳，钢筋笼中心对准孔位中心缓慢下沉，不得摇晃碰撞孔壁和强行入孔。

（4）钢丝绳和连接部位符合规定。

（5）钢筋笼吊装需要有专人统一指挥，动作应配合协调。无关人员严禁进入钢筋笼吊装影响区域内。

（6）吊装时，现场所有人员必须佩戴安全帽。

（7）若出现6级及以上大风或大雨、大雪、大雾等恶劣天气时，应停止吊装作业。

3. 机械操作安全保证措施

（1）安装钻孔机前，应掌握地质勘探资料，并确认地质条件符合该钻机的要求，地下无埋设物，作业范围内无障碍物，施工现场与架空输电线路的安全距离符合规定。

（2）安装钻孔机时，钻机钻架基础应夯实、平整，钻架下应铺设枕木。

（3）钻机的安装和钻头的组装应参照产品说明书进行，竖立或放倒钻架时，应由熟练的专业人员操作。

（4）钻架的吊重中心、钻机的卡孔和钻孔中心应在同一竖直线上，钻杆中心允许偏差为±2mm。

（5）钻头和钻杆连接螺纹应良好，滑扣时不得使用。钻头焊接应牢固，不得有裂纹。钻杆连接处应放置便于拆卸的垫圈。

（6）施工区域设置警戒线，安排专人负责看护。

（7）作业前重点检查项目应符合下列要求：①各部件安装紧固，转动部位和传动带有防护罩，钢丝绳完好，离合器、制动带功能良好；②润滑油符合规定，各管路接头密封良好，无漏油、漏气、漏水现象；③电气设备齐全、电路配置完好；④钻机作业范围内无障碍物。

（8）作业前，应将各部操纵手柄先置于空挡位置，确认一切正常后，方可作业。

（9）开机时，应先送浆后开钻；停机时，应先停钻后停浆。泥浆泵应有专人看管，对泥浆质量和浆面高度应随时测量和调整，保证泥浆浓度合适。停钻时，若出现漏浆应及时补充，并应随时清除沉淀池中杂物，保持泥浆纯净和循环不中断，防止塌孔和埋钻等情况的发生。

（10）开钻时，钻压应轻，钻速应慢。在钻进过程中，应根据地质情况和钻进深度，选择合适的钻压和钻速，均匀钻进。

（11）变速箱换挡时，应先停机，挂上挡后再开机。

（12）钻进中，应随时观察钻机的运转情况，当发生异响、吊索具破损、漏气、漏渣和其他不正常情况时，应立即停机检查，排除故障后，方可继续开钻。

（13）提钻、下钻时，应轻提轻放。钻机下和井孔周围2m以内及高压胶管下不得站人。严禁钻杆在旋转时提升。

（14）若提钻受阻时，应先设法使钻具活动后再慢慢提升，不得强行提升；若钻进受阻时，应采用缓冲击法解除，并查明原因，采取措施后方可钻进。

（15）钻架、钻台平车、封口平车等的承载部位不得超载。

（16）钻进进尺达到要求时，应根据钢丝绳换算孔底标高，确认无误后，再把钻头略为提起，降低转速，空转5～20min后再停钻。

（17）钻机的移位和拆卸，应按照产品说明书进行，在转移和拆运过程中，应防止碰撞机架。

（18）作业后，应对钻机进行清洗和润滑，并应将主要部位遮盖妥当。

4. 临时用电安全保证措施

(1) 施工现场用电严格遵照《施工现场临时用电技术规范》(JGJ 46—2005) 的要求，实行三级配电二级保护。

(2) 施工用电安全管理，工地安全员需经常对工地安全用电进行检查，发现问题立即整改。

(3) 定时巡查线路，定期对设备进行绝缘测试，所有设备的电源线接拆都需要由专业电工处理。

(4) 每天对漏电保护器进行可靠性检查，如有问题立即更换。

(5) 能架空的全部架空，严禁使用不合格的电缆。

(6) 箱内所有开关都要有设备标签、用电警示标牌。

(7) 现场配备消防器材，如干粉灭火器、沙箱等。

3.6 结语

亚运场馆及北支江综合整治工程是华东勘测设计研究院正在实施的一个具有战略意义的工程总承包项目，项目的政治意义和社会影响力较大。项目中的双排灌注桩斜抛撑深基坑支护工程复杂且具有创造性，结合现场生产实际情况进一步明确了该类深基坑支护结构形式的关键施工工艺和施工质量控制措施，同时对该类深基坑支护结构施工的安全措施、支护拆除施工和常见事故的处理等内容进行研究，形成了该类深基坑支护结构形式的施工技术方案，具备普遍实用性，可为后续类似工程的施工提供参考。

(1) 在左岸冠梁围护区域进行了现场生产性试验。试桩采取跳桩形式，灌注桩桩长均为19.2m，桩径为1.2m。混凝土强度等级采用C30水下混凝土，钢筋经检验合格才能进场使用。通过生产性试验，得出双排灌注桩斜抛撑深基坑支护结构设计优化参数。从现场的支护效果来看，试桩中使用的设计参数可以用于规模化生产与施工。

(2) 结合现场生产实际情况，明确了双排灌注桩斜抛撑深基坑支护结构形式的关键施工工艺，从测量放线、护筒埋设、机械成孔、灌注和检测等各个方面对施工工艺进行了总结，形成了一套完整的可以应用于复杂地质条件下水利工程深基坑支护施工的施工工艺，可为类似的大型复杂深基坑支护工程提供参考。

(3) 通过现场施工经验，对亚运场馆和北支江综合整治工程深基坑支护设计与施工进行了总结，在机械设备、人员安排、施工质量控制措施、成品保护措施和施工中常见困难等方面进行了研究，并给出了合理的建议及措施。

第4章 长螺旋钻孔灌注桩在水利工程中的设计和施工工艺

4.1 工程概况

4.1.1 基本概况

北支江上游水闸、船闸工程主要工程项目包括：新建上游水闸、上游船闸及工程范围内的堤防工程等。水闸由上游钢筋混凝土铺盖、闸室、下游钢筋混凝土护坦组成。左岸与防护堤相接，右岸与船闸上闸首相邻。闸室段为水闸工程的主体，闸室为平底开敞式结构，由闸底板、闸墩和工作闸门等组成。水闸共3孔，每孔净宽60.0m，闸底板顺水流方向长30.0m，闸室总宽225.0m（不含船闸），闸墩顶高程为6.70m。闸门采用底轴驱动式翻板闸门，闸门尺寸为60.0m×4.9m（宽×高），最大挡水高程6.00m。

根据选定闸址的枢纽总体布置，通航建筑物为一线单级船闸，布置在枢纽右岸，左邻泄洪建筑物，右毗岸边侧与亲水平台相接。船闸主要建筑物包括上闸首、下闸首、闸室、上游引航道和下游引航道五部分，根据船闸规模、等级和过闸方式等要求，船闸主体建筑物及上下游引航道总长346.0m。

4.1.2 水文气象条件

工程区域位于钱塘江流域，属亚热带季风气候区，季风显著，四季分明。春季潮湿多雨，夏季高温酷暑，秋季凉爽宜人，冬季低温少雨。汛期暴雨频繁，夏、秋、冬季易出现干旱。“梅雨”期间连续阴雨，降水量大而且集中，易发生洪涝灾害。多年平均气温为16.1℃，极端最高气温为44.2℃，极端最低气温为－14.4℃。多年平均降水量为1479.3mm，年内呈明显季节性变化，70%左右的雨量集中在3—9月的春雨、梅雨和台雨期。多年平均蒸发量为1283.1mm，最多达1523.3mm，最少为1024.1mm。多年平均日照时数为1927.7h，最多达2322h，最少为1692.8h。全年无霜期较长，平均约232d。富阳站实测最大24h雨量为256.5mm，最大三日雨量为319.7mm，夏季盛行东南风和西南风，冬季主要是偏北风和西北风。富春江富阳段全长52km，为钱塘江河口的感潮河段，以径流作用为主，潮区界富春江电站以上流域面积约为31300km^2，多年平均流量为952m^3/s。据富阳水文站潮汐特征值资料统计，多年平均高潮位为4.52m（1985国家高程基准，下同），多年平均低潮位为4.14m，平均潮差为0.41m，历史最高洪水位为 11.11m。

4.2　长螺旋钻孔灌注桩设计

桩基础在我国应用较为广泛，主要包括灌注桩型、预制桩型、搅拌桩型等三大桩型体系。灌注桩又可根据成桩材料、桩体形状和施工工艺进行细分，如常见的灌注桩型有钻孔灌注桩、人工挖孔桩和沉管灌注桩等。预制桩型有钢筋混凝土桩、预应力管桩和钢桩等。搅拌桩型有水泥搅拌桩、加筋水泥土搅拌桩和石灰土搅拌桩等。

长螺旋钻孔压灌桩属于灌注桩型的一种，是一种较为成熟的地基处理工艺，它是在水泥粉煤灰碎石桩（即 CFG 桩）的基础上改进的一种刚性桩。它借鉴了 CFG 的施工工艺，将其运用到钢筋混凝土桩基中，既继承了 CFG 桩工艺具有的施工速度快、质量容易控制、没有振动和泥浆污染的优点，又发扬了钢筋混凝土钻孔灌注桩桩身强度高、单桩承载力大的特点，因此广泛运用于基础工程中。

混凝土灌注桩已经广泛用于各种工程的基础处理，钻孔灌注桩成孔通常采用回旋钻、冲击钻、旋挖钻成孔的施工工艺。近年来，水利工程中河道整治、城市防洪、排涝工程越来越受到重视，通常工期紧，且与防洪度汛紧密相关，优质工程和创杯要求也频繁化。部分水利水电工程地质夹层较多，粉砂层及卵石层含泥量极少，有流沙、承压水等复杂地层，往往造成灌注桩这一类桩的比例较少。

长螺旋钻孔压灌桩具有施工效率高、成孔质量好、无泥浆护壁排渣、噪声低、震动小的特点，对周围环境及邻近建筑物影响小，穿越硬土层能力强，能满足工期紧、质量要求高的水利工程复杂地质施工。为保证施工质量和安全，加快施工进度，降低施工成本，针对工程项目的特点进行技术总结，形成了水利工程长螺旋钻孔压灌桩在复杂地质中的施工工法，具有明显的社会效应和经济效应，同时为长螺旋钻孔灌注桩在水利工程中的应用提供了宝贵的施工经验。

4.2.1　工艺特点和适用范围

4.2.1.1　工艺特点

（1）环保性能好。长螺旋钻孔压灌桩主要是通过长螺旋钻具的螺旋刀片切削土体向上运送到孔外，不需要泥浆护壁，成桩过程中没有泥浆污染，低噪声，低振动。因为是排土成桩，所以产生极小的挤土效应，对邻近的构筑物基础没有不良影响，适用于城区施工，是“绿色桩型”。

（2）成桩质量稳定。采用混凝土压力泵与钻具提升相结合，通过计算泵送量与提升速度，使得混凝土连续泵入，加上高压压料，对桩周土产生渗透、挤密，改善桩周土形成完整性的桩身，不产生桩底的虚土和沉渣。对桩采用插筋器振送钢筋笼，因此对混凝土进行了二次振捣，桩身混凝土更加密实，可有效防止断桩、缩颈、塌孔、夹泥、桩底虚土等灌注桩施工通病。

（3）单桩承载力高。由于长螺旋钻孔压灌桩的特殊成桩工艺，使得成桩后的桩身呈现轻微螺纹，类似于“糖葫芦”形状，相较于其他桩型的桩体，整体充盈系数可达到 1.3 以上，压浆工艺使得全桩与桩周土紧密接触，桩周土层被挤密、渗透后，桩周土的侧摩阻力会提高，沉降与变形会减小，桩基的承载力、抗拔力也就相应地增强。

（4）施工效率高。新型的长螺旋钻机是多功能工程钻机设备，底盘采用全液压步履式行走，孔位就位快捷准确，成孔速度快，能吊插钢筋笼，移动灵活，整体成桩的机械自动化程度高，功率充足，操作简便，动力大，穿越硬土层能力强，施工效率是普通打预制桩1～2倍，施工进度快。

（5）经济效益高。单位承载力的造价相比于其他桩型更加低廉，由于成桩速度快，工期短，成桩机械化程度高，桩径变化范围大，节省了大量的人力物力的消耗，可降低成本10％～15％，社会经济效益凸显。

4.2.1.2 适用范围

长螺旋钻孔压灌桩目前常常被用作各种工程基础桩以及基坑支护，对于承受竖向抗拔的工况，有不错的效果，适用于中高层住宅和大型工业建筑等项目。采用新型钻机的长螺旋钻孔压灌桩可适用于地基土为一般软弱土、可塑状及以上的黏性土、中密状及以上的粉土、砂土，还适用于块石填土层和大粒径卵石层等硬土层及风化基岩层，尤其适用于基桩持力层为中风化基岩层和土层存在地下水等地质条件，将适用桩长扩大到50m。增加全套管的长螺旋钻孔压灌桩更适用于含承压水土层、邻近有复杂构筑物、大粒径卵石层等地质条件。此外，该桩型还可用于地下水位较高，承压水丰富，地质夹层较多，易坍孔地层。

4.2.2 工艺原理

长螺旋钻孔压灌桩是利用长螺旋钻机钻孔至设计深度后，将混凝土输送管与钻杆顶管相连，再与混凝土输送泵接通，在一定压力下，通过泵管、长螺旋钻杆、钻头，随着钻杆的提升，混凝土由桩底向上进行压灌成桩，并随时清除钻杆泥土，至一定标高后提出钻杆，将钢筋笼下置桩孔内，然后用插筋器将钢筋笼压至设计标高即可成桩的一种施工工艺。

传统水下钻孔灌注桩方法是采用泥浆护壁，将钻头钻出的土搅成泥浆循环排出孔外，钻孔过程中会产生大量的泥浆。长螺旋钻孔法是用一种大扭矩动力头带动的长螺旋中空钻杆快速干钻，钻孔中的土除一部分被挤压外大部分被输送到螺旋钻杆叶片上，土在上升时被挤压致密与钻杆形成一土柱，土柱与钻孔间隙仅几毫米，类似于一个长活塞，土柱使钻孔在提钻前不坍塌。即使在有地下水的地层，由于土柱与钻孔间隙小，钻孔速度快，钻孔内渗出并积存的水很少，孔内也不会坍塌。

4.2.3 设计参数和施工布置

1. 设计参数

水闸场地上部以高压缩性的淤泥质土、密实度低的粉土、粉细砂为主，工程性能较差，场地不具备浅基础条件，⑥-4层卵石层及以下工程性能较好，因此采用钻孔灌注桩进行加固处理，以⑥-4层卵石层作为桩基础持力层的地层。

桩基合理使用年限为50年。根据地质报告，地下水、地表水和承压水对普通混凝土均无明显腐蚀性；地表水和地下水对钢筋混凝土结构中钢筋均为弱腐蚀性，承压水对钢筋混凝土结构中钢筋具中等腐蚀性；地表水和地下水对钢结构均为弱腐蚀性，承压水对钢结构具中等腐蚀性。场地地下水位埋深浅，地基土对普通混凝土和钢筋混凝土结构中钢筋的腐蚀性评价可参考环境水的腐蚀性评价。

综合基桩使用年限和所处环境情况，灌注桩混凝土采用 C30（28d），考虑本工程区属沿海地区，受海水涨潮倒灌影响，混凝土掺配海水耐蚀剂，掺量为胶凝材料的 6%。桩身裂缝控制等级为三级，最大裂缝宽度为 0.2mm。⑥-4 层卵石层及以下工程性能较好，以⑥-4 层卵石作为桩端持力层。水闸基础灌注桩桩径 0.8m，间排距 3.0m，矩形布置，桩顶嵌入闸室底板 10cm。

根据荷载情况，水闸基础、左岸上游扶壁式挡墙基础采用钻孔灌注桩处理。基础灌注桩桩径为 0.8m，间排距为 3.0m，局部根据结构尺寸和受力特点进行灌注桩间排距和布置形式的调整。灌注桩长度须满足设计要求，同时应深入⑥-4 层卵石层以下至少 2m，桩顶嵌入闸室底板 10cm。根据计算，单根灌注桩的竖向承载力特征值应达到 2040kN，水平向承载力特征值应达到 214kN，相应的竖向承载力标准值为 4080kN。

2. 施工布置

（1）基坑围护。左岸基坑围护分为基坑围护钻孔灌注桩和施工平台闸室范围内钻孔灌注桩，灌注桩采用跳打方式，相邻两桩最小施工间隔时间不应小于 36h。三轴水泥土搅拌桩施工完成后，即进行钻孔灌注桩的施工准备，待三轴水泥土搅拌桩退场后工作面具备施工条件后开始进行钻孔灌注桩的施工。混凝土采用商品混凝土直接由混凝土罐车送入仓。

左岸基坑围护 ϕ800 钻孔灌注桩共 99 根，桩长 15.1m，ϕ1200 钻孔灌注桩共 45 根，桩长 24.6m。施工平台闸室底板范围内 ϕ800 钻孔灌注桩共 90 根，桩长 18m。灌注桩施工造孔采用冲击钻机造孔，水下直升导管法浇筑混凝土。

钻孔灌注桩施工工艺流程见图 4.2-1。

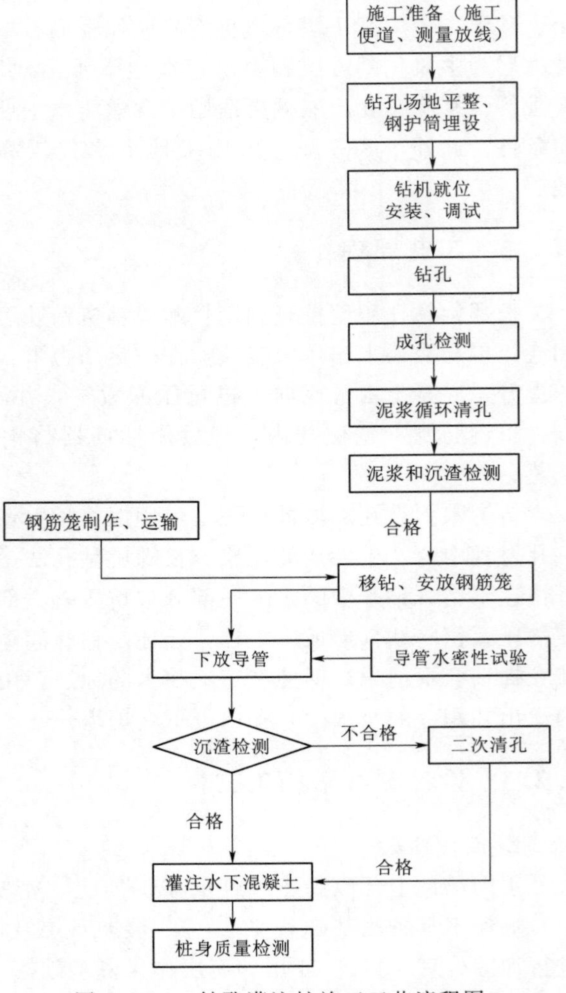

图 4.2-1　钻孔灌注桩施工工艺流程图

（2）闸门。假定闸室底板上全部荷载均由桩基承担，闸室桩基采用混凝土钻孔灌注桩。灌注桩按摩擦端承桩设计，即桩顶竖向荷载由桩侧阻力和桩端阻力共同承受，桩端进入⑥-4层卵石层。桩基初拟采用桩径0.8m，@3×3m，矩形布置，深入⑥-4层卵石层2m，平均桩长约18m。

4.2.4 长螺旋钻孔灌注桩钢筋布置改良

基坑内钻孔灌注桩超过1400根，砂层地基采用常规钻孔、钢筋下料、混凝土灌注的方式不仅容易塌孔难以施工，而且工期上非常耗时。为加快工期并保障施工质量，采用了长螺旋钻孔灌注桩施工工艺，节约工期2个月。但由于桩长最大达到22m，平均桩长18m，钢筋下压非常困难，为此开展长螺旋钻孔灌注桩钢筋笼底部形状优化改良试验，加长钢筋笼并改为锥形底角，选用可冲击回转的跟管钻具将护壁钢套管打入地层，并定期检测孔斜情况，如发现孔斜超标时，及时调整钻机水平度及钻杆垂直度进行纠偏，确保钻孔孔斜率在1%以内，改良效果图见图4.2-2。

图4.2-2 长螺旋钻孔灌注桩钢筋笼底部形状优化改良效果图

本项改良技术施工科学、合理、安全、可靠，有助于提高长螺旋灌注桩在施工中的进度、质量和施工精度，保障了钻进速度和成桩质量，极大地提高了施工效率，在北支江上游水闸、船闸工程和北支江下游水闸、船闸工程中成功应用，效果良好，得到了业主、监理单位的一致好评。

4.2.5 长螺旋钻孔灌注桩效益分析

（1）经济效益。长螺旋钻孔灌注桩与回旋钻成孔经济效益比较见表4.2-1。

（2）社会效益。采用本工法进行长螺旋钻孔压灌桩施工，施工速度快、成孔质量高，操作灵活方便，安全性能高、适应能力高，是一种比较理想的施工工艺，较之传统的钻孔工艺在复杂地层中施工具有较多优势。该工法的成功应用不但得到了各参建单位和行业主管部门的一致好评，而且体现了企业的施工技术水平，节约了混凝土和泥浆处置费用，降低了施工成本，社会效益和环保效益非常突出。

表4.2-1 经济效益分析(与回旋钻成孔相比较)

序号	项 目	费用
一、节约泥浆制备和处置费用		
1	膨润土采购(单桩需要500kg)	500×0.85=425元
2	泥浆制备、泥浆池建设、维护	20×12=240元
3	传统冲击钻单桩泥浆量为单桩体积的3倍($10\times3=30m^3$)	30×90=2700元
4	合计	3545元
注 以800mm桩径、桩长20m为例,单桩方量π×0.42×20=10.0;杭州市区泥浆外运市场成本价为90元/m^3。		
二、降低混凝土充盈系数压灌混凝土		
1	传统冲击钻在复杂地层中充盈系数为1.3左右,$10\times0.3=3m^3$	3.0×613=1839元
2	长螺旋钻孔压灌桩充盈系数为1.05左右,$10\times0.05=0.5m^3$	0.5×613=307元
3	价差(节约)	1532元
注 以800mm桩径、桩长20m为例,单桩方量π×0.42×20=10.0;施工期杭州市富阳区商品混凝土价格为613元/m^3。		
三、成孔人工费及机械费		
1	传统冲击钻成孔人工费和机械费(清工费)	220×20=4400元
2	长螺旋钻孔压灌桩人工费和机械费(清工费)	280×20=5600元
3	价差(增加)	1200元
注 以800mm桩径、桩长20m为例,施工期杭州市富阳区冲击钻在复杂地层中施工清工费市场价为220元/m,长螺旋钻孔压灌桩清工费市场价为280元/m。		
合计:单桩节约费用(3545+1532-1200)=3877元		

(3)效果评价。针对水利工程复杂地质、地下水位高或有承压水、文明和环保要求高的特点,采用长螺旋钻孔压灌桩,施工效率高、质量稳定、场容干净整洁。与普通灌注桩相比,在相同地质条件下,单桩承载力较高,同时可省去泥浆护壁和泥浆处理措施,综合效益明显。该长螺旋钻孔压灌桩施工工法,解决了在复杂地质条件中施工的难题,施工全过程始终处于安全、快速和可控状态,工程质量优良,得到了参建各方的好评。

4.3 施工工艺

4.3.1 试桩要求和目的

长螺旋钻孔灌注桩施工前应进行工艺性试桩,试桩数量不小于2根,2019年7月2日在水闸2号孔进行试桩,试桩长度同设计桩长一致。

根据现场实际情况,长螺旋桩基进场组装在水闸2号孔闸室区域,该段区域较为平坦,故试桩采取就近原则,在水闸2号孔进行试桩,试桩桩位编号为2-t5、2-v5。试桩采取跳桩形式。桩位编号为2-t5、2-v5的现场试桩开挖检查图见图4.3-1和图4.3-2。

工艺性试桩总共取2根,2-t5施工参数:不埋设护筒,钻进速度为2.0m/min,提升速度为1.8m/min;2-v5施工参数:埋设护筒,钻进速度为2.3m/min,提升速度为

图 4.3-1 2-t5 试桩开挖检查

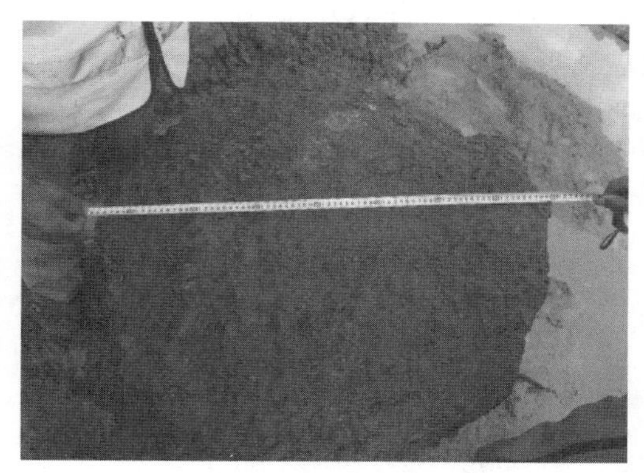

图 4.3-2 2-v5 试桩开挖检查

2.3m/min；试桩时记录各个施工参数及施工情况。试桩桩位的平面布置图见图 4.3-3。

试桩目的如下：

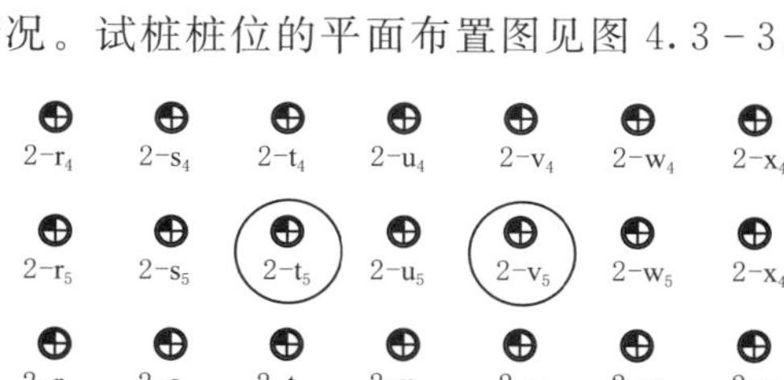

图 4.3-3 试桩桩位的平面布置图

（1）对设计地质进行验证，取得详细的地质参数。

（2）研究长螺旋钻机在本工程地质的适应能力及施工工效。

（3）验证混凝土配合比在长螺旋压灌桩施工中的适应性。

（4）确定钻孔过程中下成速度；确定压灌混凝土提升速度。

（5）钢筋笼下插施工质量是否满足设计要求。

（6）通过试验确定合理的机械、人员配置方案。

（7）按要求对试验桩进行试验检测。

4.3.2 试桩情况

试桩由项目总工负责全面施工工作，技术员、试验员、测量员负责具体的技术指导、试验检测和平面位置的控制工作。混凝土采用上闸拌和站自拌混凝土，钢材经检验合格再进场使用。灌注桩工艺性试桩现场图见图 4.3-4。

根据现场实际情况，长螺旋桩基在 2 号孔闸室区域进行组装，该段区域较为平坦，故试桩采取就近原则，2019 年 7 月 2 日在水闸 2 号孔往 1 号闸孔进行试桩，一阶段试桩桩位编号 2-t5、2-v5。2019 年 7 月 11 日进行二阶段试桩，二阶段试桩编号 1-b5、1-d5。现场试桩均严格按已批复的《长螺旋压灌桩工艺性试桩方案》执行。一阶段工艺性试桩总共取 2 根，二阶段试桩 2 根。具体试桩施工现场图见图 4.3-5。

长螺旋一阶段试桩完毕，待桩体达到一定强度后，对其进行开挖检查。2019 年 7 月 6 日对 7 月 2 日一阶段 2 根试桩进行开挖检查，开挖检查结果：2-t5 桩身直径为 87cm，2-v5 直径为 80cm，均符合设计要求，桩身外观质量较好。故二阶 1-d5、1-b5 段试桩对施工参数进行调整，在 2-t5、2-v5 提升速度取中间值，均埋设长护筒，钻进速度为 2.3m/min，提升速度不大于 2.0m/min。表 4.3-1 列出了灌注桩试桩的施工明细情况。

图 4.3-4 灌注桩工艺性试桩

图 4.3-5 试桩施工现场

表 4.3-1 灌注桩试桩的施工明细表

序号	桩号	开孔日期	地面标高/m	设计桩底标高/m	设计桩顶标高/m	设计桩长/m	施工桩长/m	实际方量/m^3	理论方量/m^3	充盈系数
1	2-t5	2019 年 7 月 2 日	0.50	−22.50	−4.8	17.70	23.00	15.0	11.50	1.30
2	2-v5	2019 年 7 月 2 日	0.50	−22.50	−4.8	17.70	23.00	15.0	11.50	1.30
3	1-d5	2019 年 7 月 11 日	0.50	−22.00	−4.8	17.20	22.50	12.9	11.25	1.15
4	1-b5	2019 年 7 月 11 日	0.50	−22.00	−4.8	17.20	22.50	13.0	11.25	1.24

注 以上充盈系数计算理论方量均按施工桩长计算。

试桩施工过程主要质量检验有：施工原始记录、混凝土坍落度、桩数、桩位偏差、桩顶标高、钢筋笼质量、桩体抗压强度，试桩过程中主要异常情况。具体试桩检查项目明细见表 4.3-2。

2019 年 7 月 21 日委托有资质的第三方试验检测机构对试桩进行完整性检测。2-v5 开挖将超灌素混凝土破断后量测桩头，因地下水丰富，暂不深度开挖凿除桩头进行完整性检测。故本次试验共检测 3 根，其中Ⅰ类桩 2 根，占所测桩数的 66.67%；Ⅱ类桩 1 根，占所测桩数的 33.33%。

表 4.3-2　　试桩检查项目明细表

序号	检　查　项　目	规范和设计要求	试桩检查结果	备注
1	孔位偏差	50cm	<2cm	
2	孔径	不小于设计要求	均不小于 80cm	
3	垂直度	≤1%	≤1%	
4	护筒埋设偏差	≤5cm	<2cm	
5	护筒埋设垂直度	1%	≤1%	
6	主筋间距	±10mm	符合	
7	钢筋笼直径	±10mm	符合	
8	螺旋筋螺距	±20mm	符合	
9	钢筋笼长度	±50mm	符合	
10	钢筋笼的弯曲度	0.01	符合	
11	主筋保护层允许偏差	±20mm	符合	
12	钢筋笼中心与桩孔中心	±10mm	符合	
13	坍落度	180～220cm	符合	

本次低应变检测施工现场暂不具备开挖凿至设计桩顶条件，均在施工桩顶高程上进行检测，Ⅱ类桩 2-t5，检测桩顶高程为 0.5m，设计桩顶标高为-4.8m，检测桩长为 23m，设计桩长为 17.7m。检测结果显示在桩顶 0.5m 以下 4.5m（-4.0）处存在轻微缺陷，该处为桩头超灌部位，采用素混凝土，不属于设计桩长段。综合上述，3 根试桩设计桩长段完整性检测均无缺陷或轻微缺陷，灌注桩试桩完整性检测情况较好，故指导性施工参数：钻进速度为 2.3m/min，提升速度为 2.0m/min。

4.3.3　施工工艺流程

长螺旋钻孔灌注桩工艺采用的超流态混凝土是在泵送混凝土和流态混凝土基础上配置的，其和易性及流动性好、坍落度大，便于泵送和钢筋笼下入。混凝土输送泵通过高压管路及长螺旋钻杆相连，中空的螺旋钻杆原地旋转，把搅拌好并运输至泵送料斗里的超流态混凝土通过泵管以约 30kPa 的压力压至钻头底部，此时单向阀打开，混凝土压出并进行钻杆提升，随着钻杆土柱的上升，孔内混凝土压满，由于孔内积聚高压，并有钻杆的抽吸作用，在软土地基中混凝土充盈较多形成扩径桩，对提供桩承载力很有好处。图 4.3-6 为长螺旋钻孔灌注桩施工工艺流程图。

4.3.4　操作要点

长螺旋钻孔灌注桩施工工艺的一些操作要点包括定位放样、钢护筒埋设、钻机就位、成孔、钢筋笼制作、压灌混凝土、水下混凝土浇筑、下置钢筋笼和成品桩保护。

1. 定位放样

根据设计桩位平面位置图用全站仪定出灌注桩桩位，及时报请监理工程师验收批复。

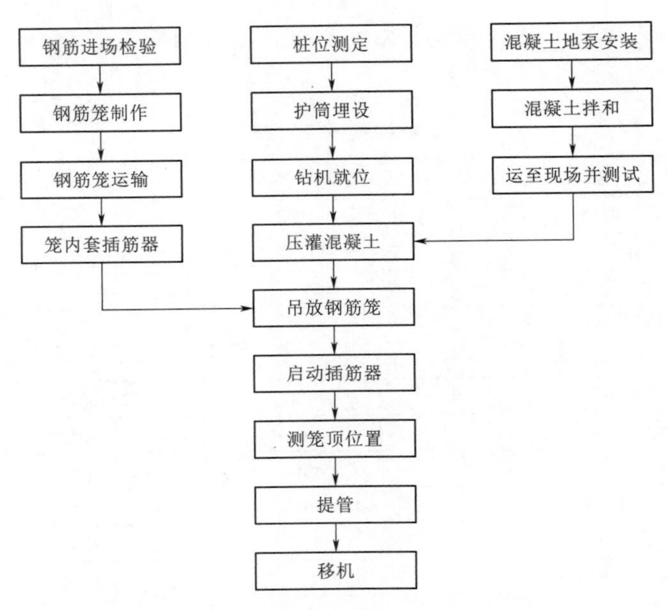

图 4.3-6　长螺旋钻孔灌注桩施工工艺流程图

施工前先平整施工场地，按照基线控制网及设计坐标，用全站仪精确放出桩位，然后用钢尺复核桩位间几何关系，经测量人员和测量监理工程师复核无误后，放出桩基十字线方向的护桩。图 4.3-7 展示了施工现场的测量定位验收过程。

2. 钢护筒埋设

长螺旋钻孔压灌桩一般情况下不埋设护筒也可进行施工作业，但为保证桩头施工质量、钢筋笼下插施工质量和保护层，建议考虑埋设护筒，护筒埋设的位置应与桩位相吻合，桩位采用全站仪极坐标法定位，并用十字线确定护筒的埋设位置。根据现场实际和地质情况，护筒采用 1.5cm 厚钢板制作，长度为 3.0～6.0m。图 4.3-8 为现场钢护筒埋设图。

图 4.3-7　施工现场的测量定位验收过程

图 4.3-8　现场钢护筒埋设

护筒埋设要求：护筒埋设采用 PC220 钢板桩打拔机；护筒直径比桩径大 5cm 左右，宜高出地面不少于 30cm；护筒沉放入地层后，用十字线复查护筒中心是否与桩中心吻合，确保埋设后护筒平面位置偏差小于5cm；为增加刚度防止变形，在护筒上、下端和中间的外侧各焊一道加劲肋。

3. 钻机就位

钻机就位前合理布置施工场地，先平整场地、换除软土、夯打击实，场地整平后平整度应在±10cm范围内，然后铺设钢板或宕渣，以免钻机底盘直接置于填土或软土上，产生不均匀沉降。

钻机就位后，用过钻机自带水平仪进行水平校正，然后调整钻机，用双垂球双向复核钻杆垂直度，使其垂直度偏差小于0.5%。桩机就位，使桩尖对准桩位中心，桩尖与桩点偏移不得小于1cm，并将钻尖开启阀门关闭，确保活门内不进土。钻头对准原桩位以后，检查桩基电子平整仪，复核钻塔上正侧面的铅锤均居中时，说明钻塔垂直度满足复核要求。

4. 成孔

第一根桩施工时，压力不宜太大，低压慢运钻进，掌握地层对钻孔的影响情况，以确定在该地层条件下的钻进参数。在钻进进程中，为防止超径，保证垂直度，采用小压力慢转速旋挖，待钻机无较大晃动后，再根据地质情况的变化，调整钻机钻进速度。钻进时应注意电流变化，当电流变化超出电机额定电流时，应迅速刹住主卷扬进行空钻，待电流值降到规定范围或叶片上的土块甩出电流正常后方可继续钻进。

钻进过程中应防止钻进速度太快造成蹩钻，可采用间歇式钻进方法，即：钻进→空钻→钻进，以利于被切割的土体及时排出地面，钻进过程中不宜反转或提升钻杆。成孔达到设计标高后，根据钻机塔身上的进尺标记，对孔底标高和设计持力层进行检查，停止钻进后进行终孔。钻进过程中，排出孔口的土应随时清除、运走，图4.3-9为现场钻孔施工图。

5. 钢筋笼制作

(1) 钢筋进场后，按规范进行原材料取样检测，检测合格后方可使用。

(2) 根据设计图纸、施工工艺，在钢筋加工场进行钢筋笼制作，钢筋加工场采用混凝土进行硬化。

(3) 根据钢筋笼设计长度和单节笼长对钢筋笼长度进行分节，为便于钢筋笼吊装和保障运输质量，分节长度控制在9～14m范围内。

(4) 主筋制作前必须平直，局部不得有弯曲，钢筋表面不得有锈蚀。

(5) 钢筋笼制作外形尺寸和焊缝符合设计要求及规范规定，主筋间距偏差为±10mm，箍筋间距偏差为±20mm，钢筋笼直径允许偏差为+10mm，钢筋笼保护层允许偏差为±20mm；主筋焊接时，同一截面钢筋接头不得多于主筋总根数的50%，接头错位距离应大于35d，且不小于50cm。主筋焊缝长度单面焊为10d（d为直径）。钢筋笼制作长度和

图4.3-9 现场钻孔施工图

安装深度允许偏差为±100mm。

（6）吊点位置用 5cm 的短钢筋焊接加强，钢筋笼完成后待质检员、监理检验合格后运送至施工现场，运输过程中要轻吊轻放，防止由于吊装和运输方式造成钢筋笼变形。

（7）保护层垫块采用外购圆形垫块，垫块直径为 10cm，每 2m 设置 1 组垫块，每组按钢筋笼截面面积均分布置。钢筋笼验收见图 4.3-10。

图 4.3-10　钢筋笼验收

6. 压灌混凝土

混凝土泵应根据桩径选型，安放位置应与钻机的施工顺序相配合，需通过试验确定泵送频率。泵管布置应尽量减少弯道，尽可能保持水平，长距离泵送时泵管下面应垫实，泵与钻机距离不宜超过 60m。泵管和高强柔性管必须用卡环连接牢靠，保持管道畅通，卡环更换后必须清洗干净并做好防锈处理。

图 4.3-11　压灌混凝土现场

混凝土泵送应连续进行，当钻机移位时，混凝土泵料斗内的混凝土应连续搅拌，泵送混凝土时，料斗内混凝土的高度不得低于 40cm，以防吸进空气造成堵塞。首次压灌混凝土时应加压停顿 15～30s，再缓慢提升钻杆。提钻速度应根据工艺性试验结果进行确定，且应与混凝土泵送量相匹配，保证管内混凝土的高度和孔内混凝土埋钻深度，压灌混凝土现场见图 4.3-11。

当钻机钻孔达到要求深度后，停止钻进，同时启动混凝土输送泵向钻具内输送混凝土，待混凝土输送到钻具底端将钻具慢慢上提 0.1～0.3m，以观察混凝土输送泵压力有无变化，判断钻头两侧阀门是否已经打开，输送混凝土顺畅后，方可开始压灌成桩工作，严禁先提管后泵料。提升速度要与泵送速度相适应，提升速度控制在 1.5～2.5m/min。压灌成桩过程中提钻与输送混凝土应自始至终密切配合，钻具底端出料口不得高于孔内混凝土液面，应始终保持在混凝土面1m以下，防止缩径、断桩等质量事故发生。为确保桩身质量，桩身混凝土应满灌，钻头提至孔口时，应适当埋入一定深度，确保桩头部位的桩径达到设计要求。

当气温高于30℃时，宜在输送泵管上覆盖隔热材料，如麻袋、草袋，每隔一段时间洒水湿润，以防管内混凝土失水离析，造成堵塞泵管。泵送混凝土过程中，遇到输送管道堵塞时必须立即停止泵送，并进行泵送的逆操作，直到采取措施清除堵塞后方可继续泵送；若钻头、钻杆堵塞时，必须立即停止泵送，进行泵送的逆操作，并将钻杆拔出地面，清除堵塞后重新对准原桩位钻至设计深度，再重新泵送混凝土。若非连续施工，应分别用水和砂浆湿润和润滑料斗、分配阀及输送管道，保证管道畅通，以防泵送混凝土时发生堵塞现象。

7. 水下混凝土浇筑

混凝土灌注采用直升导管法施工，导管在孔位附近先分段组拼，再逐段用桩机起吊，在孔口拼装，沉入钻孔内，导管吊入下沉时，应保持位置居中，防止卡入钢筋笼碰撞孔壁。导管拼接后进行压水试验，合格后方可使用。

混凝土配合比在浇筑前先进行室内试验，采用C30水下灌注混凝土，并报监理工程师审批，现场施工时按照《水利水电工程施工质量检查与评定规定规程》（SL 176—2007）及《水工混凝土施工规范》（SL 677—2014）的相关要求制作留置混凝土试块，以备进行混凝土试块统计评定。

混凝土由自建拌和系统拌制，混凝土搅拌车运输至混凝土输送泵，混凝土输送泵管布置宜减少弯道，混凝土泵与钻机的距离不宜超过60cm。

水下混凝土灌注的开浇和连续浇灌均按规范进行，开浇混凝土应保证一次排清导管内的泥浆并封底，浇筑中途不得停顿，灌注过程中注意观察管内混凝土下降和孔内泥浆液面的升降情况，及时测量孔内混凝土高程，正确指导导管提升和拆除。混凝土的初存量应保证首次填充的混凝土入孔后，使导管埋入混凝土的深度大于1m，在灌注过程中，导管埋深不大于4m。

为保证浇灌质量，防止"掉渣"造成夹泥、断桩，采取适当增加充盈系数，将混凝土压灌至孔口，在底板施工前再凿至设计顶高程。为确保桩顶混凝土质量，钻孔灌注桩浇筑顶高程比设计桩顶高800mm左右，在冠梁施工前再凿至设计顶高程。

8. 下置钢筋笼

混凝土压灌后，孔口周围的泥土应清除干净，泥土不允许掉入孔内，将钢筋笼用副卷扬吊起直立于孔口，为满足钢筋笼吊运不变形的要求，钢筋笼吊点位置应严格选取，宜采用两点吊。第一吊点设在骨架的下部，第二吊点设在骨架长度的中点到上2/3之间。起吊时，先提第一吊点，使骨架稍提起，再与第二吊点同时起吊。随着第二吊点不断上升，慢慢放松第一吊点，直到骨架与地面垂直，停止第一吊点起吊，用劲形骨架固定。

钢筋笼吊至插筋器前，先用PC220挖机将钢筋笼慢速套入插筋器中。将桩孔口周围的泥土清除干净，并将钢筋笼用副卷扬机吊起直立于孔口，吊放钢筋笼入孔时，对准孔位，吊直扶稳，避免碰撞孔壁。再利用钢筋笼的自重下至一定深度，利用插筋器振动植入装置缓慢植入，现场下置钢筋笼过程见图4.3-12。

图4.3-12 现场下置钢筋笼过程

9. 成品桩保护

施工前应确定钻机和其他设备的行走路线，严禁施工设备直接碾压施工完成的成品桩。刚灌注后的桩顶，采用钻孔的渣土覆盖，防止雨水冲刷、日晒干裂。钻机成孔过程中，及时采用PC220挖机对旋翻上来的渣土进行处理，倒运至现场临时堆土场进行晾晒。晾晒后运至场外指定弃渣场。弃土清运时，严禁清运设备碰撞成品桩，弃土应集中堆放在成品桩区间外且远离成品桩。桩间土宜采用小型机械与人工清运，桩头应人工凿除且清理干净，桩间应平整。

4.4 施工质量控制

落实施工质量控制体系主要是围绕“人员、机器、原料、方法、环境”五大要素进行的，任何一个环节出了差错，势必使施工的质量达不到相应的要求，故在质量保证计划中，对施工过程中的五大要素的质量保证措施必须予以明确、落实。

（1）施工中“人员”的因素是关键，无论是从管理层到劳务层，其素质、责任心等的好坏将直接影响到工程的施工质量。故对于“人员”因素的质量保证措施主要是从人员培训、人员管理、人员评定来保证人员的素质。在进场前，对所有的施工管理人员和施工劳务人员进行各种必要的培训，关键的岗位必须持有效的上岗证书才能上岗。在管理层积极推广计算机的广泛应用，加强现代信息化的推广；在劳务层，对一些重要岗位，必须进行再培训，以适应更高的要求。在施工中，既要加强人员的管理工作，又要加强人员的评定工作，人员的管理和评定工作对象应是项目的全体管理层和劳务层，按照层层管理、层层评定的方式进行。进行这两项工作的目的在于使进驻现场的任何人员在任何时候均能保持最佳状态，以确保工程能顺利完成。

（2）进入现代的施工管理，机械化程度的提高为工程更快、更好地完成创造了有利条件。但机械对施工质量的影响亦越来越大，故必须确保机械处于最佳状态，在施工机械进场前必须对进场机械进行一次全面的保养，使施工机械在投入使用前就已达到最佳状态，而在施工中，要使施工机械处于最佳状态就必须对其进行良好的养护、检修。在施工过程中需制定机械维护计划表，以保证在施工过程中所有的施工机械在任何施工阶段均能处于最佳状态。

（3）材料是组成本工程的最基本的单位，也是保证质量的最基本的单位，故采用的材料的优劣将直接影响工程的内在和外观质量。“原料”的因素是最基本的因素。为确保“原料”的质量，必须对施工用材、周转用材的质量进行落实，混凝土采用自拌混凝土，严格按设计要求和相应规范施工。

（4）“方法”是指施工的方法，而“环境”则是指施工工序流程。在本工程的施工过程中，必须利用合理的施工流程、先进的施工方法，才能更好、更快地完成本工程的施工任务。

4.4.1 机械设备

表4.4-1列出了本次长螺旋钻孔灌注桩施工中投入的机械设备，其中灌注桩施工采用CFG-32履带式液压打桩机；表4.4-2则介绍了部分施工设备的用途。

表4.4-1 长螺旋钻孔灌注桩施工中投入的机械设备配置表

序号	设备名称	规格型号	数量	备注
1	CFG钻机		1台	
2	混凝土输送泵	HTB60	1台	
3	离心插筋器		1台	
4	泵输送管	DN-150	360m	
5	电焊机	BX1-315	4台	
6	混凝土试件	150mm×150mm×150mm	12套	
7	全站仪	NTS-300	1台	
8	水准仪	S3	2台	
9	挖掘机	PC200	2台	
10	液压钢板桩打拔机	PC450	1台	
11	平板车	70t	2台	
12	钢板	2cm、6.5m×1.25m	15张	

表4.4-2 部分施工设备用途一览表

序号	设备名称	设备型号	单位	数量	用途
1	挖土机	PC220	台	1	清理渣土，吊插钢筋笼
2	混凝土罐车	$8m^3$	台	1	运输混凝土
3	钢筋弯曲机	GW40	台	1	钢筋加工
4	电焊机	BX-300	台	3	钢筋加工
5	钢筋切断机	GJ40	台	2	钢筋加工
6	混凝土输送泵	HBT80.13.110S	台	1	压灌混凝土
7	插筋器	ZX450H	台	1	下置钢筋笼

4.4.2 施工常见问题

施工中常见的问题如下。

（1）堵管。在施工过程中关闭钻头两侧阀门防止钻屑进入钻杆内造成钻杆堵塞。当泵混凝土时随着泵压增加两侧阀门打开，由此将混凝土灌入孔内。一旦提钻时阀门打不开，直接导致孔内无混凝土。所以要求每次开钻前后均应检查阀门是否卡死。如果出现塑性高的黏性土层，则采用钻具回转泵混凝土法，即在泵混凝土的同时使钻具在提拉下正向回转，使挤压在阀门的泥松动脱落，从而在泵压下打开阀门。

（2）卡钻。卡钻由多种原因造成，主要为钻进过程中未及时排土造成叶片夹土过多，阻力过大，电击电流过大，电击启动不开。当遇到这种情况时，应将钻杆提升100～200mm，启动反转，钻具钻动开后，再吊住钻杆启动正转，待叶片的夹土排出后，再进行钻进。一般控制钻进速度为1.5～2.5m/min，具体钻进速度由施工地质条件进行相应调整。

（3）断桩、缩颈和桩身缺陷。出现该问题的主要原因是钻杆提升速度太快，而泵混凝土量与之不匹配，在钻杆提升过程中钻孔内产生负压，使孔壁塌陷造成断桩，而且有时还会影响邻桩。为避免出现此类问题则必须合理选择提升速度，一般为1.2～1.5m/min，保证钻头在混凝土里埋深始终控制在1m以上，保证带压提钻；如果邻桩间距小于5m时，则需采用隔桩跳打法。

（4）夹泥、断桩。出现该问题主要原因是渣土掉入孔口，钢筋孔下压过程中带入桩身。为保证浇灌质量，防止“掉渣”造成夹泥、断桩，采取适当增加充盈系数，将混凝土压灌至孔口。

（5）桩头不完整。造成这一问题主要原因是停灰面过低，没预留充足的废桩头。有时提钻速度过快也会导致桩头偏低。为避免出现此类问题需保证停灰面不小于设计桩顶标高0.5m以上。

4.4.3 施工质量控制要点

1. 桩位和标高控制

成桩施工前，进行场地平整。根据相关技术图纸，利用测量设备确定桩位和标高，控制放线误差在规范标准之内，进而确定成孔点及钻入深度。核对校正基桩定位控制点，使其不受施工影响，并在成桩施工当中，经常复核。

2. 输浆管泵送和堵塞控制

为了避免出现堵管等堵塞问题，混凝土材料配比需合理达标，考虑季节温度因素，采用防冻措施。施工前对整体输浆系统进行清洗，并试泵运行。在施工过程中关闭钻头两侧阀门，防止钻屑进入钻杆内造成钻杆堵塞。当泵混凝土时随着泵压增加打开阀门，由此将混凝土灌入孔内；施工时先用砂浆对泵进行润管，润管砂浆不得压入孔内；高温施工时，对泵送管进行水预冷；灌注桩施工无法连续时，及时清洗泵管。混凝土料斗需装有滤网防止大粒径骨料进入，同时受料斗中混凝土应保持一定高度，避免空气进入。

3. 钻杆质量和垂直度控制

钻杆螺旋叶片的质量和焊接，直接影响成桩之后的桩体直径，应严格把关。通过整平作业面，调整稳固长螺旋钻机，随时校对设备垂直度等措施，控制钻杆垂直误差、钻杆中心和护筒中心间距误差在规范要求以内。

4. 钻进过程质量控制

为避免断桩、缩颈和桩身缺陷，合理选择提升速度，一般为2.0m/min。钻具的钻进速度由缓到快，连续正向转动达到设计深度。应先压灌混凝土再提拔钻杆，控制提钻时机，提钻过早易产生虚土，提钻过晚易产生堵塞。上拔速度应与灌浆压力和灌浆量等工艺参数相匹配，如果上拔过快，泵送料量不足，易产生断桩和夹层等问题。整个压灌过程需连续进行，不得停机或待料，特别是处于不利土层深度时，如饱和粉土层与饱和砂土层等。保证钻头在混凝土里埋深始终控制在1m以上，为了防止窜孔问题并保证带压提钻，可采用隔桩跳打法，还能减少对土体的扰动。

5. 钢筋笼质量和下沉控制

为保证钻孔、下笼施工质量，埋设9m长护筒进行控制。针对钢筋笼的垂直度、变形度和焊接绑扎工作进行复核检查，特别加强钢筋笼底部锥头强度，并控制误差在相应规范标准要求之内。吊放下沉过程中，需设置钢筋保护层支架，避免触碰孔壁，从而控制桩体保护层厚度达到设计要求；钢筋笼应连续插入，初始依靠自重下沉，当下沉困难时，再通过插筋器振动至设计深度；传力钢管上拔时控制速度，避免桩身混凝土存在空隙孔洞问题。

6. 桩身回缩控制

桩身回缩是普遍现象，一般通过超灌予以解决，施工中保证充盈系数大于1。桩顶至少超灌0.5m，并及时清除或外运桩口出土，防止下笼时混入混凝土中。

4.4.4 施工质量保证措施

（1）落实施工方案审批制度，加强技术培训工作，针对本工程的技术要求，做好职工技术培训，考核合格后才能上岗。

（2）整个施工过程严格按照公司通过的ISO 9001：2008《质量管理体系要求》，以及国家和行业有关技术规范进行施工，建立质量保证体系，落实技术复核、隐蔽工程验收制度。

（3）建立起“金字塔”形的质量保证体系，上至技术负责、项目经理，下至班组、施工员，层层把关。

（4）现场质检员作为工序的直接检查和控制者，办理工序质量的各项检查验收工作，对不合格产品和工序必须全程跟踪检查。

（5）每个环节实行班组、现场技术人员、监理工程师联合验收制，保证各环节的质量满足设计规范要求。

（6）施工过程中自觉接受监理工程师、质量监督部门、设计的技术指导与质量监督。

（7）加强工程质量的自我检查与监督，对不符合设计与规范要求的工序，必须返工或采取其他返修措施直至合格，否则不准进入下道工序施工。

（8）落实技术交底制度，建立每周“质量例会”制度，定期检查分析施工中的技术质量问题，并采取措施加以改进，确保工程质量处于有效控制之中。

（9）严格控制现场材料管理，做好材料的检验工作。

（10）做好测量仪器、计量器具的鉴定和复核工作，严禁使用未经校对的器具。

4.5 工程施工管理

4.5.1 安全施工保证

（1）钻孔搅拌时，严禁用手清除螺旋片的泥土，发现紧固螺栓松动时，应立即停机重新紧固后方可继续作业。

（2）作业时如遇卡钻，应立即切断电源，停止下钻，未查明原因前，不得强行启动。

（3）反出的渣土应及时清运至指定位置，不得在工作面附近堆放。

（4）作业时，如遇机架摇晃、移动、偏斜或钻斗内发生有节奏的响声时，应立即停钻，经处理后方可继续施钻。

（5）钻机作业中，电缆应有专人负责收放，如遇停电，应将各控制器放置零位，切断电源，将钻头接触地面。

（6）混凝土浇筑完成后，必须将孔口处加盖板保护。

（7）操作人员需持证上岗作业，并在机械旁挂牌注明安全操作规定。

（8）各施工工作面处必须设置足够的照明，保证操作人员在光线较好的环境下操作。

（9）危险源控制。本工程施工危险源重点为桩架移位和拆装，防治危险源措施为：①桩架移位时，桩架底下的钢板路基箱必须铺垫平直，且保持路基箱的平整；②桩架移位时，须有专人监护；③桩架拆装时，在拆装区域必须设置警戒线，且有专人监护；④桩机使用前，必须通过设备的验收，合格后方能使用。

4.5.2 文明施工和环境保护措施

为维护工地整洁和区域安全，使现场文明施工符合富阳区“文明施工大比武”的各项要求。项目部成立文明施工领导小组，建立文明施工管理责任制，开展文明施工达标活动，以加强施工现场管理，提高文明施工水平，创建文明工地。

4.5.2.1 文明施工保证措施

（1）文明施工目标。严格按照国家相关规定实施并落实，施工现场符合建设工程文明施工要求，争创文明施工工地。

（2）狠抓管理。成立文明施工领导小组，由项目经理任组长，项目总工程师任副组长，负责本工程文明施工的管理工作，结合本工程的实际情况制定标准化工地创建方案，报监理工程师批准后实施。

（3）建立文明施工责任制，划分区域，明确管理负责人，实行上岗挂牌，做到现场清洁整齐。

（4）施工现场的临时设施和照明、动力线路，要严格遵循有关规定，搭设整齐。

（5）工人操作地点和周围必须清洁整齐，做到活完脚下清，工完场地清。丢洒在路上的泥土、混凝土应及时清理。

（6）不乱丢生活垃圾，使用水冲卫生间，硬化施工场地。在适当地点设置垃圾临时堆放点，并定期外运；清运渣土垃圾及流体物品，采取遮盖防漏措施。

（7）施工现场设置宣传标语和黑板报，并适时更换内容，切实起到鼓舞士气，表扬先进，鞭促后进的作用。

（8）进入施工现场的人员必须正确佩戴胸牌和安全帽，严禁穿拖鞋、凉鞋、高跟鞋。严禁酒后进入施工现场。

（9）所有机械必须根据机械性能分批分阶段定期检修、保养，并记录备案。建立健全机械设备定机、定人、定岗位责任的三定制度、操作证制度、交接班制度和奖惩制度。

4.5.2.2 环境保护措施

（1）环境保护目标：①杜绝环境污染事件；②施工环境噪声排放执行《建筑施工场界环境噪声排放标准》（GB 12523—2011）；③污水排放过程中设沉淀池过滤，符合排放达标率。

（2）施工现场做到清洁整齐，无积水，无垃圾。

（3）办公室、生活区，应保持清洁，窗明镜净，宿舍整齐卫生。

（4）水泥和其他易飞扬的细颗粒散装材料尽量在库内存放；对部分重大区域设置雾炮机，以减少扬尘。

（5）严禁食堂、开水房、洗澡、取暖采用烧煤向大气直接排放烟尘。

（6）生活区周围不准乱泼污水，乱倒杂物，生活垃圾堆放在指定点。

（7）为防止水污染，现场厕所污水经沉淀池沉淀后再排入市政污水管网。

（8）加强人为噪声的管理；增强全体施工人员的防噪声扰民的自觉意识。

（9）夜间施工不得大声喧哗，尽量减小人为噪声。

（10）拌和系统料仓设置自动喷淋系统，拌和主机采用隔音材料进行包裹。

（11）所有施工车辆需经过冲洗后方可离开。

4.6 结语

依托亚运场馆和北支江综合整治工程，通过生产性试验，对水利工程中长螺旋钻孔灌注桩的设计方案、施工方案（工艺）等进行专题研究，可以得到以下主要结论。

（1）采取就近原则，在水闸 2 号孔进行了试桩生产性试验。试桩采取跳桩形式，长度同设计桩长一致。生产性试验结果显示，3 根试桩设计桩长段完整性检测均无缺陷或轻微缺陷，灌注桩试桩完整性检测情况较好。故确定指导性施工参数为：钻进速度 2.3m/min，提升速度 2.0m/min。从长螺旋钻孔灌注桩在亚运场馆及北支江综合整治工程中的应用效果来看，试桩中使用的设计参数可以用于规模化生产与施工。

（2）结合现场生产实际情况，明确了水利工程中长螺旋钻孔灌注桩的关键施工工艺，从定位放样、钢护筒埋设、成孔、钢筋笼制作、压灌混凝土、下置钢筋笼、桩头保护和渣土处理等各个方面对施工工艺进行了研究，形成了一套完善的可以适用于复杂地质条件下水利工程长螺旋钻孔灌注桩的施工工艺，可为类似的大型水利工程地基处理提供参考。

（3）通过现场施工经验，在机械设备、人员安排、施工质量控制措施、安全保障措施、文明施工和环境保护措施等方面进行了详尽的研究，并给出了保证施工顺利有序进行的合理建议。

第5章 超大深基坑潜水与地下承压水降水处理关键技术

长期以来，超大深基坑潜水与地下承压水降水是施工过程中经常遇到的难题之一，复杂条件下超大深基坑的降水问题更是如此。针对钱塘江中段河道宽浅、现状水下存有庞大砂坎、存在涌潮、水位受上游径流和下游潮汐综合作用影响等复杂水文地质条件，以及面临基坑围护过程中存在边坡稳定性、渗流稳定性、砂土液化、基坑降排水和汛期施工度汛安全等问题，依托亚运场馆及北支江综合整治工程，研究并实践复杂条件下超大深基坑潜水与地下承压水降水处理关键技术，提出科学合理的工程措施，确保超大面积深基坑安全稳定，具有非常重要的理论价值和工程意义。

5.1 工程地质条件

上游水闸位于北支江上游，距离现状上堵坝约50m。场区北侧为正施工的泵站，南侧现状为农田，地面高程为5.63～9.09m，场区水面宽约300m。场地地貌属富春江冲海积平原与山体交接部位，地势较开阔。根据《中国地震动参数区划图》（GB 18306—2015），富阳区Ⅱ类场地基本地震动峰值加速度为0.05g，相当于地震基本烈度为Ⅵ度，抗震设计分组为第一组。场地土类型为中软土，该场地覆盖层厚度小于50m，综合判定该场地类别为Ⅱ类，设计特征周期为0.35s。根据勘探揭露的地层情况，上游闸线基岩为燕山期入侵的花岗闪长岩，埋深约30～50m，左岸埋深浅、右岸深。现按地质时代、成因类型及工程特性，自上而下划分为7个大层，细分为17个亚层和1个夹层。各地基土层性状及其工程性能详见第1.1.2.3节，在此不一一赘述。

5.2 技施阶段基坑排水参数设计

5.2.1 水文地质补勘

在建设上游水闸、船闸过程中，建基面基坑开挖深度较深且面积较大，同时详细勘查成果表明，场地沿线⑥-2层圆砾层和⑥-4层卵石层中承压水在基坑开挖过程中存在突涌风险，故为确保基坑开挖专项设计方案安全且经济，对上游水闸、船闸进行一组承压水抽水试验。

5.2.1.1 地下水

根据勘探结果表明，拟建场区自上游闸至皮划艇激流回旋场地，孔隙承压水主要分布于⑥-2层圆砾层和⑥-4层卵石层中，隔水层为上覆的⑤-1层淤泥质粉质黏土层、⑤-2层粉质黏土层和⑥-1层含砾粉质黏土层；本场地内承压水含水层厚度稳定，水量丰富，承压水水位不易降低。本次专项勘察阶段在上游水闸和船闸共完成3组承压水抽水试验；另引用北支江上游水闸、船闸详勘期间承压水观测数据1组，以及北支江水上运动中心详勘期间承压水抽水试验数据2组，具体试验、承压水水位埋深、高程等详见表5.2-1和表5.2-2。设计时承压水水位应按最不利高水位考虑，建议施工时建造观测井以实测承压水水位的变化。

表 5.2-1　　本次专项勘察承压水水头观测一览表

试验编号	观测位置	承压水含水层	水位埋深/m	实际水头标高/m	承压水观测时水位/m		观测日期
					内江	外江	
SZ-CS01	上游船闸	⑥-2+⑥-4	3.40	4.63	5.21	3.18	2019年7月25日
SZ-CS02	上游水闸	⑥-4	4.30	2.77	4.60	4.01	2019年8月7日
SZ-CS02-1	上游水闸	⑥-4	3.40	3.67	—		2019年8月13日
			2.20	4.80	—	5.30	2019年8月14日

表 5.2-2　　上游闸、水闸与北支江水上运动中心详勘阶段承压水水头观测一览表

试验编号	观测位置	承压水含水层	水位埋深/m	实际水头标高/m	承压水观测时外江水水位	观测日期
SZK27-G01	上游闸、水闸	⑥-4	2.69	4.26	—	—

5.2.1.2 地表水与承压水

1. 地表水与承压水水位对比

本次水文地质试验过程中，抽水试验孔SZ-CS01完成试验后，保留原主孔作为承压水长期观测孔，同时对比施工单位对场地上游的北支江外江水水位观测数据，初步对地表水与承压水进行判断，内外江水位与承压水水位对比详见图5.2-1。

图5.2-1初步表明，承压水水位波动较明显，观测期间最大起伏约1.35m（观测周期仅11d，观测时间统一为17：00—18：00之间），且与上游北支江外江水水位波动有一定交替性。

2. 承压水与内外江水水质分析对比

为了解承压水与内外江水的联系，并判别地表水和承压水对建筑材料的腐蚀性，本次勘察在抽水孔中采取承压水3组、外江水2组，另引用内江水2组，进行水质分析试验和地下水腐蚀性评价。根据水质分析成果，场地环境类型为Ⅱ类，场地渗透性按A类考虑：场地沿线地表水和承压水对混凝土结构具微腐蚀性，在干湿交替情况下对混凝土结构中钢筋具微腐蚀性，长期浸水环境下具微腐蚀性。承压水和北支江内外江水的水质成分显示，承压水的总矿化度普遍较地表水高，其他主要水质成分与地表水相接近，无较大差异。

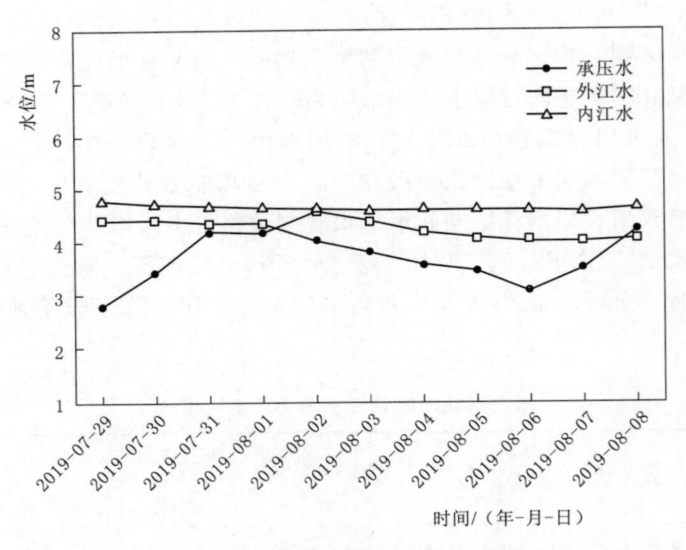

图 5.2-1　北支江内外江水水位与承压水水位对比图

3. 承压水水位 12h 观测数据与潮汐起伏对比

本次水文地质试验过程中，因承压水水位波动较大，故在长期观测孔内，每隔 1h 观测 1 次，得到承压水 12h 内连续水位数据一组，并与钱塘江江水潮汐变化进行对比，详见图 5.2-2 和图 5.2-3。

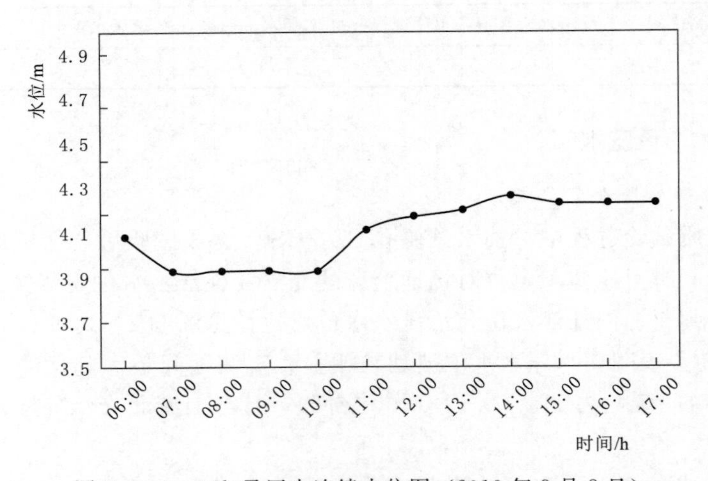

图 5.2-2　12h 承压水连续水位图（2019 年 8 月 8 日）

根据图 5.2-3，4：00—10：00 属钱塘江涨潮期，此时场地内承压水水位相对平稳；上午 10：00—16：00 属退潮期，此时承压水位有明显上涨，根据上述对比初步分析，对于潮汐变化，承压水水位变化同样呈交替性。

经以上分析，初步判定拟建场地内的承压水与江水有水利连通，但从图 5.2-2 和图 5.2-3 中得知，承压水水位变化与北支江水和潮汐波动呈交替性，推测原因为上游水闸、船闸和激流回旋水泵房场地的近场区内稳定分布有⑤-1层淤泥质粉质黏土、⑤-2层粉质黏土和⑥-1层含砾粉质黏土，故拟建场地上下游段较远处可能存在相对隔水层缺失，下部圆砾与卵石层直接与上覆粉细砂连通，为承压水的补给区。进而导致近场区承压水水位受潮汐、雨旱季影响波动明显，但因为渗流路径较远，故承压水位波动规律较临近的北支江水位和潮汐波动有明显的迟滞。

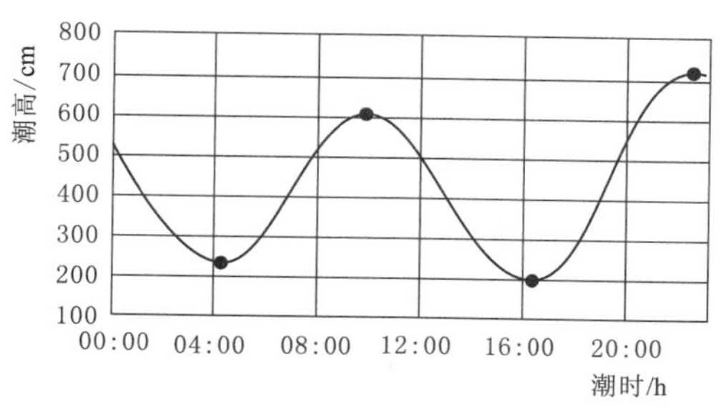

图 5.2-3　钱塘江潮汐变化示意图

5.2.2　基坑土层物理力学参数

船闸基坑断面物理力学参数见表 5.2-3。为便于计算分析，将整个船闸分为3个上闸首、闸室、下闸首3个区。圆砾、中砂和卵石均为承压水层。

表 5.2-3　船闸基坑断面物理力学参数

层号	岩土名称	物理性质指标								
		含水量 W_0/%	天然重度 γ/(kN/m³)	土粒比重 G_s	孔隙比 e	饱和度 S_r/%	液限 W_L/%	塑限 W_P/%	塑性指数 I_P	液性指数 I_L
①-1	填土		18.5							
①-2	塘泥		15.0							
②-2	粉细砂	22.9	18.8	2.66	0.704	86.7				
③-1	淤泥质粉质黏土夹粉砂	42.3	17.1	2.72	1.225	94.1	36.1	21.4	14.7	1.44
③-2	黏质粉土夹粉砂	28.1	18.8	2.71	0.817	93.3	31.3	19.7	11.6	0.76
④-1	粉细砂	20.7	19.0	2.65	0.652	84.0				
④-2	含砾细砂		19.5							
⑤-1	淤泥质粉质黏土	41.7	17.2	2.73	1.205	94.6	36.7	21.4	15.3	1.34
⑤-2	粉质黏土	24.9	19.4	2.72	0.718	94.1	31.5	19.8	11.8	0.43
⑤-3	粉质黏土与粉砂互层	27.4	19.0	2.72	0.791	94.3	34.7	21.3	13.4	0.44
⑥-1	含砾粉质黏土	25.1	19.2	2.72	0.737	92.7	31.9	19.4	12.5	0.45
⑥-2	圆砾		21.5							
⑥-3	中砂		21.0							
⑥-4	卵石		22.0							
⑥-夹	含砂粉质黏土	25.1	19.2	2.72	0.737	90.3	30.8	18.7	12.1	0.40
⑦-1	全风化花岗闪长岩		19.5							

5.2.3　基坑坑底突涌稳定性分析

承压水控制对于砂性土地基超深基坑是个必须引起重视的问题，超深基坑开挖深度往往能达到几十米，本工程地基下卧承压含水层含水量丰富，承压水头高，通常基坑开挖时承压水压力会大于上覆层自重，容易发生基坑突涌。基坑突涌具有突发性质，会导致基坑的围护结构严重损坏或者倒塌、坑外产生大面积地面沉陷、对周边建（构）筑物和地下管道造成破坏，甚至造成施工人员伤亡。同时承压水降水引起的基坑周围地表沉降也会影响周围各种建（构）筑物的正常使用，也是不容忽视的环节。

由于超深基坑突涌破坏是由坑底承压水上覆土层自重应力小于承压水头导致的，因此最直接的防治措施就是通过在基坑内或者基坑外设置降水井降低承压水水头的压力，使其小于等于坑底承压水含水层上覆土层自重应力。对于降水井的设计需要根据承压水含水层位置、厚度、隔水帷幕深度、周围环境对工程降水的限制条件、施工方法、围护结构的特点、基坑面积、开挖深度、场地施工条件等一系列因素，综合考虑减压井群的平面布置、井结构和井深等。基坑开挖过程中随着上覆层厚度慢慢减小，其自重应力会小于承压水头，从而引起基坑突涌破坏，所以在基坑开挖之前必须对基坑做抗承压水突涌稳定分析，如果不能满足稳定性要求则需要对基坑采取一定的应对措施。

根据《建筑基坑支护技术规程》（JGJ 120—2012）附录C，判断承压水作用下的坑底突涌破坏的可能性。计算公式为

$$\frac{D_\gamma}{(\Delta h+D)\gamma_w}\geqslant K_{ty} \tag{5.2-1}$$

式中：K_{ty}——突涌稳定性安全系数，K_{ty}不应小于1.1；

D——承压含水层顶面至坑底的土层厚度，m；

γ——承压含水层顶面至坑底土层的天然重度，kN/m³，对成层土，取按土层厚度加权的平均天然重度；

Δh——基坑内外的水头差，m；

γ_w——水的重度，kN/m³。图5.2-4为坑底土体的突涌稳定性验算示意图。

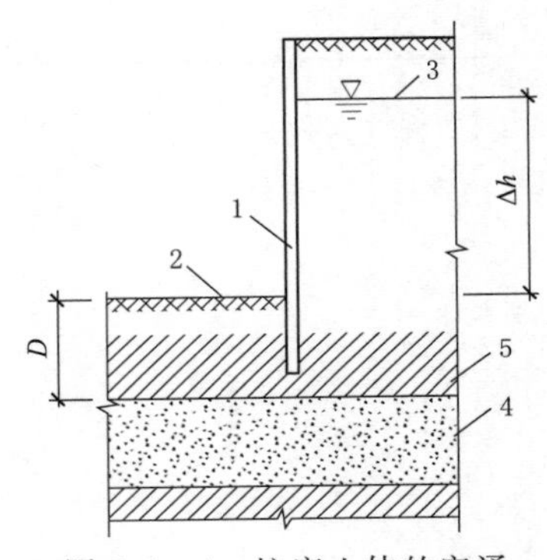

图5.2-4 坑底土体的突涌稳定性验算

1—隔水帷幕；2—基底；3—承压水测管水位；4—承压水含水层；5—隔水层

在图5.2-4中，取各区最危险部位计算，各区计算结果见表5.2-4。

表5.2-4 **各区计算结果**

分区	一区	二区	三区	四区	五区	六区	七区	八区	九区
D/m	17.31	17.54	10.93	9.13	7.35	8.1	9.14	9.23	9.95
承压水位/m	4.8	4.8	4.8	4.8	4.8	4.8	4.8	4.8	4.8
D_γ/kN	321.96	328.46	209.99	175.03	140.71	155.58	176.38	174.47	183.96
P_w/kN	272.1	274.4	208.3	190.3	172.5	180	190.4	191.3	198.5
稳定性安全系数K_{ty}	1.18	1.20	1.01	0.92	0.82	0.86	0.93	0.91	0.93
水位降至深度/m			3	1.5	0.5	1	1.5	1.5	1.5
设计降深S_d/m			1.8	3.3	4.3	3.8	3.3	3.3	3.3

5.2.4 基坑涌水量计算

当基坑开挖至地下水位以下时，地层中的水流向基坑的现象称为基坑涌水。基坑涌水量取决于地层的透水特性、地下水的补给条件和基坑在地下水水位以下的深度等。研究基坑涌水，首先要调查工作区的地质与水文地质环境，查清含水层（孔隙含水层、裂隙、溶洞含水带）的分布、厚度、埋藏条件、渗透性能和自然地理条件。若基坑开挖在孔隙岩层中，基坑涌水主要取决于岩层孔隙大小、岩层的厚度、分布范围。若基坑开挖在裂隙岩层中，基坑涌水主要取决于岩体结构、裂隙发育程度及其力学性质，构造复合情况，裂隙发育宽度、深度及充填情况。在基坑降水开挖施工中，地下水的渗透或排放会使周围土体产生变形，当变形达到一定程度时就会危及地下管线和周围建构筑物的安全，严重时会给工程建设带来无法估量的损失和影响。因此，如何准确计算、预测地下水对基坑工程的影响是当前研究的一项主要课题。

生产实践中，计算基坑涌水量的方法很多，如大井法、解析法、数值法和目标函数法等。其中，大井原理易懂，方法易行，而在基坑降水设计时被广泛使用。大井法将场地水文地质条件概化成均值、等厚的含水层，再利用裘布依井流推导出来的计算公式进行求解。由于大井法概化条件较多，概化误差会降低参数和涌水量求解的可信度。因此，对场地水文地质条件的正确认识，概化条件处理得当，是运用大井法进行基坑涌水量计算的关键。计算方法主要参考的规范有：《地下轨道、轻轨交通岩土工程勘察规范》（GB 50307—1999）、《建筑基坑支护技术规程》（JGJ 120—99）、《建筑与市政降水工程技术规范》（JGJ/T 111—98）等规范。大井法依赖单井稳定流理论，源于矿山巷道涌水量的预测，涉及的计算参数有含水层渗透系数（K）及厚度（H_0）、影响半径（R）、水位降深（S）、井径（r_w）5个参数。根据水井理论，水井分为潜水（无压）完整井、潜水（无压）非完整井、承压完整井、承压非完整井和承压-潜水非完整井5种，每种井的涌水量计算公式有所不同。

本工程抽水试验成果总结见表5.2-5。图5.2-5为基坑涌水量计算的简化示意图。

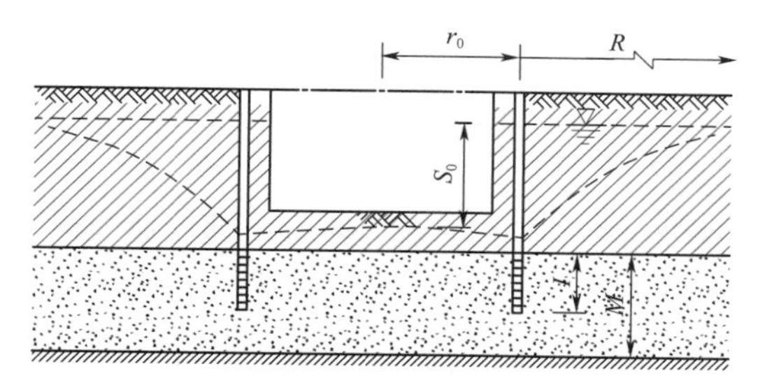

图5.2-5 按均质含水层承压水非完整井简化的基坑涌水量计算

表5.2-5 抽水试验成果

滤管位置/m	含水层层号	承压水水头埋深/高程/m	抽水阶段	涌水量 Q/(L/s)	主孔水位降深/m	观测孔降深 S_1/m	观测孔降深 S_2/m	渗透系数 K/(cm/s)	影响半径 R/m	渗透系数平均值/(cm/s)
22.3～31.4	⑥-4	3.20/3.87	1	3.922	2.20	1.15	0.87	2.11×10^{-2}	168.5	2.14×10^{-2}
			2	7.734	4.40	2.23	1.69	2.16×10^{-2}	172.3	

根据试验取渗透系数为2.14×10^{-2}cm/s，影响半径为170m。群井按大井简化的均质含水层承压水非完整井的基坑降水总涌水量可按式（5.2-2）计算。

$$Q=2\pi k\frac{MS_0}{\ln\left(1+\frac{R}{r_0}\right)+\frac{M-l}{l}\ln\left(1+0.2\frac{M}{r_0}\right)} \tag{5.2-2}$$

式中：M——承压含水层厚度；

l——滤管有效工作部分的长度，m；

Q——基坑降水的总涌水量，m^3/d；

k——渗透系数，m/d；

S_0——基坑水位降深，m；

R——降水影响半径，m；

r_0——沿基坑周边均匀布置的降水井群所围面积等效圆的半径，m，可按 $r_0=\sqrt{A/\pi}$ 计算，此处，A 为降水井群连线所围的面积。承压含水层厚度 $M=30m$。

涌水量计算分三个方案计算：大基坑、单闸孔基坑和单个区块基坑。计算结果见表5.2-6。

表5.2-6 涌水量计算结果

方案		降深 S_0/m	涌水量/(m^3/d)
大基坑	全部处理	4.8	10618
	一、二区不处理	4.8	9863
单闸孔基坑	1号闸孔	2	2870
	2号闸孔	4.8	7796
	3号闸孔	4	6496
单个区块基坑	三区	2	2458
	四区	3.5	4300
	五区	4.8	5898
	六/七/八/九区	4	4915

5.2.5 单井设计与出水能力计算

随着城镇化水平的不断提高，城市建筑规模得到进一步扩大，建筑物开挖深度越来越深，对基坑工程的施工质量也提出了新的要求。管井井点具有井距大、各井点相互独立、施工方便、易于布置、排水量大、降水深、降水设备和操作工艺简单、抽水效果好、工程费用低等特点。能够为基坑工程的基础结构施工提供一个干燥的作业环境，是人工降低地下水位经常采用的降水方法。特别是地下水丰富、降水深、面积大、时间长的降水工程应用最为广泛。

管井降水方法常称大井抽水法，就是沿基坑周围每隔一定距离布设一个管井，每个管井内安装一台或几台水泵（潜水泵或深井泵），当每个管井同时抽取地下水时，使基坑内的地下水位降到开挖基础底面以下，以达到在干燥状态下进行基础施工的目的，直至基础施工回填完毕。管井井点的构造可分为井管与滤水管两部分。井管的直径根据含水层的富水性及水泵性能确定，并且不宜小于200mm，一般为200～400mm，井管内径宜大于水泵外径50mm。滤水管是井管的重要组成部分，其构造对降水井的出水量和可靠性影响很大，要求它的过水能力要大，进入的泥砂少，有足够的强度和耐久性。滤水管长度按设计要求而定，当含水层厚度小于30m时，滤水管长度宜取含水层厚度或设计动水位以下含水层厚度；当含水层厚度不小于30m时，宜根据含水层的富水性和设计出水量确定。管井的单井出水能力可按式（5.2-3）计算：

$$q_0=120\pi r_s l^3\sqrt{k} \tag{5.2-3}$$

式中：q_0——单井出水能力，m^3/d；

r_s——过滤器半径，m；

l——过滤器进水部分长度，m；

k——含水层渗透系数，m/d。

过滤器内径为200mm，长度为10m（滤管内径大于水泵外径50mm），按式（5.2-3）计算得：

$$q_0=1994m^3/d$$

主要设计指标：当基础开挖至高程－5.10m时，一区至五区承压水头应降至高程－1.00m，六区至九区承压水头应降至高程0.00m；减压井滤管应深入卵石层以下10m；单井出水量约为600m³/d。

5.3 降水施工方案

复杂条件下河道软基超大深基坑潜水与地下承压水降水施工从基坑排水、降水井排水来进行。其中，降水井排水又包括降水井设计和管井降水施工，从而形成一套包含设计、施工准备、施工工艺和施工操作要点的完整降水施工方案。

5.3.1 基坑排水设计

（1）初期排水。按围堰基坑围护面积计算，基坑积水约17.5万m^3，考虑基坑渗水及降雨因素，总排水量取1.5倍基坑积水量，则初期排水量约为26.3万m^3。初期排水强度按912m^3/h考虑，基坑初期积水约12d可抽干，平均每天水位下降约0.25m。围堰在堰体施工闭合后根据基坑规模，在下游围堰南侧布置1座泵房，共布置5台250WL 400-13-22离心泵作为排水主要设备。

（2）经常性排水。经常性排水主要是汇积于基坑的降雨与基础的渗漏水、施工过程中的废水等，基础开挖时基坑内设置断面为0.5m×0.5m的排水边沟，同时每20m设置一集水坑，集中抽排基坑内雨水和地下水到围堰外。经常性排水强度按400m^3/h考虑，抽水泵房设100WL80-13-5.5水泵5台。

（3）抽水设备配置。由于经常性排水量较初期排水量小，故设备配备按初期排水强度配置，抽水设备配备见表5.3-1。

表 5.3-1　抽水设备配置表

序号	抽水机型号	数量/台	流量/(m^3/h)	扬程/m	功率/kW
1	250WL400-13-22	5	400	13	22
2	100WL80-13-5.5	5	80	13	5.5

5.3.2　基坑降水设计

5.3.2.1　降水井设计

1. 降水井布置

水闸区域减压井和观测井分别在闸室段布设 2 排减压井和 1 排观测井，上游铺盖和下游护坦分别设置 1 排减压井和 1 排观测井，共计 58 口减压井、15 口观测井。基坑布置疏干井（管井），水闸段分别在闸上 0＋007.00、闸下 0＋037.00 设置两排降水井，船闸闸左（右）0＋003.00 竖向设置一排降水井，降水井间距一般为 10m，根据开挖降水前情况，可适当调整管井数量和平面位置，降水井直径为 800mm，深度为 13m，插入标高为－11.0m 且进入⑤-1 层淤泥质粉质黏土层 1.0m，共布置控制性降水井 91 口。降水井管 DN250，滤管入卵石层不小于 10m（不含沉淀管）。

2. 井管构造

降水井管系统由潜水泵、无缝钢管、桥式滤管和沉淀管组成，井管构造见图 5.3-1，井孔直径采用 DN250 无缝钢，卵石层以上采用 DN250 无缝钢管，滤管采用无缝钢管桥式滤管，外包 60 目滤网 2 层，并用 6 目铅丝网绑扎。管井降水井点系统（图 5.3-2）由潜水泵和管井组成，井孔直径采用 ϕ800mm，井管直径采用 ϕ300mmPVC 管，PVC 管上打洞 ϕ14@50 成梅花形，外包 70 目钢丝网，塑料丝网三层用 6 目铅丝网绑扎。

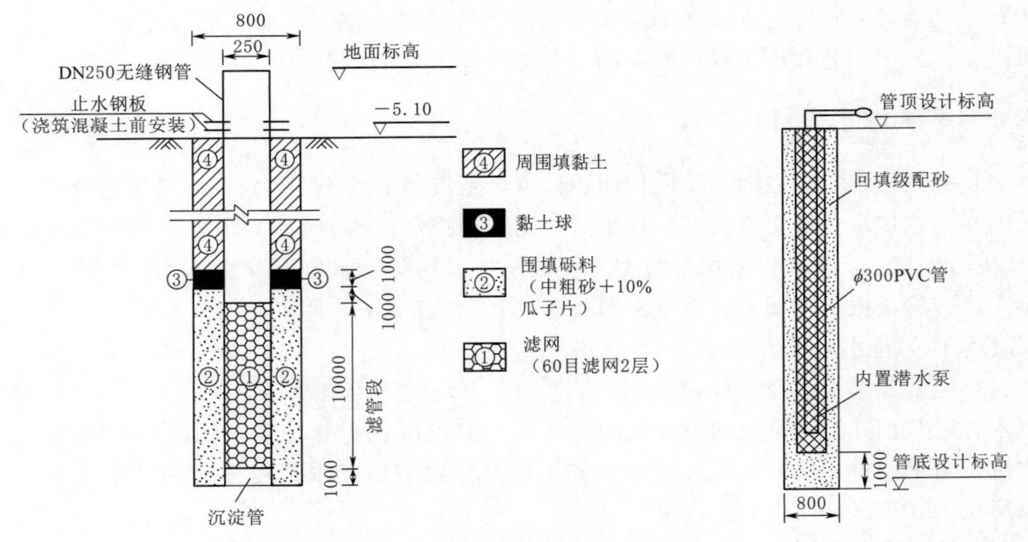

图 5.3-1　降水井管结构图（尺寸单位：mm；高程单位：m）　图 5.3-2　管井结构图（单位：mm）

5.3.2.2 管井降水施工方案

首先是管井降水施工的准备工作，包括：进行现场临时设施和临时用水、用电的搭设及布置工作；根据设计和施工进度要求进行机械准备工作。管井降水的工艺流程见图5.3-3。

管井降水施工工艺要点包括：

(1) 成孔。考虑到本工程地质细砂中含带圆砾，故采用冲击钻机钻孔成孔，确保孔径不小于ϕ800mm，深度不小于设计深度，以考虑抽水期间沉淀物可能达到的沉积高度所产生的影响，并保证钻孔圆正垂直；钻孔过程中采集土样，核对含水层所在部位和土的颗粒组成。

(2) 清孔。井管下井前进行清孔作业，清孔采取注入清水置换，利用砂石泵抽出沉渣，并测定孔深。

(3) 下井管。滤水井管采用ϕ300mm PVC管，PVC管上打洞ϕ14@50成梅花形，外包70目钢丝网，塑料丝网三层用6目铅丝网绑扎。

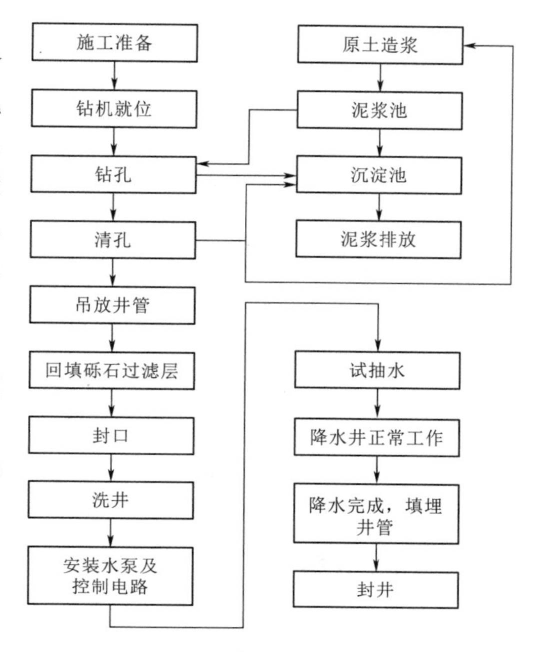

图5.3-3 管井降水的工艺流程图

(4) 填滤料。井管到达设计深度后，适当稀释井内泥浆，然后立即在井管周围灌填级配砂，级配砂配合比为砂∶小石（5～20mm）∶中石（20～40mm）=1∶1∶1，孔口用黄泥封口。

回填砂滤料时，应围绕井点管四周均匀填入，使滤层厚度均等，填滤料的数量应满足规范要求；井点下沉结束后，应及时检查井点渗水性能；当砂滤料在井点管周围灌入井孔时，应有泥浆水从井点管内冒出，或是将清水注入井点管内，水能很快下渗，则可认为井点管属于良好。如果水不下渗，则应立即处理。一套井点埋设后应及时试抽洗井。

(5) 洗井。完成滤料灌填后，按规定进行洗井，在成井后8h内，将污泥泵放入井底反复抽洗，保证渗水效果，洗井过程中观测水位和出水量变化情况。

(6) 抽水试验应在洗井质量达到要求后进行，作最大降深抽水，用稳定流原理计算出水量，测出静止水位和降深。

(7) 安装潜水泵和管路系统。安装前检查电机和泵体，水泵选型$P=2.5$kW、$H=13$m，确认完好后方可安装；潜水电机、电缆和接头的绝缘安全可靠，并配有保护开关控制，以确保安全运行；安装过程中保证各连接部位密封可靠不漏气。

(8) 试抽。洗井后，对井管进行单井试抽，如有异常情况，重新洗井，并再次进行抽水试验。

5.4　基坑承压水处理方案

5.4.1　施工准备

（1）施工场地布置。施工现场布置是针对现场施工实际要求并结合现场条件进行的，其布置的原则是：①划分施工区域和钢管制作加工场地，保证钢管、围填滤料运输道路通畅，施工方便；②符合施工流程要求，承压水处理为本工程关键线路，现场施工要以本施工为重点，减少其他施工对承压水处理的干扰和影响。

（2）场内排水。本工程地下水和承压水丰富，为保证施工作业面和高大设备作业安全，必须采取合理的明排方式，现场生产排水沿施工便道设置明沟 100cm×100cm（深×宽），集中排入本工程排水管线中。

（3）现场施工道路。因井管均布置在基础开挖范围内及原灌注桩施工场地内，场地较差，故道路均考虑简单、经济化。沿承压水井管方向水平设置4条路基板道路，路基板尺寸为6.25m×1.25m×0.02m，每条道路长度为225m，水闸共长900m。船闸承压水井管施工道路按水闸布置原则，根据船闸承压水平面布置图进行布置安排，道路能满足大型设备行走、材料运输、钢管吊装、滤料回填等。

5.4.2　施工方法

由于本工程地质特殊性，承压水井管如采用常规泥浆护壁造孔，下滤管前进行清孔，清孔后泥浆比重减低势必会造成塌孔，无法进行滤料回填或滤管出水量不足，施工质量无法保证，故需要下置套筒至井底完成清孔工作，再下置滤管，进行回填料等工作。

（1）测量放线。依据设计所提供的井管位置，采用导线与三角测量相结合的方法，在工程范围内建立控制网，所有控制点都要填写报验资料，经监理工程师复测，并签字同意后方可使用。场内使用的临时水准点，依据业主提供的基准点和高程引入场内并认真加以保护，临时水准点和高程的引入需经监理工程师复核，签字同意后方可使用。

图5.4-1　测量放线现场图

测量人员根据基线控制点和高程点、桩位平面图、现场基准水准点，使用全站仪放样桩位，并打入明显标记，桩位放样应确保准确无误，定位精度为10mm。放样完成后经过监理复核后方可开钻。基点在护筒埋设前按十字线方向原则，从桩位每侧延长2.5m埋设4根1mC16钢筋，并做特殊专门保护，不得损坏，以便施工过程中随时校验桩位。图5.4-1为测量放线现场图。

（2）钻机就位。钻机安放前，将桩孔周

边地面夯平，确保钻机机身安放平稳，钻机就位时确保钻头中心与桩位中心在同一铅垂线上，其对中误差小于 10mm；钻机就位后，测量地坪标高，同时填写报验单，经监理工程师对钻机的对中、钻杆垂直度检查验收合格后，方可钻进。正式钻孔前，钻机要先进行运转试验，检查钻机的稳定和机况，确保后面成孔施工能连续。

(3) 护筒埋设。护筒埋设的位置应与桩位相吻合，桩位采用全站仪极坐标法定位，并用十字线确定护筒的埋设位置。采用 450 打拔机进行护筒下置，护筒采用 14mm 厚钢板制作，长度为 11.5m，上端设排浆口。

护筒埋设要求：①陆上护筒埋设采用人工直接在地面挖坑，坑底填入 0.5m 厚的黏土，然后埋设护筒；②护筒高出地面不少于 30cm；③当钻孔内有承压水时，应高出稳定后的承压水位 1.5～2.0m；④护筒沉放入地层后，用十字线复查护筒中心是否与桩中心吻合，确保埋设后护筒平面位置偏差小于 5cm；⑤为增加刚度防止变形，在护筒上、下端和中间的外侧各焊一道加劲肋。图 5.4-2 展示了护筒埋设现场的场景。

(4) 泥浆制备与使用。本井管泥浆护壁以外购膨润土为主。造孔过程中应经常测定泥浆比重、黏度、含砂率。造孔泥浆、清孔泥浆质量检查由现场试验人员负责做好原始记录，并将检查成果通知有关人员，以便及时调整。

图 5.4-2　护筒埋设现场

(5) 取土成孔。钻机水平就位后，桩位复核无误后，方可进行钻孔施工，360°旋挖钻机开始钻孔作业，钻进时应先慢后快，开始进尺每次为 0.4～0.5m，确认地下是否有不利地层，进尺到黏土层后如钻进正常，可适当加大进尺。落锤抓斗将套管内的土体抓出孔外，卸在地面上，用装载机装入翻斗车运出晾晒区，晾晒完成后运至指定弃渣场。

取土成孔时，应详细记录隔水层高程和卵石层高程，以便控制滤料、黏土球等回填高程。成孔达到设计标高后，对孔深、孔径、孔壁垂直度等进行检查，检测前准备好检测工具，如测绳等。在钻进过程中应时刻注意钻机仪表，如仪表显示竖直度有变化，应及时进行调整，调整后进行钻进。

(6) 吊放套管。取土完成后，采用 75t 履带吊下置全套管，全套管采用 ϕ610 无缝钢管，壁厚 14mm，套管长度与孔深同长，孔口采用预先制作完成的法兰盘进行套筒拔设。图 5.4-3 为护筒和套管的简要结构示意图，图 5.4-4 为套管吊放现场施工图。

(7) 清孔。井管下井前进行清孔作业，清孔采取注入清水置换，利用泥浆泵抽出沉渣，并测定孔深。

(8) 吊放井管。井管分 3 个部分，上部无缝钢管、中部桥式滤管（10m）、下部沉淀管（1m），用 75t 汽车吊缓慢下放，每段钢管在孔部进行焊接，焊接质量满足规范和设计要求。为防止上、下节错位，在下管前将井管依方向立直。吊放井管要垂直，并保持在井

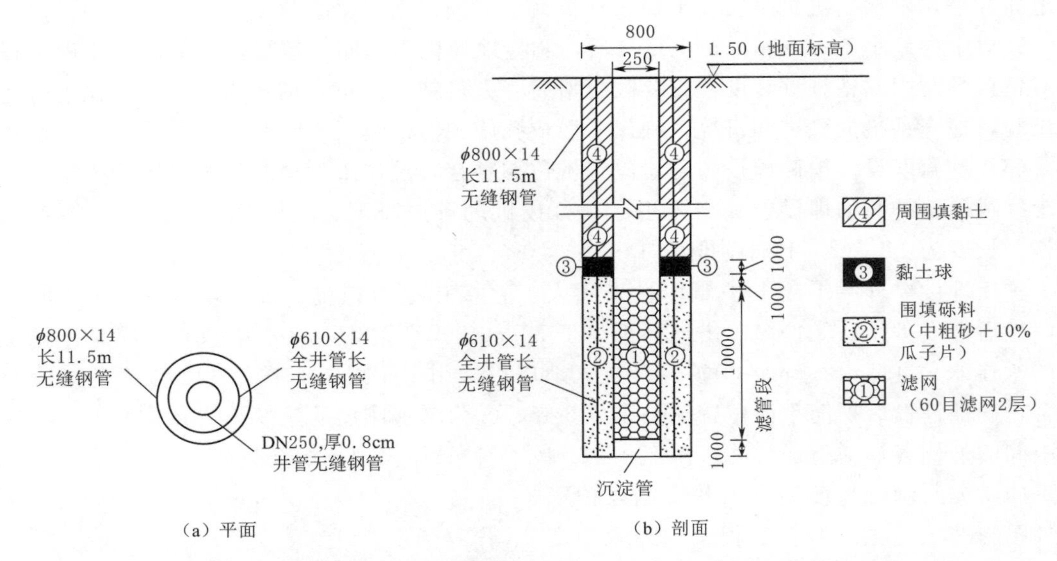

图 5.4－3　护筒和套管结构图（尺寸单位：mm；高程单位：m）

孔中心，防止雨水泥砂或异物流入井中，井管要高出地面不小于 20cm，井口加盖。

（9）填滤料、黏土。填滤料时井管到达设计深度后，适当稀释井内泥浆，然后立即在井管周围灌填砾料，砾料为中粗砂＋10％瓜子片，砾料填筑为卵石层段，卵石层与隔水层相接区域 1m 采用黏土球回填，其余均采用黏土回填。图 5.4－5 为填滤料施工图。

图 5.4－4　套管吊放现场施工图

图 5.4－5　填滤料施工图

回填滤料时，应围绕井管四周均匀填入，使滤层厚度均等，填滤料的数量应满足规范要求；井管下沉结束后，应及时检查井管渗水性能；当砂滤料在井管周围灌入井孔时，应有泥浆水从井管内冒出，或是将清水注入井管内，水能很快下渗，则可认为井管良好。如果水不下渗，则应立即处理。一套井管埋设后应及时试抽洗井。滤料填筑完成后进行黏土球（外购）填筑，黏土球填筑时，应绕井管四周均匀填入，填筑高度不小于 1m，填筑完成后进行黏土填筑。

（10）洗井。完成回填料灌填后，按规定进行洗井，在成井后8h内，将污泥泵放入井底反复抽洗，保证渗水效果，洗井过程中观测水位和出水量变化情况。

（11）安装抽水设备。

1）抽水试验。应在洗井质量达到要求后进行，做最大降深抽水，用稳定流原理计算出水量，测出静止水位和降深。

2）安装潜水泵及管路系统。安装前检查电机和泵体，水泵选型 $P=7.5$kW、$H=50$m、流量 50m^3/h，设备检查无损后方可安装；潜水电机、电缆和接头的绝缘安全可靠，并配有保护开关控制，以确保安全运行；安装过程中保证各连接部位密封可靠不漏气。图5.4－6为施工现场抽水设备安装图，图5.4－7为抽水设备图。

图5.4－6　施工现场抽水设备安装

图5.4－7　抽水设备

上、下游分别设置1个30m×8m×2m的三级沉淀池，为防止集水坑水渗流和浑水流入北支江，故采用C25混凝土结构，因水流量较大，为加快沉淀，需向沉淀池中投入絮凝剂，上、下游三级沉淀池各放置3个220kW水泵，2台工作，1台备用；基坑底板浇筑、钢筋绑扎和搭设支架过程中，因结构内井管抽水不得停止，需对抽水井管进行保护，防止其破损漏水，故水泵至主排水管考虑 ϕ10cm 镀锌钢管，主管至集水坑段水管采用 ϕ30cm 镀锌钢管，集水坑至出水管采用 ϕ30cm 镀锌钢管。沉淀池的平面和断面图见图5.4－8。井管电缆布置同水管布置走向，电缆上方采用专用电缆线盒进行保护，防止破损。

3）试抽。洗井后，对井管进行单井试抽，如有异常情况，重新洗井，并再次进行抽水试验。图5.4－9展示了施工现场的抽水试验。

（12）井管封堵。

1）减压井进行封堵前，必须同时满足2个前提条件：①减压井必须在小基坑满足安全盖重之后，方可进度封堵，浇筑混凝土需达到高程－2.00m，底板两侧回填料须达到高程－1.0m；②至少保证4个相邻区的减压井同时运行，例如：二、三、四、五区的减压井同时抽水，二区混凝土和回填料填筑达到安全盖重后，进行减压井封堵前，必须保证六区的减压井已经开始运行。

2）基坑内减压井封井基本操作顺序和有关技术要求如下：①降水运行结束封井前，

各减压井根据大小预搅拌水泥浆，水灰比为0.6～0.7；②用抽水泵将井内水位抽至井底，把水抽干，拔除抽水泵；③填瓜子片之前对井管进行清理，清理其中的垃圾以及碎石块等，清理完杂物之后对井管进行清洗并将水抽干，避免对后续施工造成影响；④井管内下入40mm注浆管，注浆管的底部进入井管底部；⑤井管内初次填入瓜子片，瓜子片应回填至注浆管口上部9.0m以上；⑥正式注浆前井管口应固定注浆管位置，然后开始注浆；每注浆约50～100cm浆量后将注浆管往上提0.5～1.0m继续注浆；注浆管上提3.0m后拔除一节注浆管。图5.4-10是基坑内和基坑外井管封堵的详细构造图。

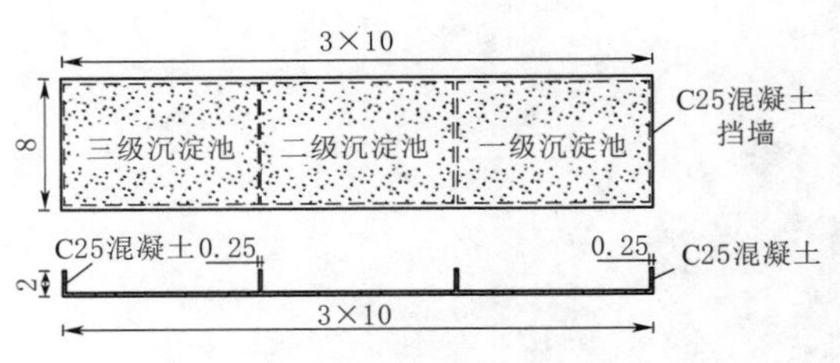

图5.4-8 沉淀池平面和断面图（单位：m）

图5.4-9 施工现场的抽水试验

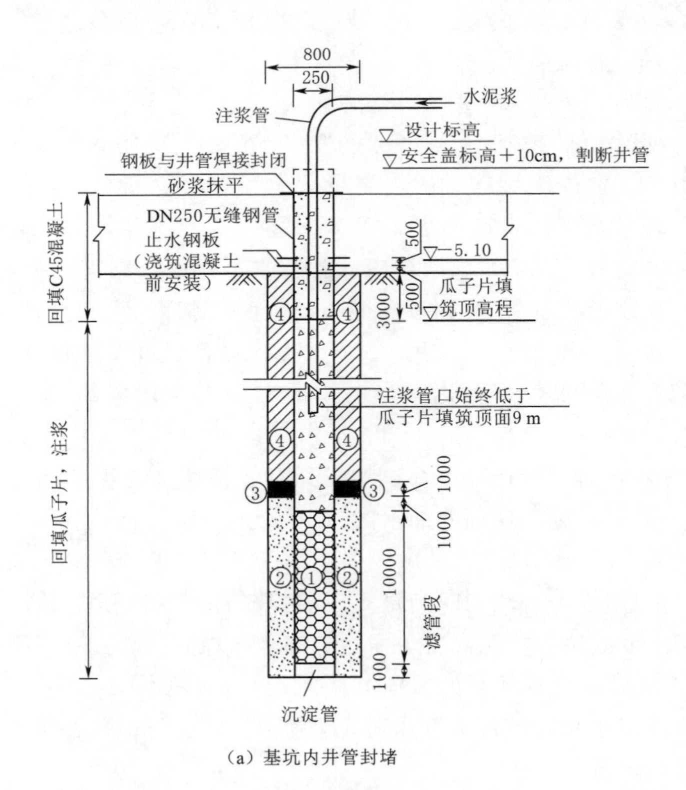

图5.4-10（一） 基坑内和基坑外井管封堵详图（高程单位：m；尺寸单位：mm）

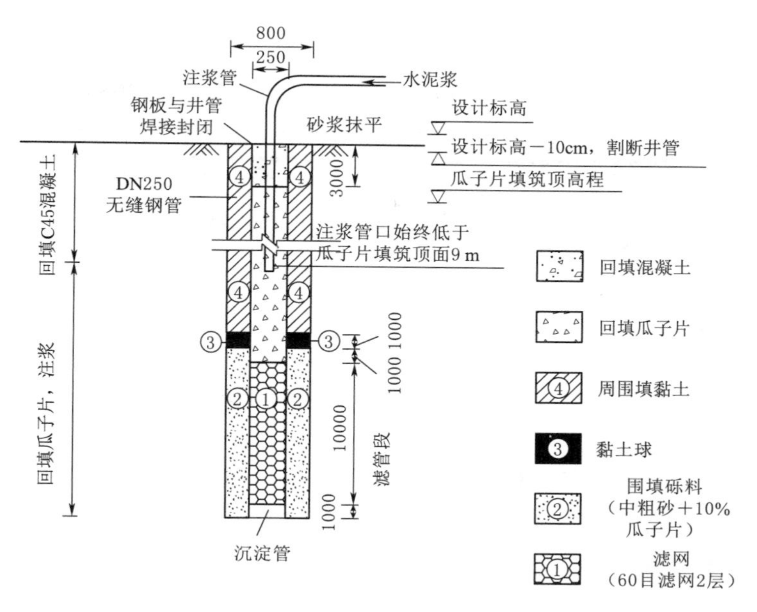

（b）基坑外井管封堵

图 5.4-10（二） 基坑内和基坑外井管封堵详图（高程单位：m；尺寸单位：mm）

5.5 深基坑分期分区降排水技术施工

北支江上游水闸和船闸基坑工程均位于复杂的河道软基之上，工程区地下富含大量承压水，严重阻碍工程施工。通过利用分期分区管井降水技术，可有效提升软基超深基坑降水施工质量和工期。具体方案设计见表 5.5-1。

表 5.5-1　分期分区降排水方案设计

位置	处理方案	降深 S_0/m	涌水量/(m^3/d)	降压井数 n	单井出水量/(m^3/d)
大基坑	全部处理	4.8	10618	18	590
	一、二区不处理	4.8	9863	16	616
单闸孔基坑	1 号闸孔	2	2870	5	574
	2 号闸孔	4.8	7796	12	650
	3 号闸孔	4	6496	11	590
单个区块基坑	三区	2	2458	4	614.5
	四区	3.5	4300	8	538
	五区	4.8	5898	10	590
	六～九区	4	4915	8	615

5.5.1 大基坑

(1) 全部处理。实际布置减压井 18 口，观测井 2 口，施工期间，需要 18 台抽水泵。

图5.5-1为全处理大基坑降水布置图。

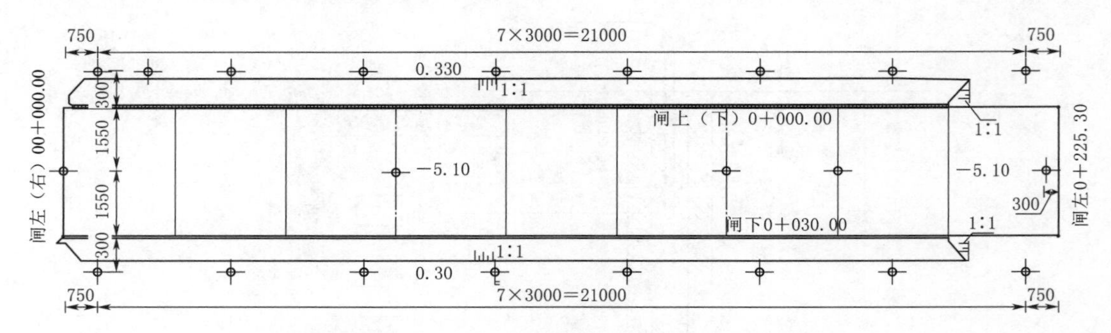

图5.5-1 全处理大基坑降水布置图（单位：m）

（2）一、二区不处理。实际布置减压井16口，观测井2口，施工期间，需要16台抽水泵，图5.5-2为一、二区不处理情况下的基坑降水布置图。

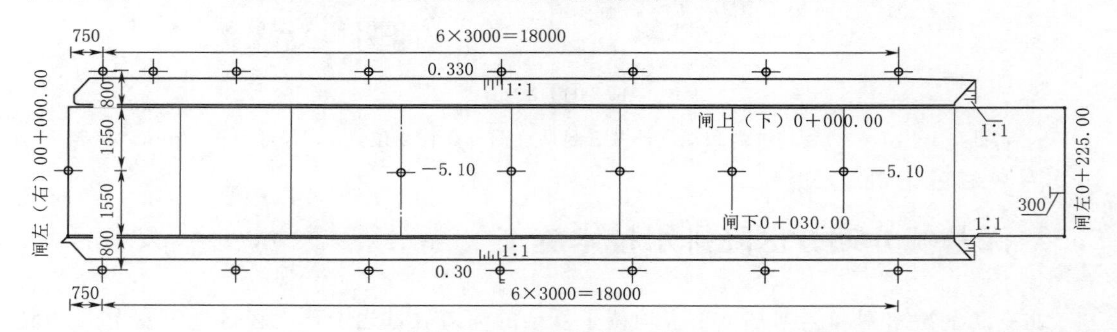

图5.5-2 一、二区不处理情况下的基坑降水布置图（单位：m）

5.5.2 单闸孔基坑

实际布置减压井24口，观测井2口。图5.5-3为单闸孔基坑的降水布置图。

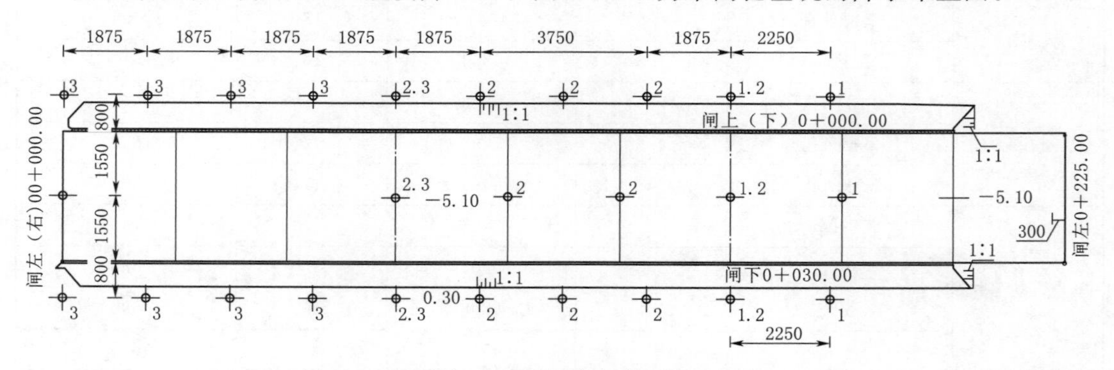

图5.5-3 单闸孔基坑的降水布置图（单位：m）

施工期间，可依次施工3个闸孔，抽水泵由最多减压井施工段控制，即2号闸孔控制，需要12台抽水泵。1号闸孔和3号闸孔可以先施工，需要抽水泵16台。

5.5.3 单个区块基坑

实际布置减压井 38 口，观测井 2 口。图 5.5-4 为单个区块基坑的降水布置图。

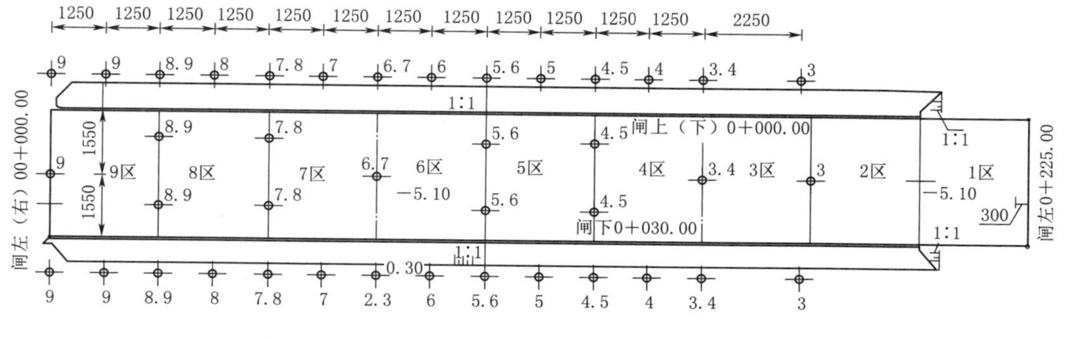

图 5.5-4 单个区块基坑的降水布置图（单位：m）

施工期间，可依次施工各区块，抽水泵由最多减压井施工段控制，即 2 号闸孔控制，需要 10 台抽水泵，同时可以组合施工。如果间隔组合会不经济，建议考虑相邻区块组合。

5.5.4 组合情况

经过分析，认为小基坑处理保障系数更高，但是基坑太小，不经济且影响工期。如果按照闸孔分开处理，在基坑内的减压井会影响水闸混凝土结构的浇筑。因此，对区块进行组合，区块是按照施工缝和结构缝进行划分的，尽量用施工缝作为组合边界，这样坑内减压井可以布置在施工缝的后浇带上。施工期间，可依次施工 3 个组合基坑，抽水泵由最多减压井施工段控制，即 2 号闸孔控制，需要 13 台抽水泵。另外也可以组合基坑 1 和组合基坑 2 同时施工，这时需要抽水泵 16 台。组合情况见表 5.5-2。

表 5.5-2 基坑降水组合情况

基坑组合情况	降深 S_0/m	涌水量/(m^3/d)	降压井数 n	单井出水量/(m^3/d)
组合 1（三四组合）	3.5	5112	8	639
组合 2（五六七组合）	4.8	7796	13	600
组合 3（八九组合）	4.8	5842	8	730

5.6 施工质量控制

5.6.1 机械设备

承压水处理方案中投入工程的主要施工机械见表 5.6-1。

表 5.6-1 投入工程的主要施工机械表

序号	设 备 名 称	规 格 型 号	数量	备 注
1	旋挖钻机	360	1 台	
2	挖机	日立 360	1 台	
3	装载机	龙工 50	1 台	
4	电焊机	BX1-315	4 台	
5	履带吊	75t	1 台	
6	柴油发电机	300kW	1 台	
7	电缆线	(3×300+2×150) mm^2	2000m	主电缆+备用电源主电缆
8	泥浆泵	220kW	4 台	
9	潜水泵	7.5kW	120 台	水闸运行 58 台+12 台备用,其余考虑船闸使用
10	全站仪	NTS-300	1 台	
11	水准仪	S3	2 台	
12	自卸汽车	20t	5 台	
13	平板车	15t	1 台	
14	钢板	2cm、6.5m×1.25m	300 张	
15	钢护筒(无缝钢管)	壁厚 14mm、ϕ800	5 套(135m)	
16	套筒(无缝钢管)	壁厚 14mm、ϕ610	4 套(120m)	
17	电缆保护盒	/	2000m	
18	镀锌钢管	ϕ300	800m	
19	镀锌钢管	ϕ10	2000m	

机械设备安全防护措施有:

(1)项目经理部负责对现场机械设备安装、使用全过程管理和控制。

(2)项目经理部指定责任师专门负责机械设备的管理,收集整理机械安全管理资料。

(3)统一布置规划项目的中小型机械。中小型机械应设防护棚,并保证有安全操作的场地。项目机械管理责任师负责组织验收,并实施管理控制。中小型机械必须保证安全装置齐全、灵敏有效。在明显部位悬挂安全操作规程牌。

(4)用于起重的吊索、吊环、吊钩等必须使用合格产品,安全系数满足规定要求。经检查不符合要求或达到报废规定的必须及时更换。

5.6.2 施工质量保证措施

5.6.2.1 质量控制措施

(1)严格按照有关规范和设计图纸进行施工,钻机安装要调正水平,保持钻孔垂直,以保证井管能顺利下入预定深度。

(2)下入井管时不能转动或上下串动,防止滤网破损,导致泥沙涌入降水井。

(3)井管外填滤料为级配砾石加中粗砂,应均匀下入,要充填密实,洗井要充分及时。

(4) 下入水泵时应用钢绳或铁丝拴牢，水管口应扎稳，水泵安装好后井口须安设盖板，防止异物掉入井内，抽水时做好抽水记录。

(5) 在进行降水之前，要全面检查水管、水泵和电缆质量，发现问题要及时进行更换和修整。在更换新水泵前应先清洗滤井，冲除沉渣。检查各设备合乎要求后，才能进行抽水。

5.6.2.2 管理控制措施

基坑降水、排水工程从基坑开挖运行到主体结构混凝土施工结束，运行时间较长，在运行期间，为保证基坑降水正常运行不影响基坑开挖，应做好基坑排水、降水的运行日常管理工作，管理工作内容如下。

(1) 定时巡视降排水系统的运行情况，及时发现和处理系统运行的故障和隐患。

(2) 抽水设备应进行定期保养，降水期间不得随意停抽。

(3) 注意保护井口，防止杂物掉入井内，经常检查排水管、沟，防止渗漏；冬季降水，应采取防冻措施。

(4) 在更换水泵时，应测量井深，掌握水泵安装的合理深度，防止埋泵。

(5) 应掌握降水井的水位变化，当水位上升且接近基坑底部时，应及时洗井，使水位恢复到原有深度。

(6) 降水井安排专职巡视人员，应随时测量井内水位，并根据水位情况随抽随停，保证水位在基坑底部 1m。

(7) 如降水井措施不能满足设计和现场施工要求时，立即向总承包、监理、设计、业主单位汇报，分析原因并制定相应补救措施，如加密降水井布置、增加降水井深度等。

5.6.2.3 降水控制措施

基坑分段分层开挖时，要保证基坑内降水井中的水位处于基坑开挖底面标高 1.0m 以下。降水的方向同基坑开挖的方向相同。在每段基坑开挖前 7d，开始对该段基坑进行降水，采用阶梯流量法降水，保证水位在每层开挖面下 1m；降水施工过程中，做好各降水井的水位观察工作，水位降至设计高程后，暂停抽水，待井内水位上升后再开泵抽水，基坑降水时间从基坑第一层开挖到闸底板结构封闭结束，运行时间较长。在降水过程中，应注意降水管路和设备的保护，保证基坑降水的正常运行。

(1) 在降水过程中，做好各观测孔孔内的水位测定，一旦发现观测孔内水位下降值超出设计值时，要调整降水速度，观察观测孔内水位情况，必要时停止抽水。

(2) 在降水过程中，做好基坑附近建筑物、围堰监测工作。发现建筑物和围堰沉降值或倾斜值等监测数据超出设计和规范要求时，分析监测数据，调整降水速度，必要时停止抽水，采取回灌措施或注浆补偿措施保证建筑物和围堰的安全。

(3) 在降水过程中，加强降水施工的运行记录。记录降水井出水量 Q、水位降深值 S。降水运行记录每天提交 1 份，并对记录数据进行分析整理，绘制水量 Q 与时间 $t(Q-t)$ 和水位降深值 S 与时间 $t(S-t)$ 过程曲线图，以合理指导降水施工，提高降水效果。

(4) 基坑降水要和基坑开挖工作互相配合，根据开挖顺序、开挖进度等情况及时调整降水速度和降水井的运行数量，反过来，根据降水运行数据来指导开挖施工。在基坑开挖过程中，滤水井管随基坑开挖破除，破除后在井管周围及时用黏性土封闭，确保深井泵能发挥正常功能，保证降水效果。

（5）降水运行期间，现场实行24h值班制，值班人员认真做好各运行数据的记录，做到齐全且准确无误。

5.6.2.4 基坑降水施工质量保证措施

降水施工质量保证措施包括降水前期准备工作、成井过程控制和降水过程控制。

1. 降水前期准备工作

降水前期准备工作包括：①查阅地质报告，了解土质情况和地下水的位置（稳定水位）、地下水的类型（潜水、承压水、裂隙水等）、土壤的渗透系数（m/d）、降水深度、水文地质特征等；②审阅降水设计方案和严格审查施工方案：明确井点降水方法，井点管长度、构造、数量，降水设备的型号和数量，井点系统布置图，降水深度和相关的技术要求，井孔施工方法及设备，现场管理组织机构和职责分工，质量和安全技术措施，降水对周围环境影响的估计和预防措施，观测点的设置和观测记录等。

2. 成井过程控制

成井过程控制是对成井过程进行严格控制，按照设计图纸和审定的施工方案进行，在正常抽水前均进行试抽，以保证成井质量。准备好足够的发电设备和水泵，防备停电，以保证水泵要保证连续抽水。

3. 降水过程控制

降水过程控制包括：

（1）对所有井点的排水线路和电缆电路进行检查，以保证排水通畅，无渗漏；电路要经过检查验收，以保证施工的顺利进行和杜绝安全事故的发生。降水期间，应设专人巡视降水情况和机具设备的维护，当发生机械故障，如电机烧坏、开挖无意破坏或出现清水混浊等异常现象时，应及时处理，确保正常抽水。

（2）降水运行应与基坑开挖施工互相配合，按照设计和施工方案确定的施工程序进行，在降水井施工阶段应边施工边疏干，以保证挖土方的干作业环境。

（3）在降水过程中，要及时测量观察井的水位，降水按基本保持基坑干燥考虑，基坑中水位以降至基坑底面以下且不大于1m为宜。开始抽水时，如观测降水在计算时间内还未达到规定降水深度时，应立即检查原因，对降水进行重新修正和计算，直到达到规定降水深度后才可进行下道工序施工。

（4）基坑底板浇筑完成后，在钢筋绑扎和搭设支架过程中，因结构内降水井抽水不得停止，需对抽水井管进行保护，防止其破损漏水。

（5）降水区域附近设置一定数量的沉降观测点，对周围道路、临时建筑物进行定时观测，防止基坑外的地下水位下降对周围的道路、建筑物造成危害，并制定防沉降措施，具体如下。

1）控制抽水含沙量，在深井滤水管和潜水泵外包密目滤水网，控制抽水含沙量不超过万分之一。同时应重视埋设井管时的成孔和回填砂滤料的质量。必要时在基坑外采用回灌水措施。

2）控制降水速率，尽量减少对深层地下水的扰动。

3）加强监测措施。基础施工期间，特别是降水期间，应对附近围堰、堵坝等进行沉降和位移观测。每日对建筑物进行1次沉降观测（观测应有观测记录）。

5.6.3 施工质量问题防治

(1) 滤管淤积的预防和防治方法。滤管应设置在渗流性较大的土层中；打设井点孔时，井点成孔中孔的直径应均匀且不宜小于80cm。井点孔的深度应大于井点深度0.5m；砂滤料应符合规定要求，滤料应过筛，不得有泥块、杂草等垃圾；井点孔冲孔深度达到规定位置后，应将孔内泥水稀释；待井点管放入孔内后，应立即灌填砂滤料；回填砂滤料时，应围绕井点管四周均匀填入，使滤层厚度均等，填砂滤料的数量应满足规范要求；井点下沉结束后，应及时检查井点渗水性能；当砂滤料在井点管周围灌入井孔时，应有泥浆水从井点管内冒出，或是将清水注入井点管内，水能很快下渗，则可认为这根井点管属于良好。如果水不下渗，则应立即处理。套井点埋设后应及时试抽洗井。

(2) 水质浑浊的预防和防治方法。井点滤网应注意保护，在下井点管以前，必须严格检查滤网，发现破损或包扎不严密时，应及时修补；井点滤管和砂滤料应根据土质条件选用，当土层为黏质砂土或粉砂时，根据经验一般可选用60～80目的滤网，砂滤料可选用中粗砂加级配砾石；为满足滤层厚度要求，应根据地质条件选用合适的成孔机具和制定相应的施工工艺来成孔；灌砂量应根据冲孔孔径大小和深度，确定实际灌砂量应不小于计算量的95%；若冲孔期间发现弯孔或坍孔淤塞，应在填土后在旁边重新成孔。始终抽出浑浊水的井点，必须停止使用，重新成孔。

(3) 井点出水量小的预防和防治方法。该方面的预防措施同“滤管淤积”的预防措施；滤清器、井点管和总管等管路在使用前应清除积存在内部的残存泥砂和垃圾等淤积物；塑料连接短管必须确保从井点管流向集水总管的过水断面积。

(4) 局部地段出现流砂和险情的预防和防治方法。该方面的预防措施同“滤管淤积”和“真空度过低”的预防措施；在水源补给较多一侧，加密井点间距，在基坑开挖期间禁止临近边坡挖沟积水；基坑附近禁止堆土堆料超载，并尽量避免机械振动过剧；抽出的地下水不得在附近回流入土中。

封堵地表裂缝，把地表水引至离基坑较远处，找出水源予以处理，必要时用水泥灌浆等措施填塞地下孔洞、裂缝；在失稳边坡一侧，增设抽水机组，以分担部分井点排水量，提高这一段井点管的抽吸能力；在有滑裂险情边坡附近卸载，避免边坡滑裂险情加剧，防止造成井点严重位移而产生的恶性循环。

5.7 结语

依托亚运场馆及北支江综合整治工程，对复杂条件下超大深基坑潜水与地下承压水降水处理关键技术进行了研究，破解了诸多技术难题。

(1) 通过研究复杂条件下超大深基坑降排水设计参数与设计方案，构建了水利工程中超大面积深基坑潜水与地下承压水降排水体系，破解了普通降水设计与方案难以适应复杂地质和施工条件的工程技术难题。

(2) 提出了基坑分期分区降排水技术，实现了超大深基坑高效快捷降水目的，节约了投资，提高了工程效益，实现了绿色节能环保。

(3) 研究了富水区含流沙地层超大深基坑降水施工工法，解决了富水区含流沙地层施工区降排水困难的技术难题。

第6章 河道砂性底泥清淤疏浚关键技术

6.1 北支江河道淤泥处置特点

北支江位于浙江省杭州市富阳区境内，自20世纪修建堵坝以来，河道局部段产生严重淤积，且目前还存在工程弃渣倾倒现象。北支江的堵坝截流减少了河道的行洪断面和行洪流量，导致富阳区洪水位抬高。此外，堵坝后坝内污染水体无法与外河进行交换，导致生态环境逐渐恶化。因此，有必要对该河道开展疏浚工作。

堵坝拆除和清淤工程是亚运场馆及北支江综合整治工程的重要组成部分，其主要任务为恢复河道原有功能以满足富阳防洪安全，满足亚运会赛事用水要求，兼顾改善区域水环境、提升两岸景观、满足旅游船舶进出要求和提高内江配水工程保证率等。北支江河道宽度为150～330m，长度约7.1km，现状河底面高程为－6.54～3.70m，水位高程常年在4.70m左右，常年水位浮动较小，水下底泥成分以中砂、塘泥、黏质粉土成分为主，砂性底泥中局部存在总氮、总磷等污染物情况，水下清淤工程量约68.40万m^3（自然方）。

在北支江底泥处理过程中，由于砂性底泥成分复杂，在进行环保水保达标、资源化利用等过程中，存在以下技术难点。

（1）底泥清淤及输送的高效性、连续性和环保性要求。北支江底泥消纳场地往往距离清淤河道较远，鉴于当前城市市政交通拥堵、交通通行压力大等事实，泥浆汽车运输等传统方式不仅污染当地环境、影响市容市貌，更是对市政交通造成很大影响；另外，底泥往往夹杂大量砂料、建筑生活垃圾和卵石等，清淤施工和输送易发生堵塞等故障，且容易造成浮泥流失、污染物外泄等情况发生。因此，如何保证底泥清淤和输送的高效性、连续性与环保性是本项目的重难点之一。

（2）底泥的逐级减量和一体化无害处置。北支江底泥所形成的泥浆具有体量大、含砂量高、泥浆浓度低、悬浮物不易沉降、污染物成分复杂等特点，加上砂砾、泥饼和余水等产物需满足国家相关标准、政策及资源化利用等要求，这大幅提高了大体量砂性底泥的逐级减量和无害处置的技术难度。

6.2 河道淤泥疏浚方式比选

6.2.1 河道清淤特点及底泥输送方案

6.2.1.1 河道清淤特点

（1）本段河道清淤桩号为QY0＋000.00～QY2＋610.00，河道宽度为150～330m，

河道长度约2.6km，其下游河道沿线两岸主要分布现状水闸，如梳山闸、环桥闸、北江闸等，属排灌两用闸。

(2) 本段河道现状河底面高程为－6.54～3.70m，上下堵坝之间河道水位高程常年在4.7m左右，常年水位浮动较小，深水区域可达10m以上水深，水上基本无构筑物，主要分布两座交通桥，净高度基本满足施工船舶的通行要求。

(3) 本段河道淤积情况整体相对较轻，底泥基本处于常水位以下，该段河道水上开挖、水下清淤以水位4.0m为界，水上开挖约8万m^3（自然方），水下清淤约33万m^3（自然方），水下底泥成分以中砂、塘泥成分为主。

(4) 本段河道底泥中污染物（总氮、总磷和重金属等）较少，基本满足《土壤环境质量标准》（GB 15618—1995）、《农用地土壤污染风险管控标准》（GB 15618—2018）等要求，从环保水保等方面分析可考虑不采用污染物去除等特殊处理措施。

6.2.1.2 河道清淤和底泥输送方案比选

考虑到河道沿线两岸主要分布多处排灌两用闸，当地有一定的取水要求，因此无法将河道断流排干。同时该河道水域较宽且长，地下水水位较高且丰富，北支江与地下水存在互补关系，因此本段河道清淤无法采用排干清淤，只能采用水下清淤技术。根据本段河道清淤特点，结合河道水下清淤和底泥输送技术，初拟两种方案进行比选，具体见表6.2－1。

表6.2－1 北支江河道清淤及底泥输送方案比选

方案	方案一	方案二
河道清淤和底泥输送方案	铲斗式（抓斗式）挖泥船→泥驳→吹泥船/长臂反铲	绞吸式挖泥船→输泥管道
投资	39.38元/m^3（水下自然方）	45.86元/m^3（水下自然方）
优点	1. 最大程度保持底泥现状含水率，余水处理量少； 2. 施工工艺简单，设备容易组织，施工过程受天气影响小	1. 清淤效率高，封闭化管理，底泥输送方便环保； 2. 对水体扰动小，对周边环境影响较小，施工过程基本不受天气影响
缺点	1. 开挖深度不易控制，对本工程的软弱底泥敏感度较差； 2. 施工期间对水体扰动较大，环保、水保等问题突出，影响本工程周边沿线水闸配水； 3. 外部泥驳等船舶不能通过水运方式进入该河道进行施工，泥驳等船舶交通组织较为复杂，不利于现场安全施工	1. 上岸的底泥含水率高，需要储泥池等接纳处理，余水处理量较大； 2. 船舶交通组织较为简单，利于现场安全施工
结论		推荐

(1) 方案一。方案一为铲斗式（抓斗式）挖泥船→泥驳→吹泥船/长臂反铲方案，本方案采用铲斗式（抓斗式）挖泥船进行疏浚，铲斗抓上的底泥放置在泥驳中，泥驳转运至泊位附近，再通过吹泥船将泥浆泵送至泥浆处理指定区域。

该方案的优点是可最大程度地保持底泥现状含水率，且铲斗式（抓斗式）挖泥船灵活机动，不受河道内垃圾、石块等障碍物影响，施工工艺简单，设备容易组织，施工过程受天气影响小，另外经过测算该方案综合单价为39.38元/m³（水下自然方）。

该方案的缺点是铲斗式（抓斗式）挖泥船对开挖深度不易控制，对本工程的软弱底泥（塘泥、黏质粉土等）敏感度较差，且施工期间对水体扰动较大，影响周边沿线排灌两用水闸配水；另外北支江上下堵坝之间属于半封闭水体，铲斗式（抓斗式）挖泥船所配套的外部泥驳等船舶不能通过水运方式进入该河道进行施工，泥驳等船舶交通组织较为复杂，不利于现场安全施工。

（2）方案二。方案二为绞吸式挖泥船→输泥管道方案，本方案采用绞吸式挖泥船进行疏浚，疏浚的底泥直接通过输泥管输送至指定地点。绞吸式挖泥船、气力泵船、泥浆泵、水陆两用吸泥泵等受配置泥泵扬程限制，当排距超过设备最远排距时采取接力方式输泥。

该方案的优点是清淤效率高，对本段河道水质影响相对小，底泥输送封闭、便捷、环保，施工过程受天气影响小，另外该河道水下清淤区域距离泥浆处理区域较近，最远不超过8km，经过测算该方案综合单价为45.86元/m³（水下自然方）。该方案的缺点是上岸的底泥含水率高，需要储泥池等接纳处理，余水处理量较大。

6.2.1.3 比选结果

本段河道（桩号QY0＋000.00～QY2＋610.00）水体较为封闭，河道较宽，水位浮动较小，底泥基本处于常水位以下，河道水深、宽度、清淤土成分等基本满足铲斗式（抓斗式）挖泥船、绞吸式挖泥船等施工要求。

在工程投资上，方案一更优，但是在施工技术、施工安全、环水保等方面，考虑本工程清淤的高效性、可靠性、环保性、周边沿线泵站配水需求、泥驳难以通过水运进入该封闭水域进行施工等因素，则方案二更优，综合考虑本工程推荐方案二，即绞吸式挖泥船→输泥管道方案。

为全面地探究河道淤泥疏浚方式以指导更多工程，本书在6.3.2和6.3.3节分别对淤泥开挖和输送技术的种类进行了探讨。

6.2.2 淤泥开挖设计

河道底泥的清淤技术主要包括排干清淤、水下清淤。

1. 排干清淤

排干清淤是指通过在河道施工段构筑临时围堰将河道水排干后进行干挖或者水力冲挖的清淤方法，常适用于没有防洪、排涝、航运功能流量较小的河道清淤，不适用于大面积深水水域清淤。排干后又可分为干挖清淤和水力冲挖清淤两种工艺。

（1）干挖清淤。作业区水排干后大多数情况下都是采用挖掘机进行开挖，挖出的淤泥直接由渣土车外运或者放置于岸上的临时堆放点。如果河塘具有一定的宽度，施工区域和储泥堆放点之间出现一定距离，则需要有中转设备将淤泥转运到岸上的储存堆放点。一般采用挤压式泥浆泵也就是混凝土输送泵将流塑性淤泥进行输送，输送距离可以达到200～300m，利用皮带机进行短距离的输送也有工程实例。

干挖清淤（图6.2-1）的优点是清淤彻底，质量易于保证而且对于设备、技术要求不高，产生的淤泥含水率低，易于后续处理。

（2）水力冲挖清淤。采用水力冲挖机组的高压水枪冲刷（图6.2-2），将底泥扰动成泥浆流动的泥浆汇集到事先设置好的低洼区，由泥泵吸取（图6.2-3为移动式吸泥泵）、管道输送将泥浆输送至岸上的堆场或集浆池内。水力冲挖具有机具简单、输送方便、施工成本低的优点，但是这种方法形成的泥浆浓度低，为后续处理增加了难度，且施工环境也比较恶劣。

图6.2-1 干挖清淤

图6.2-2 水力冲挖清淤

图6.2-3 移动式吸泥泵

2. 水下清淤

水下清淤是指将清淤机具装备在船上，由清淤船作为施工平台在水面上操作清淤设备将淤泥开挖，并通过管道输送系统、泥驳等输送到岸上堆场中。水下清淤工艺包括绞吸式清淤、抓斗式清淤、链斗式清淤、泵吸式清淤和斗轮式清淤。

（1）绞吸式清淤。绞吸式清淤主要由绞吸式挖泥船完成。绞吸式挖泥船（图6.2-4）由浮体、铰绞刀、上吸管、下吸管泵、动力等组成。它利用装在船前的桥梁前缘绞刀的旋转运动，将河床底泥进行切割和搅动，并进行泥水混合，形成泥浆，通过船上离心泵产生的吸入真空，使泥浆沿着吸泥管进入泥泵吸入端，经全封闭管道输送排距超出挖泥船额定排距后，中途串接接力泵船加压输送至堆场中。绞吸式清淤适用于泥层厚度大的中、大型河道清淤。普通绞吸式清淤是一个挖、运、吹一体化施工的过程，采用全封闭管道输泥，不会产生泥浆散落或泄漏，在清淤过程中不会对河道通航产生影响，施工不受天气影响，同时采用GPS和回声探测仪进行施工控制，可提高施工精度。绞吸式清淤由于采用螺旋切片绞刀进行开放式开挖，容易造成底泥中污染物的扩散，同时也会出现较为严重的回淤现象。根据已有工程的经验，底泥清除率一般在70%左右。另外，淤泥浆浓度偏低，导致泥浆体积增加，增大淤泥堆场占地面积。

（2）抓斗/铲斗式清淤。抓斗式挖泥船（图6.2-5）开挖河底淤泥，通过抓斗式挖泥船前臂抓斗伸入河底，利用油压驱动抓斗插入底泥，并闭斗抓取水下淤泥，之后提升回旋并开启抓斗将淤泥直接卸入靠泊在挖泥船舷旁的驳泥船中开挖、回旋、卸泥循环作业。清出的淤泥通过驳泥船运输至淤泥堆场，从驳泥船卸泥仍然需要使用岸边抓斗，将驳船上的淤泥移至岸上的淤泥堆场中。

图 6.2-4 绞吸式挖泥船

图 6.2-5 抓斗式挖泥船

抓斗式清淤适用于开挖泥层厚度大、施工区域内障碍物多的中、小型河道，多用于扩大河道行洪断面的清淤工程。抓斗式挖泥船灵活机动，不受河道内垃圾、石块等障碍物影响，适合开挖较硬土方或夹带较多杂质垃圾的土方，且施工工艺简单，设备容易组织，工程投资较省，施工过程不受天气影响。但抓斗式挖泥船对极软弱的底泥敏感度差，开挖中容易产生掏挖河床下部较硬的地层土方，从而泄露大量表层底泥，尤其是浮泥的情况，容易造成表层浮泥经搅动后又重新回到水体之中。根据工程经验，抓斗式清淤的淤泥清除率只能达到30%左右，加上抓斗式清淤易产生浮泥遗漏、强烈扰动底泥等问题，在以水质改善为目标的清淤工程中往往无法达到原有目的。

另外，铲斗式清淤的水上挖掘机（图 6.2-6）能在水深5m的狭窄区域内进行清淤作业，其由传统挖掘机改造而来，凭借底盘浮箱的强大浮力，可悬浮在浮泥或水上并自由行走，被广泛运用于水利工程、城镇建设中的河道清淤和水域治理等工程中，需配备泥驳输送底泥，清淤效率较低。

（3）链斗式清淤。利用链斗式挖泥船上一连串带有挖斗的斗链开挖河底淤泥，借助导轮的带动，在斗桥上连续转动，使链斗式挖泥船的泥斗在水下挖泥并提升至水面以上，收放前、后、左、右所抛的锚缆，使船体前移或左右摆动来进行挖泥工作。链斗式挖泥船挖取的泥土提升至斗塔顶部，倒入泥阱，经溜泥槽卸入停靠在挖泥船旁的泥驳，然后用托轮将泥驳拖至卸泥地区卸掉。链斗式挖泥船（图 6.2-7）施工时链斗可深入水下7～28m，对土质的适应能力较强，可挖除岩石以外的各种泥土，且挖掘能力强；挖槽截面规则，误差极小，最适用港口码头泊位、水工建筑物等规格要求较严的工程施工；其施工工艺简单，设备容易组织，工程投资较省，施工过程不受天气影响。但是缺点与抓斗式清淤类似，会泄露大量表层底泥，尤其是浮泥的情况，容易造成表层浮泥经搅动后又重新回到水体之中。

（4）泵吸式清淤。泵吸式清淤也称为射吸式清淤，它将水力冲挖的水枪和吸泥泵同时安装在1个圆筒状罩子里，由水枪射水将底泥搅成泥浆，通过另一侧的泥浆泵将泥浆吸出，再经管道送至岸上的堆场，整套机具都装备在船只上，一边移动一边清除。而另一种泵吸法则是利用压缩空气为动力进行吸排淤泥的方法，将圆筒状下端有开口泵筒在重力作

图 6.2-6 水上挖掘机

图 6.2-7 链斗式挖泥船

用下沉入水底，陷入底泥后在泵筒内施加负压，软泥在水的静压和泵筒的真空负压下被吸入泵筒。然后通过压缩空气将筒内淤泥压入排泥管，淤泥经过排泥阀、输泥管而输送至驳船上或岸上的堆场中。泵吸式清淤的装备相对简单，水陆两用搅吸泵（图 6.2-8）可在水上挖掘机的基础上改造，其适合进入小型河道施工。但是，一般情况下容易将大量河水吸出，造成后续泥浆处理工作量的增加。

（5）斗轮式清淤。利用装在斗轮式挖泥船上的专用斗轮挖掘机开挖水下淤泥，开挖后的淤泥通过挖泥船上的大功率泥泵吸入并进入输泥管道，经全封闭管道输送至指定卸泥区。斗轮式清淤一般比较适合开挖泥层厚、工程量大的中、大型河道、湖泊和水库，是工程清淤常用的方法。清淤过程中不会对河道通航产生影响，施工不受天气影响，且施工精度较高。但斗轮式清淤在清淤工程中会产生大量污染物扩散、逃淤，回淤情况严重，淤泥清除率在50%左右，清淤不够彻底，容易造成大面积水体污染。斗轮式挖泥船见图 6.2-9。

图 6.2-8 水陆两用搅吸泵

图 6.2-9 斗轮式挖泥船

6.2.3 淤泥输送设计

河道底泥的输送可采取以下几种方式。

（1）泥驳运输。自航式泥驳（图 6.2-10）具有设备简单、吃水浅、载货量大的特点，可航行于狭窄水道和浅水航道，并且可与多种疏浚方式配合，是底泥水上输送的主要方式之一，但对通航有一定影响。

（2）输泥管运输。输泥管输送是底泥输送的主要方式之一，施工对周边环境影响小、施工效率高，距离较远的区域可以采用加压泵接力的方式，可根据工程大小、料源供应情况，选用不同管径的输泥管，也可以采用多条输泥管同时作业，输泥管见图 6.2－11。

图 6.2－10　泥驳

图 6.2－11　输泥管

（3）皮带机运输。皮带机运输（图 6.2－12）只能短距离运输，可移动。

（4）自卸汽车运输。自卸汽车只能在陆上运输，为避免对周边环境造成影响，推荐采用封闭式自卸汽车运输（图 6.2－13），采用自卸汽车理论上没有运距限制，但长距离运输费用较高。

图 6.2－12　皮带机运输

图 6.2－13　封闭式罐车运输

（5）吹泥船运输。吹泥船的船体为钢质箱型，用绞机或钢桩泊定船位。船上有泥泵、水泵和排泥管等设备。吹泥时，水泵产生高压水将泥驳中泥沙冲成泥浆，再由泥泵和排泥管吹送至指定地点。吹泥距离一般为 3000～5000m，加设接力泵可吹送更远。

吹泥船仅承担清淤过程中泥驳卸泥与部分运输环节，当排泥场不符合绞吸式（含斗轮）排距、堆土区远离航道、吊泥船不能直接吊土入堆场时，吹泥船土方陆上远距离管道输运的特点就可充分发挥利用。另外，污泥浓度可由水泵冲水量进行调节，一般能保持 40％以上的泥浆浓度（绞吸为 15％～30％），从而达到减少排泥场占用面积、减小排泥场退水，减轻对附近河道面域水体污染。

河道清淤和底泥输送技术汇总见表 6.2－2。

表 6.2-2 河道清淤和底泥输送技术汇总表

序号	类别	清淤和输送方式	优 点	缺 点	适 宜 工 程
1	排干清淤	长臂反铲+泥驳/自卸汽车	1. 清淤彻底，运输方式灵活机动，质量易于保证，而且对于设备、技术要求不高； 2. 挖掘所形成的淤泥含水率低，易于后续处理	需增设临时围堰等	适用于没有防洪、排涝、航运功能流量较小的河道清淤，不适用于大面积深水水域清淤
2	排干清淤	移动式吸泥泵+泥驳/输泥管	机具简单、输送方便、施工成本低的优点	1. 形成的泥浆浓度低，为后续处理增加了难度，且施工环境也比较恶劣； 2. 底泥输送距离有限	适用于小、窄河道工程，淤泥量集中，可断流、汛期水位不高、易于抽干区域
3	水下清淤	绞吸式挖泥船+输泥管	1. 封闭化管理，能获得较精确的挖掘轮廓，清淤效率较高，底泥清除率最高，输泥方便，对水体扰动小； 2. 施工过程受天气影响小	1. 锚缆系统为其他船舶航行带来一定困难，输泥距离有限，一般超过 2～3km 需增设管道加压设备； 2. 绞吸所形成的淤泥浆浓度偏低，为后续处理增加了难度	1. 吹填工程； 2. 疏浚土二次转吹； 3. 港池、泊位和基槽疏浚，新建航道的疏浚； 4. 清淤工程； 5. 软岩疏浚； 6. 海滩养护； 7. 淤泥、黏土、砂土、砾石等
4	水下清淤	抓斗/铲斗式挖泥船+泥驳+吹泥船	1. 灵活机动，不受河道内垃圾、石块等障碍物影响，施工工艺简单，设备容易组织，工程投资较省，施工过程受天气影响小； 2. 形成的泥浆浓度较高，利于后续底泥处理	1. 对极软弱的底泥敏感度差，对水体扰动较大； 2. 清淤环保型较差	1. 码头、防波堤、沉管、海底管线等各类基槽的开挖； 2. 码头泊位、港池、航道的疏浚； 3. 碎石、风化岩的开挖； 4. 清礁、水上障碍物清淤清障
5	水下清淤	链斗式挖泥船+泥驳+吹泥船	1. 开挖深度较大，挖掘形成的泥浆浓度较高，开挖后平整度较其他类型挖泥船好； 2. 施工工艺简单，设备容易组织，工程投资较省，施工过程不受天气影响	对极软弱的底泥敏感度差，对水体扰动较大，噪声大、部件磨损大	可开挖各种淤泥、软黏土、砂和砂质黏土、砾石等
6	水下清淤	斗轮式挖泥船+泥驳+吹泥船	清淤过程中不会对河道通航产生影响，施工不受天气影响，且施工精度较高	清淤工程中会产生大量污染物扩散、逃淤，回淤情况严重，淤泥清除率在50%左右，清淤不够彻底，容易造成大面积水体污染	适合开挖泥层厚、工程量大的中、大型河道、湖泊和水库
7	水下清淤	水陆两用绞吸泵+输泥管	机具简单、便捷，可在底泥上行驶，适合较窄的河道	疏浚底泥含水率较高，底泥输送距离有限	适合较窄的河道，大型清淤设备难以进入进行水下清淤区域
8	水下清淤	水上挖掘机+泥驳+吹泥船	机具简单、便捷，可在底泥上行驶，适合较窄的河道	施工效率低	适合较窄的河道，大型清淤设备难以进入进行水下清淤区域

6.3 河道固化方式比选

6.3.1 淤泥固化方式比选

6.3.1.1 河道底泥处理技术简介

底泥处理的原则："减量化、稳定化、无害化和资源化"。根据底泥的性质、类型，按照最终处理的要求，底泥污染的控制既可采用固定的方法阻止污染物在生态系统中的迁移，也可采用各种处理方法降低或消除污染物的毒性，以减小其危害。主要包括原位处理和异位处理两大类。

1. 原位处理技术简介

原位处理技术是指在河湖泊涌内利用物理、化学或生物方法以减少污染底泥总量、减少底泥污染物含量或降低底泥污染物溶解度、毒性或迁移性，并减少底泥污染物释放、改善污染水体活性的污染底泥治理技术，主要包括原位物理处理、原位化学处理、原位生物修复技术等。原位处理技术具有有效控制污染、治理费用低、可保留部分原有生态环境等特点，适合历史淤积底泥较少的黑臭水体治理。

2. 异位处理技术简介

异位处理技术即可操作性强，工程实践较多，应用最广的方式就是清淤疏浚。河道底泥采用疏浚设备将底泥疏浚至岸边后，需通过底泥预处理和脱水，使得底泥能够"减量化、稳定化、无害化和资源化"，目前技术相对成熟，主要包括物理脱水固结法、搅拌固化法、机械脱水法、热处理法等几种。

(1) 物理脱水固结法。

1) 自然晾晒法。自然晾晒法是在清淤底泥含水量不高的情况下，将底泥摊铺在平整过的晾晒场内，通过日晒和设排水盲沟等形式降低底泥内含水量，并采用翻晒等措施加速含水量下降过程。

优点：施工简便，余水处理量少，节省投资。

缺点：晾晒周期较长，占地面积较大，需投入人力、设备进行翻晒。

2) 土工管袋脱水法。土工管袋脱水法（图 6.3－1）是从底泥自然干化脱水演变过来的方法，是一种简便、经济的底泥脱水方法。利用土工管袋的等效孔径具有的过滤功能，通过添加净水药剂促进泥和水分离，水渗出管袋外，底泥存留在管袋内。渗出水完全达到相关标准且可以收集循环利用。由于底泥渗透系数低，土工管袋脱水法工期较长，根据类似经验，需要一年甚至更长时间。适用于气候比较干燥、无工期要求、土地使用不紧张和环境卫生条件允许的地区。

图 6.3－1 土工管袋脱水法示意图

土工管袋脱水法包括以下步骤（图 6.3－2）：

①填充，废水或底泥加药后，通过泵打入土工管袋；②脱水，清洁达标的水渗出管袋，固体颗粒被存留在土工管袋中；③固结，固体颗粒在土工管袋中固结。

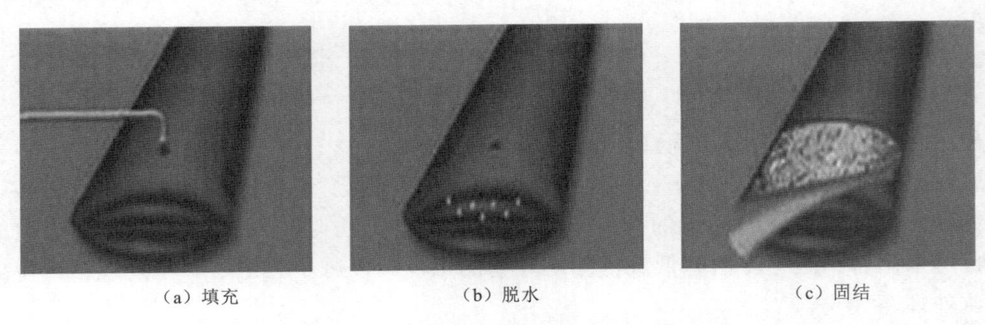
（a）填充　（b）脱水　（c）固结

图 6.3-2　填充、脱水、固结示意图

3）真空预压固化法。真空预压固化法借鉴了传统软基处理真空预压法的思想，传统真空预压法是在软土中设置竖向塑料排水带或砂井，上铺砂层，再覆盖薄膜封闭，抽气使膜内排水带、砂层等处于真空状态，排除土中的水分，使土预先固结以减少地基后期沉降的一种地基处理方法（简要原理构造见图 6.3-3）。

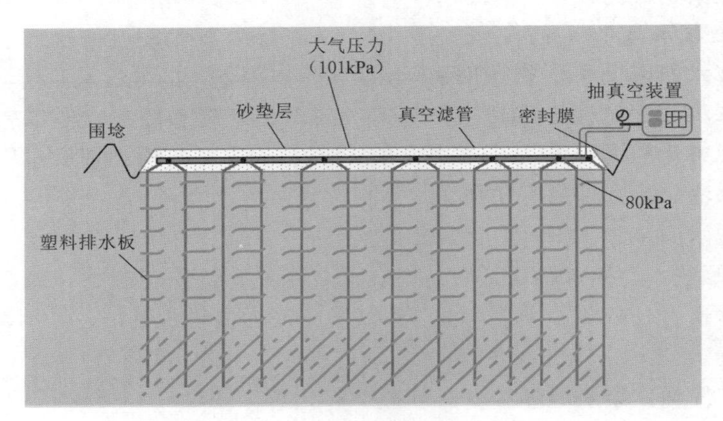

图 6.3-3　真空预压简要原理构造示意图

真空预压固化法需就近找一片空地作为底泥接纳点，在底泥接纳点四周设置临时围堰，将河道底泥吹至围堰中，再进行真空预压处理，处理完毕后用于湿地开发或造地工程。

真空预压是一种较为成熟的施工工艺，施工大致步骤如下：①在底泥接纳点处修筑临时围埝；②疏浚后的底泥采用输泥管输送至底泥接纳点；③插打塑料排水板，由于底泥含水率较高，承载力不足，无法上机械设备，可采用人工插打塑料排水板；④铺设水平排水层，采用塑料排水软管作为水平排水层；⑤抽真空至设计要求。

具体步骤见图 6.3-4。

（2）搅拌固化法。固化剂是通过主材料和副材料配成的化学制剂，当固化剂与底泥发生化学反应时，会使底泥的解构组织发生变化，将泥水分离。由于底泥本身结构的变化，使得经过处理后的底泥不会重新转变成泥水状态。

当固化剂掺入底泥中时，固化剂还会与底泥中的水分发生反应生成针状的存在于土颗粒结构空隙中的结晶物（主要成分是钙矾石），并迅速产生絮凝物沉淀，从而使高含水率的底泥快速实现水与固体颗粒物的分离和沉积。搅拌固化法即在河道清淤底泥中加入固化剂，搅拌均匀，待充分固化反应后，会使底泥高含水率、低强度的特性得到显著改善，底泥处理见图6.3-5。通过总结目前国内外底泥处理的工程实例和相关文献，搅拌固化法是众多底泥处理方法中造价较低、固化效果较好的方法之一。

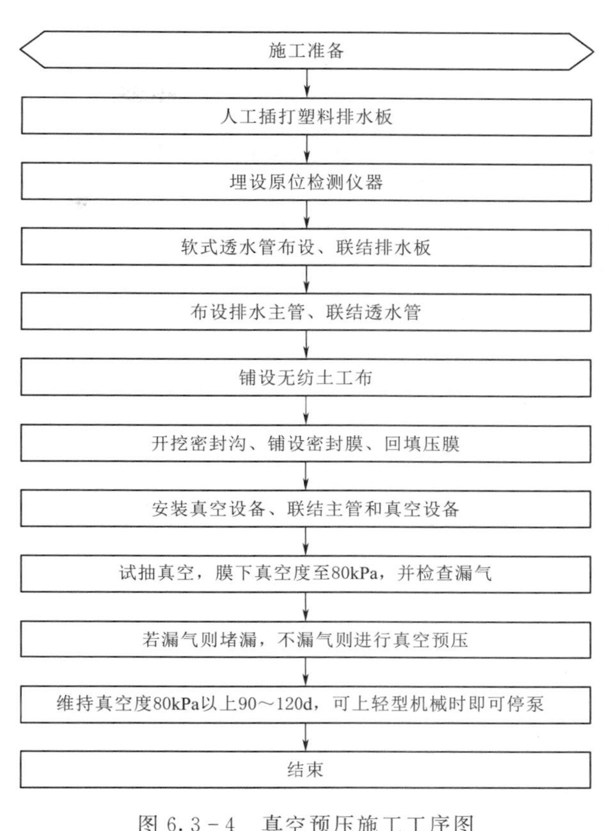

图6.3-4 真空预压施工工序图

优点：处理成本较低，能将底泥无害化、稳定化，同时固化产物还能资源化利用，变废为宝，减少土地占用，目前已成为河道底泥处理较有竞争力的技术方案之一。

缺点：固化后的底泥需要养护处理，养护周期相对较长，根据添加的固化剂不同，需要3～20d左右的养护时长，对养护场地面积要求较高。

（3）机械脱水法。采用环保型绞吸式挖泥船进行疏浚会产出含水率（水∶总质量）达90%～95%的淤泥浆体，泥浆首先进入泥砂分离池分离砂料，然后进入沉淀池进行泥浆浓缩。沉淀池底部浓缩后泥浆通过输泥泵或小型绞吸式挖泥船送入拌和系统，投加疏水剂和疏水固化剂对泥浆进行调理调质，在调理池中经过均化掺混后通过喂料泵送入脱水设备。经过脱水处理，分离出含水率小于等于40%的泥饼和余水，泥饼可随时外运利用，余水处理达标后排入河流。

图6.3-5 搅拌固化法进行底泥处理

根据底泥脱水设备不同，可分为离心式机械脱水法、带式压滤机械脱水法、板框压滤机械脱水法、叠螺式机械脱水法等，其中应用较广、效率较高的为板框压滤机械脱水法。

根据底泥预处理工艺，可分为机械旋流浓缩法和泥砂分离池＋固液分离池两种工艺。

优点：清淤效率较高，清淤相对环保，底泥中的含砂可分离并资源化利用；泥饼无须养护，可直接资源化利用。

缺点：板框式压滤机效率相对较低，需要同时上多个板框压滤设备。

（4）热处理法。底泥干化按热介质与底泥的接触方式可分为两大类，一类是用燃烧烟气进行直接加热，另一类是用蒸汽或热油等热媒进行间接加热。用烟气进行直接加热时，由于温度较高，在干化的同时还使底泥中许多有机物分解。间接加热，温度一般低于120℃，底泥中的有机物不易分解。

3. 近年河湖整治工程底泥处理方案与技术

近年来，国内已实施了多个大型清淤和底泥处理工程，各工程底泥处理所采用的工艺见表6.3-1。

表6.3-1　　近年来国内部分河湖整治工程底泥处理情况统计表

序号	项　目　名　称	工程量/万 m^3	处理方式（脱水方式）	实施时间/年	实施单位	备注
1	佛山水道环境疏浚和底泥处理工程	82	机械脱水法（板框式压滤）	2009	浙江省疏浚工程有限公司	已完工
2	武汉外沙湖环境综合整治工程	40	机械脱水法（板框式压滤）		中交津环保工程有限公司	已完工
		40	管袋脱水			
3	广州峨眉沙岛、大蚝沙岛淤泥处置	500	搅拌固化	2010	广州市水电建设工程有限公司	已完工
4	中新天津生态城汉沽污水库治理	385	管袋脱水		中交津环保工程有限公司	已完工
5	武汉官桥湖（庙湖）污泥清除工程	40	机械脱水法（板框式压滤）		中交上海航道局总承包公司	已完工
		10	机械脱水法（离心脱水）			
6	武汉黄孝河环境综合整治工程	30	机械脱水法（板框式压滤）	2011	湖北长江清淤疏浚工程有限公司	已完工
7	岳阳市王家河巴陵东路至大嘴堤段污泥处理工程	10	机械脱水法（板框式压滤）	2012	中交津环保工程有限公司	已完工
8	东莞小海河水体修复工程	17	机械脱水法（板框式压滤）	2012	惠州水电建筑工程有限公司	已完工
9	武汉龙阳湖环境综合整治工程	24	机械脱水法（离心脱水）	2019	中交上海航道局总承包公司	已完工
10	武汉南湖水环境综合整治一期工程	52	机械脱水法（带式压滤）	2014	长江武汉航道工程局	已完工
		52	机械脱水法（板框式压滤）			已完工

续表

序号	项 目 名 称	工程量/万 m^3	处理方式（脱水方式）	实施时间/年	实施单位	备注
11	滇池外海入湖河口和重点区域疏浚工程	400	机械脱水法（板框式压滤）	2013		已完工
12	武汉墨水湖综合整治疏浚工程	51	机械脱水法（板框式压滤）		中国水利水电第五工程局	已完工
13	邯郸市城区段滏阳河通航一期应急工程	25	机械脱水法（板框式压滤）	2013	邯郸水利工程处	已完工
14	合肥南淝河清淤治理项目	65	机械脱水法（板框式压滤）	2019	安徽水安建设集团有限公司	已完工
15	浦江县通济桥水库生态清淤工程	110	机械脱水法（板框式压滤）	2014	浙江省疏浚工程有限公司	已完工
16	武汉南太子湖水环境综合整治项目	24	机械脱水法（板框式压滤）	2015	中国水利水电第五工程局	已完工
17	绍兴市柯桥区河道淤泥固化处理中心	100	机械脱水法（板框式压滤）		路德环境科技股份有限公司	已完工
18	黄石市水污染综合治理项目磁湖清淤工程	40	机械脱水法（板框式压滤）	2016	广州市水电建设工程有限公司	已完工
19	泉州山美水库库区清淤疏浚工程	100	机械脱水法（板框式压滤）		中交广州航道局有限公司	已完工
20	珠海天沐河疏浚工程	150	机械脱水法（板框式压滤）		中交广州航道局有限公司	已完工

河道底泥处理技术汇总见表 6.3-2。

表 6.3-2　　各底泥处理技术汇总表

序号	底泥处理技术		优 点	缺 点
1	原位处理技术		见效快	1. 对河道生态产生负面影响，施工难度大； 2. 没有工程经验，国内案例稀缺
2	物理脱水固结法	自然晾晒法	造价低、施工简便、余水处理量少	占地面积较大，需翻晒
		土工管袋脱水法	施工简便、经济	工期长、用地面积大、底泥脱水后含水率较高、难以资源化利用
		真空预压固结法	施工简便、经济	工期较长、用地面积大
3	搅拌固化法		造价低、固化效果好、固化产物可资源化利用	养护场地面积较大，需要养护时间
4	机械脱水法	离心式脱水机	1. 基建投资少，设备结构紧凑； 2. 场地卫生，气味少； 3. 自动化程度高，操作简单	1. 设备价格高； 2. 电耗高； 3. 噪声高； 4. 易磨损设备

续表

序号	底泥处理技术		优点	缺点
5	机械脱水法	带式压滤机	1. 设备简单，能耗低、设备维修简单； 2. 电耗较低； 3. 连续生产	1. 脱水底泥含水率高，效率相对低； 2. 占地面积大； 3. 滤带冲洗用水量大，易堵塞，滤带容易跑偏； 4. 带式压滤机较板框压滤机费用更高，占地更大
6	机械脱水法	板框压滤机	1. 脱水率较高，生产效率较高且稳定，是目前最为成熟的脱水设备； 2. 运用全密闭式操作方式，场地卫生环保； 3. 对物料的适应性强，适用于各种底泥	1. 间歇性工作装置，需要人工配合才能完成； 2. 换滤布麻烦，费用大； 3. 余水处理量大，费用高
7		叠螺式脱水机	1. 不易堵塞，连续自动运行； 2. 脱水机低速运转、无噪声、低能耗； 3. 连续生产	1. 处理能力较小； 2. 脱水底泥含水率高
8	热处理法		可分解部分污染物	需配备专门处理场

6.3.1.2 底泥处理方案

1. 桩号 QY0＋000.00～QY2＋610.00 段

（1）底泥处理特点。本段河道底泥处理具有如下特点：

1）本段河道水下清淤约 33 万 m^3（自然方），水下底泥成分以中砂、塘泥成分为主。

2）本段河道底泥中污染物（总氮、总磷以及重金属等）较少，基本满足《土壤环境质量标准　农用地土壤污染风险管控标准》（GB 15618—2018）等要求，从环保、水保等分析可考虑不采用污染物去除等特殊处理措施。

3）底泥处理后的余水需要全部进行处理，底泥处理方案应尽量减少余水量，适当控制上岸淤泥浓度。

（2）底泥处理方案比选。根据 6.2 节中对河道清淤及底泥输送方案已明确，采用绞吸式挖泥船→输泥管道方案。根据本段河道底泥处理特点，结合底泥处理技术，本段河道现状水质较好，清淤的主要目的之一为增加行洪断面，采用原位处理技术（如水环境修复剂等）并不能达到相应目的，不适用于本工程。因此在异位处理技术中初选两种处理技术进行比选，结果见表 6.3-3。

表 6.3-3　底泥处理方案比选

底泥处理方案	方案一物理脱水固结法（自然晾晒方案）	方案二机械脱水法（板框压滤方案）
投资	3.3 亿元（晾晒场土建和临时征地费用较大）	3.4 亿元（底泥处理厂土建和设备费用较大）
优点	施工简便、余水处理量少	1. 脱水效率、生产效率较高且运行稳定，适用于本工程清淤土成分，满足泥饼含水率达标要求； 2. 有效对本工程清淤土中的中砂等进行资源化利用； 3. 密闭式操作方式，场地卫生环保，不受外界气象条件等干扰

续表

底泥处理方案	方案一物理脱水固结法（自然晾晒方案）	方案二机械脱水法（板框压滤方案）
缺点	1. 晾晒场占地面积较大，该工程区域可用征地紧张，征地协调难度较大； 2. 晾晒时需翻晒并受天气影响，当地降雨呈明显季节性变化，降雨频繁且集中，可靠性较低； 3. 晾晒后泥饼含水率较高，增加了后续泥饼堆存至弃土场的工程量； 4. 清淤底泥中中砂等无法有效资源化利用； 5. 晾晒施工区域距离居民区、主河道较近，环保、水保等问题突出	1. 间歇性工作装置，需要人工配合才能完成； 2. 余水处理量较大
结论		推荐

1）方案一：物理脱水固结法（自然晾晒方案）。该方案的优点是施工简便、余水处理量少，经过估算本工程投资约为 3.3 亿元（晾晒场土建及临时征地费用较大）。

该方案的缺点是晾晒场占地面积较大，该工程区域可用征地紧张，征地协调难度较大；晾晒时需翻晒并受天气影响，富阳区当地降雨呈明显季节性变化，降雨频繁且集中，方案可靠性较低；晾晒后泥饼含水率较高，增加了后续泥饼堆存至弃土场的工程量；清淤底泥中中砂等无法有效进行资源化利用；晾晒施工区域距离居民区、主河道较近，环保、水保等问题突出。

2）方案二：机械脱水法（板框压滤方案）。该方案的优点是脱水效率、生产效率较高且运行稳定，适用于本工程清淤土成分，满足泥饼含水率达标要求，并能有效对本工程清淤土中的中砂等进行资源化利用，另外该方案密闭式操作方式，场地卫生环保，不受外界气象条件等干扰，经过计算本工程投资约 3.4 亿元（底泥处理厂土建及设备费用较大）。该方案的缺点是设备间歇性工作，需要人工配合完成，余水处理量大。

（3）小结。本段河道的水下底泥成分以中砂层、塘泥层为主，其透水性相对较好，综合技术、经济、风险、工期等方面考虑，本阶段推荐可靠性和环保性更高的机械脱水法即板框压滤方案。

2. 桩号 QY2＋610.00～QY7＋112.00 段

（1）底泥处理特点。本段河道底泥处理具有如下特点：

1）本段河道水下清淤约 35 万 m^3（自然方），水下底泥成分以黏质粉土为主。

2）本段河道底泥中污染物（总氮、总磷以及重金属等）较少，基本满足《土壤环境质量标准　农用地土壤污染风险管控标准》（GB 15618—2018）等要求，从环保、水保等分析可考虑不采用污染物去除等特殊处理措施。

3）底泥处理后的余水需要全部进行处理，底泥处理方案应尽量减少余水量，适当控制上岸淤泥浓度。

（2）底泥处理方案比选。同桩号 QY0＋000.00～QY2＋610.00 段。

（3）小结。本段河道的水下底泥成分以黏质粉土成分为主，其透水性较差，自然晾晒周期长，且鉴于本工程当地降雨呈明显季节性变化，降雨频繁且集中，清淤工程工期较短，加上自然晾晒场面积需求量大，工程区域可用征地较为紧张，协调难度较大，工程距离居民区较近，环保、水保等要求高，自然晾晒方案可靠性较低。相较于自然晾晒方案，板框压滤方案在运行可靠性、适应性、资源化利用、环水保等方面有显著优势。因此综合技术、经济、风险等方面考虑，本阶段推荐方案二，即机械脱水法（板框压滤方案）。

6.3.2 淤泥处置厂整体设计

6.3.2.1 底泥处理厂场地概况

为了满足北支江桩号 QY0+000.00～QY7+112.00 段河道水下清淤的处理要求，初拟在东桥路上游右岸处新建1号底泥处理厂，也位于东洲岛建华村弃土场范围内，占地面积约 4.23 万 m^2，底泥处理厂属于临时建筑物。

6.3.2.2 底泥处理厂规模

（1）底泥处理厂需求分析。1号底泥处理厂需处理北支江桩号 QY0+000.00～QY7+112.00 段河道的水下底泥，处理总量为 68.40 万 m^3，根据施工总工期安排，满负荷生产期为 14 个月，每月工作 25d，每天工作时间为 20h，则每天需要处理底泥 1954m^3（水下自然方），小时处理量为 98m^3/h。

（2）底泥处理厂设计规模。根据清淤土成分，结合机械脱水后泥饼含水率（水∶总质量）需达到 40%以下的要求，考虑中砂资源化利用，通过清淤土的物料平衡等计算，每天泥饼产出约 2371m^3（压实方量理论值）。

根据类似工程经验，500m^2的压滤机是目前国产板框压滤机中效率最高、故障率最小、运行维护便捷的一款板框压滤机，单台 500m^2板框压滤机理论上每小时泥饼（含水率40%）生产量为 8.7m^3（理论压实方量），则需要在1号底泥处理厂终端设置 14 台 500m^2的板框压滤机以满足要求。

6.3.2.3 底泥处理厂工艺

工艺流程步骤如下，具体流程见图 6.3-6。

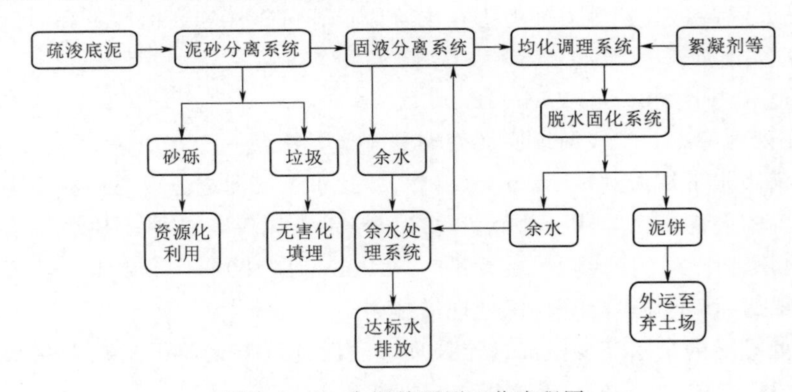

图 6.3-6 底泥处理厂工艺流程图

（1）清淤底泥通过绞吸式挖泥船、输泥管道等输送到底泥处理厂，进入泥砂分离系统，通过格栅机、泥砂分离池将垃圾、砂砾进行分离，垃圾外运，砂砾经过清洗堆放至临时堆砂场并资源化利用。

（2）泥浆经过泥砂分离系统后自行流入固液分离系统（沉淀池）进行浓度调节，浓缩、静置后泥浆形成沉淀，上部清液析出，溢流至余水处理系统，后经过处理达标外排。

（3）经过固液分离系统（沉淀池）浓缩后的泥浆通过绞吸船输送至均化调理系统（调理池），通过管道添加絮凝剂、脱水剂等方式对泥浆进行调理、调质。

（4）经过调理、调质的浓底泥通过泥浆泵泵送至脱水固化系统，采用板框压滤机进行脱水，泥饼脱水达标后通过皮带机、自卸汽车等运至周边弃土场。

6.3.2.4 底泥处理厂平面布置

1号底泥处理厂位于东桥路上游右岸处，底泥预处理采用泥砂分离池＋固液分离池方案，底泥脱水采用板框压滤的机械脱水法，余水处理采用超磁分离技术，建成后可接受北支江桩号 QY0＋000.00～QY7＋112.00 段全部底泥 68.40 万 m^3（水下自然方）。1号底泥处理厂主要由泥砂分离系统、洗砂系统、固液分离系统、均化调理系统、脱水固化系统、余水处理系统等部分组成，总占地面积约为 4.23 万 m^2（含进出厂道路）。下阶段应根据工程进展，对底泥处理工艺进行细化调整，满足工程需要，工艺汇总具体见表 6.3－4。

表 6.3－4　　1号底泥处理厂工艺汇总表

名称	底泥处理量/万 m^3	占地面积/万 m^2	工　艺
1号底泥处理厂	68.40	4.23	底泥预处理采用泥砂分离池＋固液分离池方案，底泥脱水采用板框压滤机械脱水法，余水处理采用超磁分离技术

1. 主要建筑物

（1）泥砂分离池。泥砂分离池布置在底泥处理厂西南侧，布置一套泥砂分离池，尺寸为 21.9m（长）×6.1m（宽）×5.5m（深），外墙采用 C30 钢筋混凝土厚 30cm 结构，在洗砂设备处设置储砂坑，储砂坑尺寸为 4m（长）×6.1m（宽）×1m（深），泥砂分离池分为 2 级。

第一级泥砂分离池长 12.8m、宽 6.1m，第一、二级泥分离池之间设置溢流堰，高 2.86m，斜坡采用钢筋混凝土底板，第一级泥砂分离池主要沉淀大颗粒砂砾。

第二级泥砂分离池长 9.1m、宽 6.1m，第二级泥砂分离池尾端设置溢流堰，高 5.00m，斜坡采用钢筋混凝土底板，第二级泥砂分离池主要沉淀较大颗粒砂砾。

（2）固液分离池（沉淀池）。固液分离池（沉淀池）布置在底泥处理厂场地中间，共两组，单组占地面积约为 4490m^2，基本满足一天的上岸泥浆储备量，沉淀池侧坡比为 1∶2，边坡和底板采用贴坡 C20 素混凝土，厚 30cm。

（3）调理池。调理池布置在底泥处理厂场地中间，共两组，占地面积共约为 996m^2，采用 C30 钢筋混凝土结构，壁厚 30cm，底板厚 50cm。为了保持调理后底泥的流动性，均化调理池底部保持倾斜状，靠近分离固化系统侧低，固液分离池侧高，倾斜坡度约为 1∶4.5。调理池旁设置泵房，与调理池共用边墙，泵房净宽 3.9m，净深 3.6m，采用钢筋混凝土结构底板和边墙，顶部采用轻钢结构，设置防火顶棚。

（4）脱水系统。脱水车间尺寸为 68.5m×17.9m×10.5m（长×宽×高），脱水车间底部承台、压滤机支撑平台均采用钢筋混凝土结构，屋架采用钢结构，每台压滤机下方配备一套移动式皮带输送系统，用于泥饼的输送。

（5）泥饼库。泥饼库主要用于堆存泥饼等，面积为 2190m^2，采用混凝土地坪，上部结构采用棚盖轻钢结构，以防止雨季降水增大泥饼含水率。

（6）余水池。余水池共两组，占地面积约 1776m^2，沉淀池侧坡比为 1∶2，边坡和底板采用贴坡 C20 素混凝土，厚 30cm。

（7）清水池。清水池共一组，占地面积约 939m^2，沉淀池侧坡比为 1∶2，边坡和底板采用贴坡 C20 素混凝土，厚 30cm。

2. 主要设备

（1）板框压滤机。脱水车间布置在场地中间，主要为 14 台板框压滤设备，采用 500m^2的板框压滤机。根据类似工程经验，500m^2的压滤机是目前国产板框压滤机中效率最高、故障率最小、运行维护便捷的一款板框压滤机。

（2）磁分离设备。余水处理采用超磁分离技术，1 号底泥处理厂布置 1 套超磁分离设备，单台处理能力为 2 万 m^3/d。

6.3.3 泥沙分离设计

1. 泥砂分离池

泥砂分离池（图 6.3-7）布置在底泥处理厂西南侧，布置一套泥砂分离池，尺寸为 21.9m×6.1m×5.5m（长×宽×深），外墙采用 C30 钢筋混凝土、厚 30cm 结构，在洗砂设备处设置储砂坑，储砂坑尺寸为 4m×6.1m×1m（长×宽×深），泥砂分离池分为 2 级。

图 6.3-7 泥砂分离池

第一级泥砂分离池长 12.8m、宽 6.1m，第一、二级泥分离池之间设置溢流堰，高 2.86m，斜坡采用钢筋混凝土底板，第一级泥砂分离池主要沉淀较粗砂砾。

第二级泥砂分离池长 9.1m、宽 6.1m，第二级泥砂分离池尾端设置溢流堰，高 5.00m，斜坡采用钢筋混凝土底板，第二级泥砂分离池主要沉淀较细砂砾。

根据泥沙颗粒粒径和密度不同等特性并结合水力学原理，通过二级泥砂分离池实现泥沙混合物中泥沙的第一次初步自然分离，粒径 0.075mm 以上砂料大部分都已分离，砂料经过洗砂环节后可资源化利用，初步达到淤泥“减量化、资源化”的要求。剩余的混合泥水通过第二级泥砂分离池和溢流堰接入固液分离池。在束窄溢流堰尾端设置絮凝剂加药装置、脱水系统余水循环利用装置，将絮凝剂、余水、淤泥通过水流冲击、搅拌均匀后流入固液分离系统。

2. 除渣系统

除渣系统主要由振动筛（图 6.3－8）、皮带机和垃圾临时堆放场等组成，其主要功能是将泥浆中垃圾分离，通过振动筛将泥浆中垃圾分离外运。振动筛是利用振动电机或激振器作为激振源，带动筛面振动以实现对物料的筛选和分级的一种筛分设备；通过颗粒大小筛选泥浆物料，泥浆中的大颗粒垃圾如贝壳、塑料、腐木、建筑垃圾等大部分筛分至皮带机上运输至临时垃圾场，剩余泥浆进入泥砂分离池中。

3. 洗砂系统

根据地勘成果和回收砂料检测分析，砂料细度模数为 1.4，由于砂料颗粒细，砂料回收难度较大，为了满足砂砾含泥量等指标要求，同时尽可能提高砂料回收率，对洗砂系统（图 6.3－9）进行深入分析研究，采用立式泥沙泵＋水力旋流器（图 6.3－10）＋叶轮洗砂机（图 6.3－11）＋脱水筛（图 6.3－12）＋细砂回收桶（图 6.3－13）等组合方式进行生产试验。

图 6.3－8　振动筛

图 6.3－9　洗砂系统

图 6.3－10　水力旋流器

图 6.3－11　叶轮洗砂机

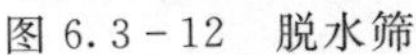

图 6.3-12 脱水筛

图 6.3-13 细砂回收桶

通过立式泥沙泵将沉砂池底部沉积的砂料泵送至水力旋流器中，利用离心力分离不同密度混合物，实现泥水与砂料的第二次分离，剩余泥水进入细砂回收桶，细砂回收桶中底部沉积泥沙通过立式泥沙泵再次循环进入水力旋流器中，而实现第二次分离后的砂料进入叶轮洗砂机，通过厂区处理过的余水清洗砂料，将砂料表面附着的有机物等污染物清除，进入振动脱水筛中进行脱水、脱泥，砂料通过皮带输送机输送至堆料场，最终生产出满足建筑用砂标准的砂料，检测结果表明砂料回收率可达95%以上。

6.3.4 淤泥沉淀设计

固液分离系统（图 6.3-14）主要由沉淀池、小型绞吸式挖泥船（含浮管和加压泵）、吸沙泵、溢流槽、滗水器等组成，本厂区共布置两组。其主要功能是储存泥浆、调节泥浆浓度，通过前端加药、自然沉降等方式初步实现泥浆固液分离，浓缩后稠泥浆由小型绞吸式挖泥船通过管道泵输送至调理池，上部清液自然析出溢流至余水池，板框压滤尾水回流至沉淀池中。

1. 沉淀池

沉淀池容积与绞吸船绞吸能力相匹配，绞吸船采用 $200m^3/h$ 规格，每天正常工作约14h，每天处理能力为 $2800m^3$，产生约2.2万 m^3 泥浆，结合绞吸船处理能力和泥浆沉降速度，沉淀池并联布置两组，单个沉淀池水力停留时间为12h，两组沉淀池容积可满足一天绞吸泥浆量，单组占地面积约为 $4490m^2$，采用矩形布置（图 6.3-15），深度为4m，沉淀池侧坡比为1∶2，边坡和底板采用贴坡C20素混凝土，厚30cm。

2. 改造绞吸船和溢流装置

根据泥浆处理强度和泥浆浓度，两组沉淀池分别布置1台小型绞吸船，规格采用 $300m^3/h$，为提高泥浆的沉降速率，在沉淀池前段投加了PAC、PAM等药剂，沉淀池底部泥浆易板结，因此需对绞吸船进行改造，在绞吸船前端增设水力冲刷设施，对底部板结泥浆和淤积物进行冲刷，便于绞吸船绞吸至后续处理系统，改造后的小型绞吸船见图 6.3-16。

沉淀池中的溢流装置采用滗水器（图 6.3-17）与箱式溢流（图 6.3-18）组合方式，

滗水器采用 1000m^3/h 规格，溢流口可随不同水位进行调节，箱式溢流采用顶部周边线性进水，两种方式的组合可以有效适应沉淀池中高、中、低水位控制的需求，为沉淀池不同工况运行和清洗提供了良好的溢流条件，不会对沉淀池底部浓泥浆产生扰动，有效提高了泥水分离的质量，并防止沉淀池中漂浮物进入后续处理工序中。

图 6.3-14 固液分离系统（航拍图）

图 6.3-15 矩形沉淀池

图 6.3-16 改造后小型绞吸船

图 6.3-17 滗水器

3. 沉淀池前端加药装置

砂性底泥所形成的泥浆具有粉粒含量多、悬浮物不易沉降等特点。根据现场实际情况，泥浆在自然沉淀一天后沉降效果并不明显，经过检测，沉淀池析出余水悬浮物含量普遍较高，范围普遍为 400～800mg/L，严重影响了后续余水处理效果，因此需在沉淀池中投加絮凝剂等加快泥浆沉淀。两组沉淀池分别布置两组自动加药系统（图 6.3-19），通过管道布置泥砂分离池的溢流堰后端，溢流堰束窄设计可以增加泥浆流速、落差，使水中颗粒与 PAC 絮凝剂等药剂碰撞机会增加，使絮体凝聚，可以得到较好的絮凝、沉淀效果。

根据药剂配合比试验，分别投加 PAC、PAM 药剂，按照一定比例投加，加药后沉淀池泥浆沉淀效果提升明显，沉淀池析出余水悬浮物经过试验控制在 80～300mg/L。

图 6.3-18 箱式溢流装置

图 6.3-19 自动加药装置

6.3.5 淤泥固化设计

脱水固化系统（图 6.3-20）主要由板框压滤机、压滤专用泵、空压机、储气罐和皮带机输送装置等组成。其主要功能将调理、调质后泥浆进行机械压滤以达到泥水分离目的，形成含水率较低、呈固态的泥饼，打散泥饼通过皮带机输出再采用自卸汽车外运，板框压滤尾水回流至沉淀池以助泥浆初步沉淀。

图 6.3-20 脱水固化系统（航拍图）

1. 板框压滤系统

脱水车间尺寸为 68.5m×17.9m×10.5m（长×宽×高），采用钢结构厂房结构，每台压滤机下方配备一套移动式皮带输送系统，用于泥饼的输送。脱水车间具有施工速度快、投资少等特点。

调理、调质后的泥浆泵送至板框压滤机进行深度泥水分离。板框压滤机系统（图 6.3-21）由板框、框架、滤布座组成，滤板固定在框架上，滤布夹在滤板和支撑框架之间，一台板框压滤机根据容量要求由多个框架组成，每一框架为一压滤室，浓缩泥浆由进泥泵打入压滤室，在压力的作用下板框产生挤压，将泥浆中水分压出，水分渗过滤布由排水管排出，泥饼截留在滤布上，形成含水率为 40%左右的硬塑状泥饼，硬塑状泥饼通过打散系统打散，打散后泥饼通过皮带输送机输送至泥饼场养护 2～3d，可用于制陶、筑堤填土、回填造地。

2. 喂料系统

喂料系统（图 6.3-22）由板框压滤专用泵和相应配件组成，每台板框压滤机配备一台板框压滤专用泵，板框压滤专用泵的进料口伸入调理池中。

图 6.3-21 板框压滤系统

图 6.3-22 喂料系统

3. 反吹和曝气系统

反吹系统主要由螺杆空压机、储气罐（图 6.3-23）等组成，主要功能为板框压滤机的滤液反吹、调理池的曝气。

6.3.6 余水净化设计

6.3.6.1 余水处置工艺简介

余水处理的方法一般有物理法、化学法和生物法等。物理法是利用物理作用来分离污水中的悬浮物，化学法是利用化学反应的作用来处理污水中的溶解物质或胶体物质，生物法是利用微生物的作用来去除污水中的胶体和溶解的有机物资。按照要求的处理程度来划分，水质处理一般可分为一级处理、二级处理和三级处理，简介如下。

图 6.3-23 空压机及储气罐

强化一级处理工艺分为化学絮凝强化一级处理工艺、生物絮凝强化一级处理工艺、化学生物联合絮凝强化一级处理工艺。

本工程根据进水水质情况和出水水质要求，采用一级强化处理工艺。由于生物絮凝强化一级处理工艺和化学生物联合絮凝强化一级处理工艺均需要将二级生化处理产生的剩余活性污泥部分回流至一级处理工段，而本工程一级强化处理工艺无后续二级、三级处理设施，因此本工程采用化学絮凝强化一级处理工艺。常用的一级处理方法有传统混凝沉淀法、滤布滤池法、高效絮凝沉淀超速水处理一体机技术、超磁分离水体净化技术，以下对这四种工艺进行简要介绍，并对四种工艺的投资、运行、维护等方面作总体比较。

1. 传统混凝沉淀法

传统混凝沉淀法的基本原理是指余水经混凝反应后进行重力沉淀，靠介质的密度与水的差别，来分离余水的介质和重于水的介质，但密度接近于水的介质很难在泥砂分离池中分离，传统混凝沉淀法工艺流程见图 6.3-24，现场图像见图 6.3-25。

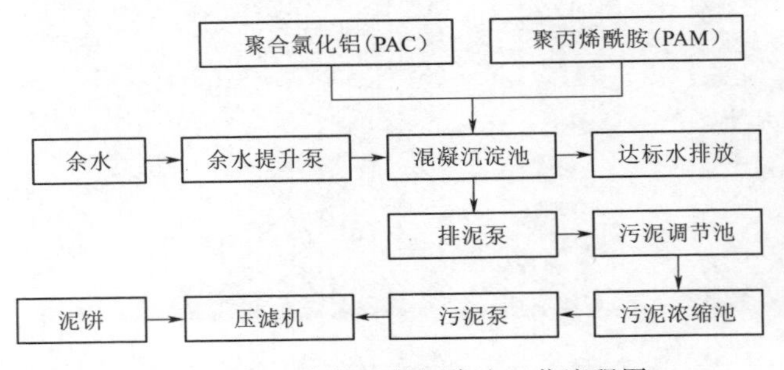

图 6.3-24 传统混凝沉淀法工艺流程图

图 6.3-25 传统混凝沉淀法现场照片

2. 滤布滤池法

滤布滤池的工作原理是：余水经过混凝预沉淀后，进入滤池，然后经挡板消能后，通过固定在支架上的微孔滤布，固体悬浮物被截留在滤布外侧，过滤液通过中空管收集，重力流通过溢流槽排出滤池，以达到水质净化的目的，具体工艺流程见图 6.3-26，现场图像见图 6.3-27。

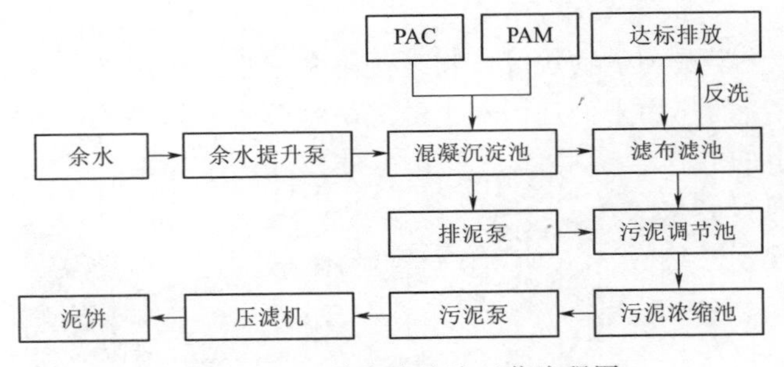

图 6.3-26 滤布滤池法工艺流程图

图 6.3-27 滤布滤池法现场照片

3. 高效絮凝沉淀超速水处理一体机技术

(1) 工作原理。利用全新的高效无机中性固态絮凝剂的应用，结合超速水处理一体化钢结构集成设备使用，达到对污水中的SS、COD、BOD、NH_4^+ 和TP的高效脱除，絮凝剂作用示意图见图 6.3-28。

(2) 工艺流程。泥水浓缩系统、脱水成固的余水流入余水池，通过提升泵进入高效絮凝沉淀超速水处理一体机的配水槽，余水流经配水槽时与全自动泡药机添加的药剂混合后进入一级搅拌反应池，一级搅拌反应池高速搅拌均匀，充分反应 2～3min 后流入二级搅拌反应池慢速搅拌混凝 2～3min，反应絮体聚合为大的矾花，经配水区流进沉淀区快速泥水分离，上清液达标排放，沉淀污泥进入污泥斗，经螺杆污泥泵送至污泥处理设备处理，其具体处理步骤见图 6.3-29。

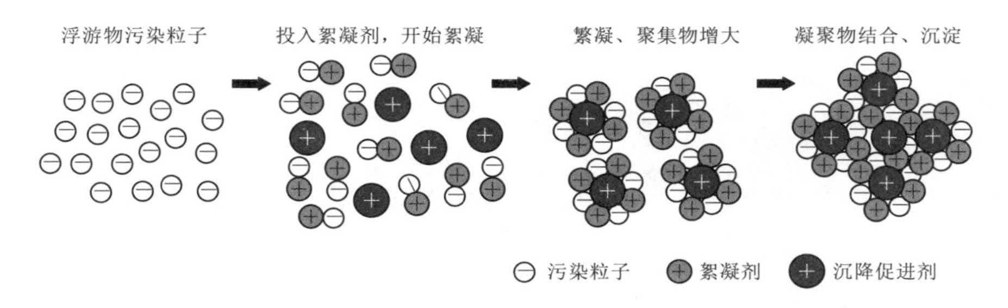

图 6.3-28 絮凝剂作用示意图

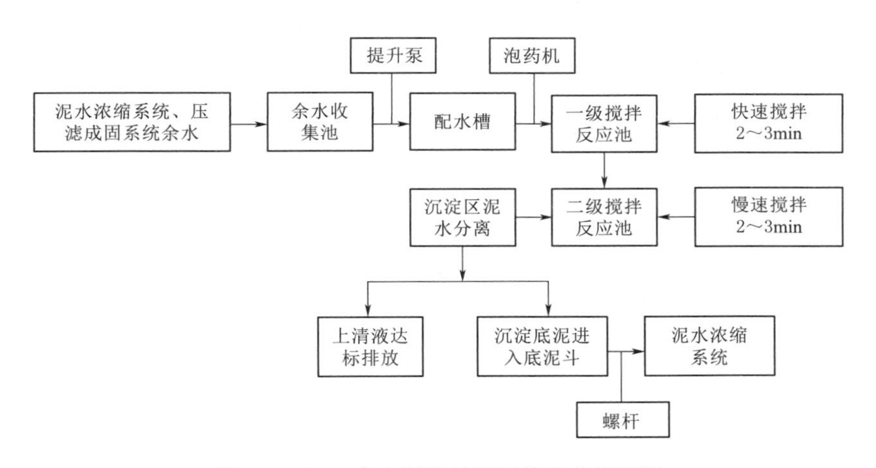

图 6.3-29 余水深度处理系统工艺流程图

(3) 设备设施。每个底泥处理厂的余水处理量与绞吸式挖泥船清水流量匹配，每台高效絮凝沉淀超速水处理一体机（图 6.3-30）处理能力为 100～120m^3，具体参数见表 6.3-5，无机中性固态絮凝剂处理对照结果见图 6.3-31。

表 6.3-5　　高效絮凝沉淀超速水处理一体机具体参数表

处理量	100～120m^3/h	处理量	100～120m^3/h
功率	3.75kW	尺寸	6.6m×2.4m×3.0m
数量	与绞吸式挖泥船清水流量匹配		

4. 超磁分离水体净化技术

超磁分离水体净化技术主要用于对非磁性领域的水体净化处理，如油田采出水、河道水、市政污水、采煤废水等。一个完整的超磁分离技术包含磁种絮凝、磁盘分离和磁种回收三大部分。

(1) 超磁分离工作原理。超磁分离只能分离导磁性物质，非导磁性物质通过微磁凝聚技术改性为导磁性絮团，该絮团的比磁化率是感生磁力大小的决定因素之一，外磁场强度和磁场梯度的大小也是感生磁力大小的决定因素。

图 6.3-30　高效絮凝沉淀超速水处理一体机

（a）处理前

（b）处理后

图 6.3-31　无机中性固态絮凝剂处理对照图

利用感生磁力（电磁场或永磁场）将废水中的磁性絮团悬浮物打捞分离出来，达到水质净化和悬浮物回收的目的，必须满足下列关系式：

$$F_{磁} > \sum F = G_0 + F_{黏斥力} + F_V \tag{6.3-1}$$

式中：$F_{磁}$——作用在磁性絮团悬浮物上的磁力；

$\sum F$——与磁力方向相反的所有机械力的合力，包括在水介质中的重力分量、微粒沿磁力 F 磁方向运动时所受到的水介质黏斥阻力 $F_{黏斥力}$ 和颗粒定向运动的加速阻力 F_V。

在大流量、低浓度的水体中，磁性絮团悬浮物随流体流动，在磁场中受到磁力和机械力的作用，只有满足 $F_{磁} > \sum F$ 机时，磁性絮团悬浮物才有可能在磁场作用下被吸附分离。

（2）超磁分离水体净化工艺流程。超磁分离工艺流程见图 6.3-32，超磁分离水体净化工艺流程见图 6.3-33。

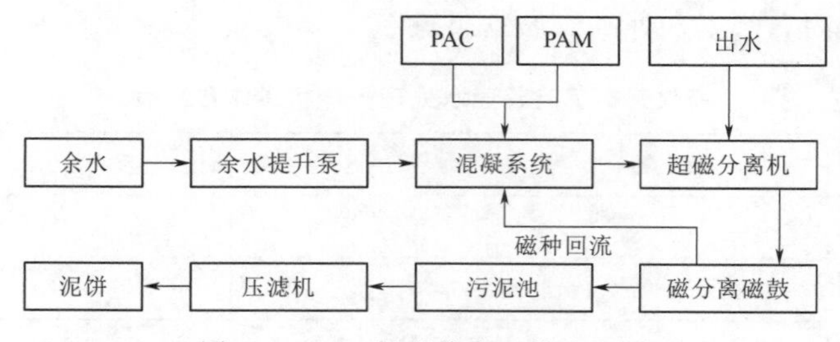

图 6.3-32　超磁分离工艺流程图

（3）设备设施。超磁分离现场见图 6.3-34，其污水处理对照见图 6.3-35。

6.3.6.2　余水处理工艺选择

从以上对四种工艺工作原理、处理流程等的介绍中，可以看出：

（1）传统混凝沉淀法的占地面积大。

（2）滤布滤池对进水水质要求高，前段需设沉淀池，去除部分悬浮物后方可进入滤池过滤，且排泥浓度低，须经污泥浓缩池浓缩后才能进入压滤机脱水处理，滤池滤布易堵，

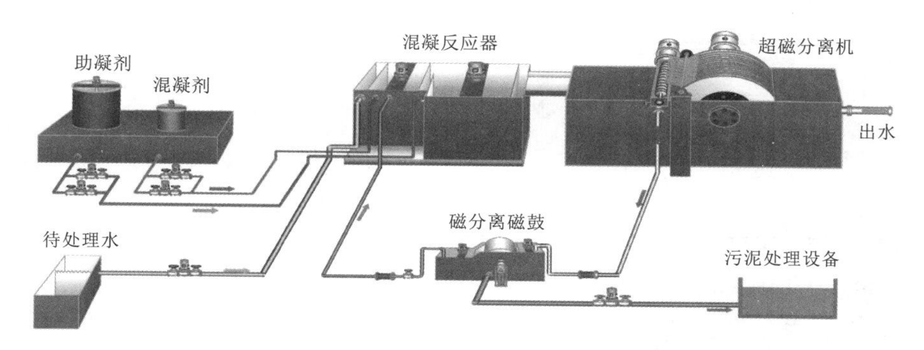

图 6.3-33　超磁分离水体净化工艺流程图

图 6.3-34　超磁分离现场照片

图 6.3-35　超磁分离污水处理前后对比照

须设配套反洗系统以及反洗排水处理系统，工艺复杂、运行和维护难度大。

(3) 高效絮凝沉淀超速水处理一体机技术效率高，处理水质效果较好，可以针对余水中的污染物状况，调整药剂的配比，且对已检测出的化学需氧量（COD）、氨氮（NH_3-N）、悬浮物（SS）、氟化物、总磷（TP）和 LAS（阴离子表面活性剂）等水质指标都有较好的处理效果。

(4) 超磁分离水体净化技术排泥浓度高，无须浓缩直接进入压滤机脱水处理，与前两种工艺相比较，减少了污泥浓缩系统和滤池反洗系统。

四种工艺优缺点见表 6.3-6，高效絮凝沉淀超速水处理一体机技术、超磁分离水体净化技术与传统混凝沉淀法、滤布滤池法相比较具有明显的优势。从处理效果、成本、处理能力等方面比较，结合工程实践运行经验，超磁分离水体净化技术具有较大的优势，本工程初期拟采用超磁分离水体净化技术，后续需根据生产性试验选择合理的余水处理工艺。

表 6.3-6　　四种一级强化处理工艺技术比较表

序号	项　目	传统混凝沉淀法	滤布滤池法	高效絮凝沉淀超速水处理一体机技术	超磁分离水体净化技术
1	水力停留时间	长	长	短	短
2	占地面积	大	大	小	小
3	耐冲击负荷能力	较强	一般	较强	较强

续表

序号	项　目	传统混凝沉淀法	滤布滤池法	高效絮凝沉淀超速水处理一体机技术	超磁分离水体净化技术
4	自动化程度	低	低	高	高
5	日常维护	维护量小	维护复杂	维护量小	维护量小
6	施工周期	长	长	短	短

6.3.6.3 余水处理规模

按照环保、水保要求，1号底泥处理厂所产生的余水需要全部进行处理，根据施工总工期的安排，结合1号底泥处理厂所接纳的底泥量，1号底泥处理厂的余水处理量见表6.3-7。

表6.3-7　余水处理量表

序号	清淤桩号范围	底泥处理构筑物	余水总量/万 m^3	生产周期/月
1	QY0+00.000～QY7+112.00	1号底泥处理厂	457.25	14

根据分析，1号底泥处理厂在底泥处理过程中产生约1.3万 m^3/d 的余水量，考虑超磁分离设备80%的处理效率，因此在1号底泥处理厂布置1套超磁分离设备，单台处理能力为2万 m^3/d。

6.3.6.4 余水输送

1号底泥处理厂所产生的余水经处理后泵送至东洲岛北岸北支江支流就近排放。余水输送管道主要采用焊接钢管（PN0.6）进行对口焊接，采用C15混凝土进行镇墩和支墩架设，然后沿着防洪堤敷设，余水输送特性见表6.3-8。

表6.3-8　余水输送特性表

序号	余水管路	输送距离/m	焊接钢管直径/mm	余水池容积/m^3	清水池容积/m^3	泵选型	台数（一用一备）/台
1	1号底泥处理厂至东洲岛北岸北支江支流	2000	DN500	包含于1号底泥处理厂中		350WQ1000-20-75	2

6.3.7 余水处理试验研究

目前泥浆处理行业虽然注重固化过程，但是往往忽视了余水处理环节，以致未达标余水直排等情况出现，污染了周边环境，造成了恶劣影响。本工程位于富阳区东洲岛，当地环水保要求严格，为了满足余水达标利用等要求，需选用适用于大体量砂性底泥的余水处理技术，并对余水处理药剂进行研究，通过正交实验优化投加药剂配合比，争取以最小的投入代价实现余水达标利用。

为了确定适宜本项目余水处理药剂的种类，现场取余水样品，通过试验确定适宜的固化脱水药剂种类，结合查阅资料，初步分析PAC、PAM、$FeCl_3$、PFS等药剂较为适合，接下来重点研究不同药剂去除污染物的效果。

6.3.7.1 不同药剂和投加量的絮凝反应效果

1. PAC对于TP和COD的去除效果

由图6.3-36可知，TP的去除率随着PAC投加量的增加而逐渐升高，投加量从10mg/L增加到40mg/L，去除效率最高，去除率从69.08%升至91.81%；投加量继续增加，去除率增加不明显，这是由于开始时，溶液中磷酸根离子含量较高，PAC的吸附电中和作用和压缩双电层作用使得磷酸根离子脱稳而去除，随着逐渐增加投药量，PAC的网捕卷扫作用加强，TP去除率继续增加，磷酸根离子持续减少，PAC的除磷作用减弱。

由图6.3-37可知，COD的去除率先迅速增加，从71.51%增加到86.35%，当投加量增加到100mg/L时，COD浓度反而增加，而后继续增加，这是由于投加过多PAC容易导致溶液中氯离子的含量增加，干扰COD的测定从而使COD值暂时增加。

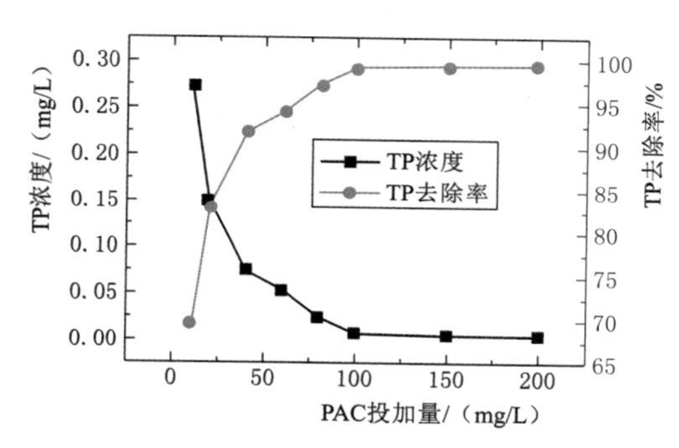

图6.3-36 PAC对TP的去除效果

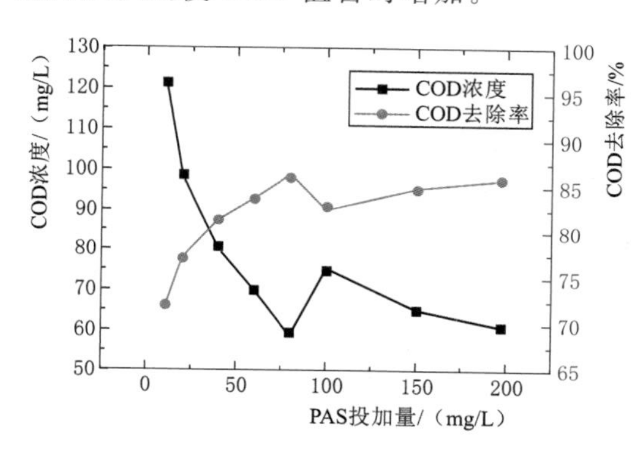

图6.3-37 PAC对COD的去除效果

2. 聚合硫酸铁（PFS）对TP和COD的去除效果

由图6.3-38可知，PFS投加量在80mg/L之前，TP的去除率随着PFS投加量的增加而迅速增加，从60.57%增加到95.90%；超过80mg/L后，去除率逐渐趋于稳定，PFS对水体中磷的去除机制在于其电中和作用。对COD的去除率进行分析，从图6.3-39中可以看出，COD去除规律与TP去除规律类似，COD去除率随着PFS的增加而整体呈现上升的趋势，当投加量超过80mg/L时，COD的去除率反而有所下降，之后又有上升，造成这个现象的原因可能是由于PFS投加过量导致絮体脱稳后又复稳。

3. $FeCl_3$对于TP和COD的去除效果

由图6.3-40可知，随着$FeCl_3$投加量的增加，TP的去除率先快速升高而后趋于平稳，投加量在80mg/L时，去除率达到96.03%；继续提升$FeCl_3$的投加量，TP去除率上升不明显，这是因为当$FeCl_3$投加量过高时，电中和作用所需要的络合离子数量大量增加，但架桥作用所需的表面吸附点却大量减少，同时由于离子之间的同种电荷相互排斥而出现分散稳定现象，使得产生的细小絮体由于布朗运动而难以沉淀，所以去除率难以进一步提高。

$FeCl_3$对于COD去除效果较为显著，从图6.3-41可以看出，当投加量在20mg/L时，COD的去除率可以达到70%以上，即使在很小的投加量下，仍然有较好的絮凝沉淀

效果，继续增加投加量，COD 的去除率持续上升。

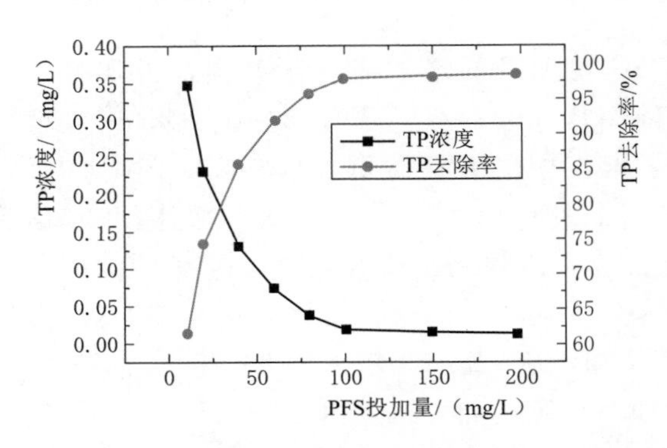

图 6.3-38　PFS 对 TP 的去除效果

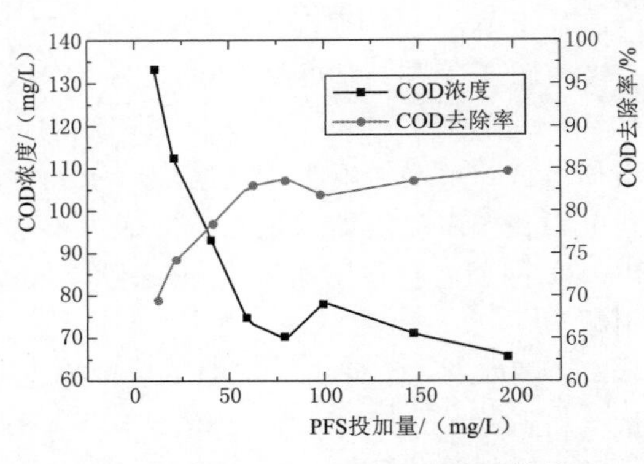

图 6.3-39　PFS 对 COD 的去除效果

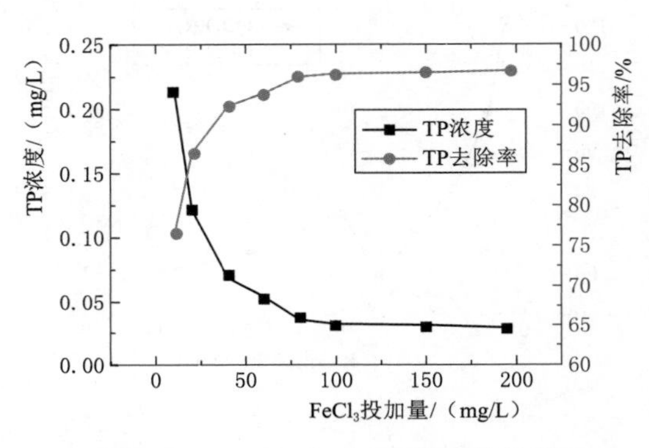

图 6.3-40　$FeCl_3$ 对 TP 的去除效果

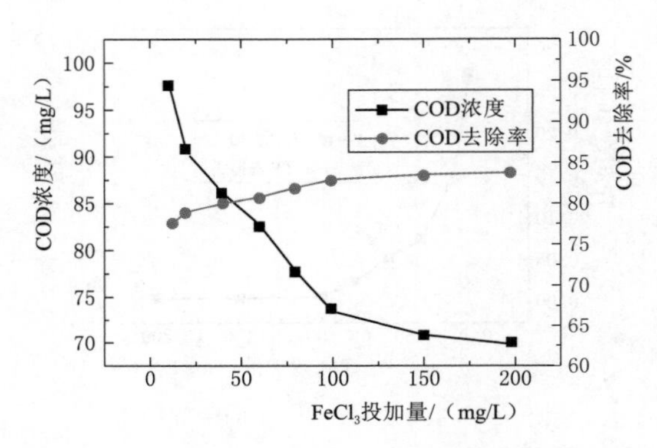

图 6.3-41　$FeCl_3$ 对 COD 的去除效果

4. TP、COD 去除效果比较

由图 6.3-42 可知，随着投加量的增加，TP 去除率呈上升的趋势，当投加量处于 0～40mg/L 时，去除率的上升幅度最大，总的来看，$FeCl_3$ 对 TP 的去除效果在这个投加量范围内最为显著；继续增加投加量，PAC 的除磷效果优于其他两种试剂。PAC、PFS 和 $FeCl_3$ 对 TP 的最终去除率分别为 99.48%、98.48% 和 96.78%；且最终 TP 分别降低至 0.0047、0.0137 和 0.029。

由图 6.3-43 可知，PFS 和 PAC 在 0～60mg/L 范围内时，COD 去除率增加量最大，并且整体上随着投加量的增加呈上升趋势。随着 $FeCl_3$ 投加量的增加，COD 去除率的增加相对于另外两种试剂来说稳定且缓慢，添加少量的 $FeCl_3$ 就会有很好的处理效果，因此不建议添加较多 $FeCl_3$；从最终去除率来看，PAC 的去除率最优，但同样不建议添加过量，过量会导致处理效果不好。

6.3.7.2　PAM 复配处理实验

采用 PAM 作为混凝剂，在已经投加 10～200mg/L 浓度处理药剂的溶液中添加浓度分别为 1mg/L、2mg/L 的 PAM 溶液，反应 1.5min 后，检测分离后水样的 COD、TP 和浊度，考察复配 PAM 对药剂处理余水 COD 和浊度的影响。

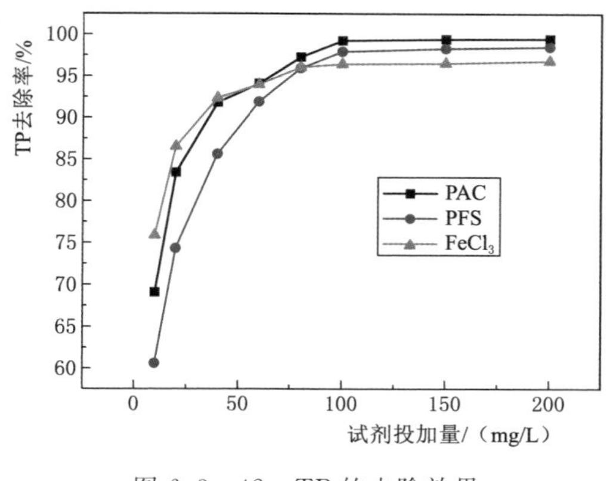

图 6.3-42 TP的去除效果

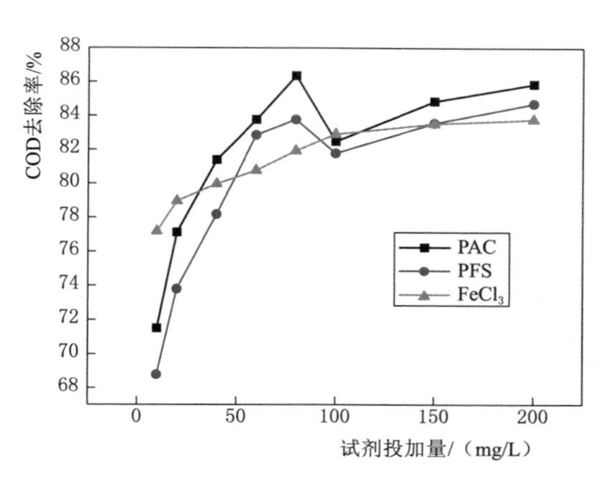

图 6.3-43 COD的去除效果

1. PAM与PAC复配处理

从图 6.3-44 和图 6.3-45 中可以看出，投加 PAM 是有利于改善余水处理效果的。投加 PAM 后余水的浊度得到了明显的改善；添加 PAM 溶液后，即使只添加 10mg/L 的 PAC 溶液，相较之前不添加而言，浊度改善了 50%以上；原先想要将浊度降低到 30 左右需要添加 100mg/L 以上的 PAC 溶液；当加入 1mg/L 的 PAM 后只需要 80mg/L 的 PAC 溶液即可实现；当加入 2mg/L 的 PAM 溶液后，只需要 20～40mg/L 的 PAC 溶液即可实现这一效果。

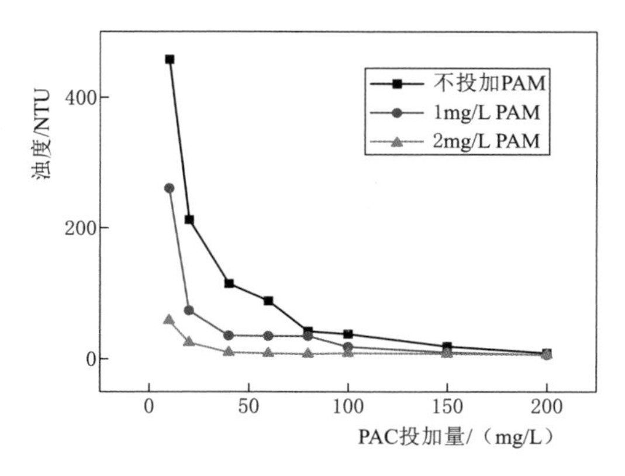

图 6.3-44 PAM与PAC联合处理浊度变化

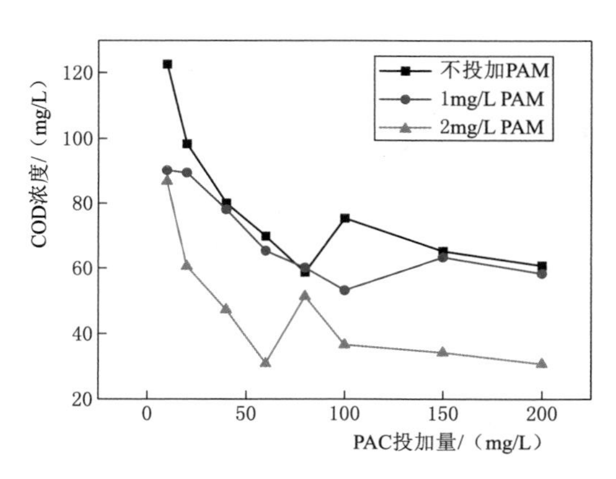

图 6.3-45 PAM与PAC联合处理COD变化

根据《污水综合排放标准》（GB 8978—1996）中，COD 值低于 60mg/L 才能满足一级余水排放标准，如果不添加 PAM 溶液需要添加 200mg/L PAC 才能达到处理标准要求，加入 1mg/L、2mg/L PAM 后分别只需要添加 80mg/L 和 20mg/L PAC 溶液便可满足要求，添加 PAM 对于 COD 处理效果影响十分显著。然而，从图 6.3-45 COD 变化曲线中的小峰有前移的趋势同样可以看出，加入过量的 PAM 溶液，可能会使得处理效果变差，出现这个现象的原因可能是由于 PAM 包裹在絮体颗粒的表面，其吸附架桥作用无法实现，形成的矾花絮体细密蓬松，无法沉降。因此加入PAM溶液的投加量必须适量。

2. PAM与PFS复配处理

由图6.3-46可知，投加PAM对改善浊度效果很明显，当投加量从10mg/L增加到40mg/L，能有效提升浊度去除效率、缩短处理时间。而且由于投加40mg/L PFS溶液时的处理效果已经很好，因此不建议继续增加PAM和PFS投加量。

由图6.3-47可知，随着PAM的投加，在原先只投加PFS的基础上，余水COD的处理效果有了明显的提升。从整体上来说，加入PAM后，当PFS投加量从10mg/L变化到60mg/L时，COD浓度明显降低，分别投加1mg/L、2mg/L的PAM，COD分别降低了83.76%和87.52%；而后继续投加PFS从60mg/L到80mg/L，COD浓度变化不大；继续增加PFS投加量，COD浓度继续缓慢下降，当相比于投加60mg/L PFS时，浓度下降幅度不大。从PAM投加量来说，不添加PAM到添加2mg/L PAM，在添加相同PFS投加量的条件下，COD浓度变化幅度不大，仅在5%左右。投加200mg/L的PFS溶剂与相同条件下复配投加1mg/L的PAM溶液均能满足一级余水处理要求，但如果加大PAM投加量到2mg/L则只需投加40mg/L的PFS溶液即可满足要求，所以如果选用PAM复配PFS进行余水处理，不妨增大PAM的投加量。

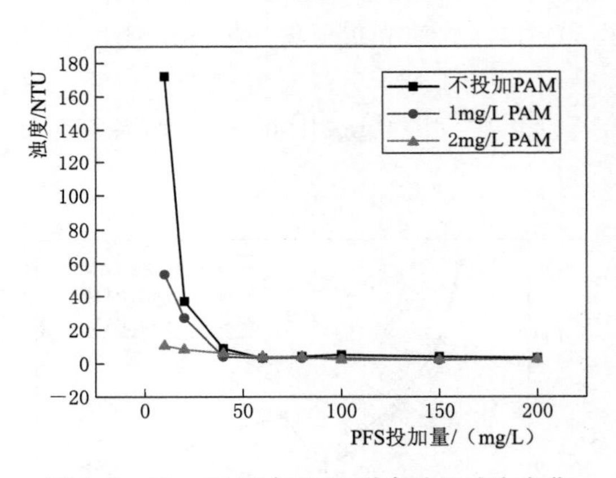

图6.3-46 PAM与PFS联合处理浊度变化

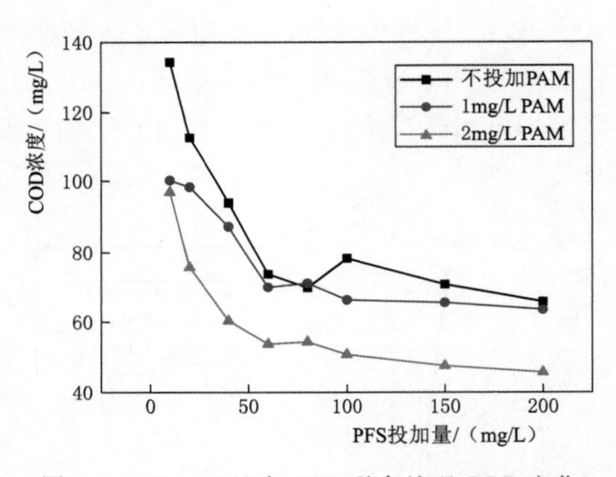

图6.3-47 PAM与PFS联合处理COD变化

3. PAM与$FeCl_3$复配处理

由图6.3-48可知，在同样投加10mg/L的$FeCl_3$的情况下，投加PAM比不投加PAM与$FeCl_3$复配处理优势明显，仅仅投加1mg/L的PAM就能使浊度从495.6NTU降低到67.1NTU。但如果增加PAM投放量，对于浊度的处理效果并不明显，所以在处理余水浊度时，有条件的情况下，可以选用PAM与$FeCl_3$溶液对水进行复配处理，可以加快絮凝沉降速度，让余水快速除浊，但不用投加过多PAM。

由图6.3-49可知，选用PAM与$FeCl_3$复配处理余水中COD效果并不明显，当投加200mg/L的$FeCl_3$调理剂时，不复配或者复配1mg/L、2mg/L的PAM，COD的浓度分别为69.78mg/L、60.75mg/L和56.12mg/L，对于一级余水COD处理标准都需要投加超过200mg/L的$FeCl_3$溶液才能达标。

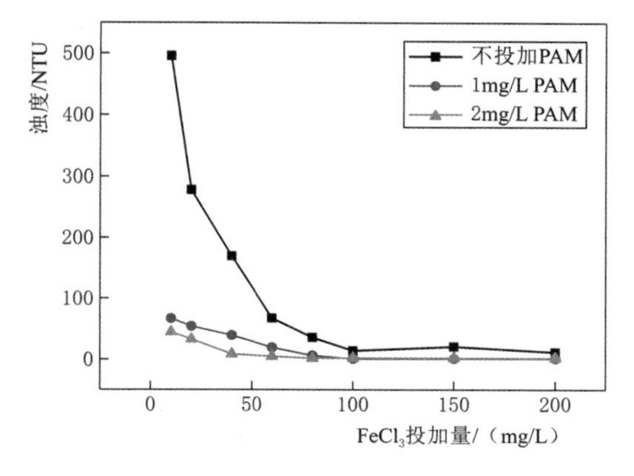

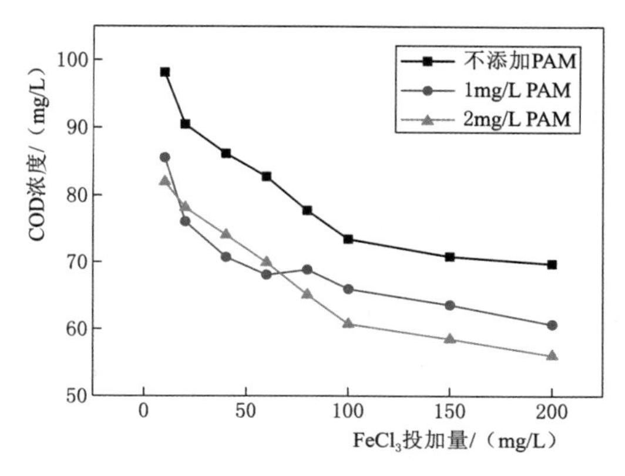

图 6.3-48　PAM 与 $FeCl_3$ 联合处理浊度变化　　图 6.3-49　PAM 与 $FeCl_3$ 联合处理 COD 变化

6.3.7.3　结论

本研究以促进余水快速除磷、除浊为目的，开展了针对余水处理的基础研究工作，研究内容主要包括化学药剂处理后余水的浊度、TP 和 COD 变化，对比了 PAC、PFS、$FeCl_3$ 与 PAM 联合使用对余水处理效果的影响。主要结论如下：

（1）单从除磷剂来看，单独添加 PAC 单独对余水进行处理时，需要投加超过 100mg/L 对余水进行处理才能达到比较好的 COD 处理效果，但也不能过量投加，过量会导致水中的胶体复稳难以除去，导致 COD 浓度突然变高；添加 40mg/L 的 PAC 就能将余水中的磷酸根去除 90%以上，所以如果单独使用 PAC 对余水进行处理，建议投加量在 100mg/L 左右。当投加 $FeCl_3$ 时，即使很少的投加量也能实现明显的除 TP 和 COD 效果，继续增加反而效果不明显，所以建议投加量为 40mg/L。当在余水中投加 PFS 进行处理时，对于 COD 和 TP 的去除效果都是在 PFS 药剂投加量为 80mg/L 之前最为明显，之后继续添加效果不明显，COD 的去除率有不升反降现象，单独添加 PFS 建议投加量为 80mg/L。

（2）从整体来看，少量投加试剂时，$FeCl_3$ 的效果最优，无论是对 COD 还是对 TP 的去除；但是继续添加试剂，对余水的处理效果不明显，而其余两种试剂，虽然一开始的处理效果没有 $FeCl_3$ 显著，但是随着加药量的持续增加，对余水的处理效果较好，但二者均不可过量添加，如果过量添加，则会对余水处理有反作用；三者中 PAC 的最终处理效果最好。

（3）从复配 PAM 效果来看，PAM+PAC 对于 COD 的效果最好，能将 COD 浓度降低 20mg/L 以上，当添加 2mg/L 的 PAM 溶液时，只需要添加 20mg/L 的 PAC 就能达到原先添加 80～100mg/L 的效果，但由于添加过多 PAC 和 PAM 处理余水后，水中絮体比较细密难以沉淀，COD 浓度会忽然增高，如果复配处理，建议 PAM、PAC 投加量分别为 2mg/L 和 20mg/L。PFS+PAM 进行处理时，增大 PAM 投加量能产生较好的处理效果，如果只添加少量 PAM，处理效果变化明显，对浊度影响很大，建议 PFS 与 2mg/L 以上投加量的 PAM 进行复配处理。PAM+$FeCl_3$能将 COD 的浓度降低 10mg/L 左右，处理效果较好，微量添加 PAM 就能有明显的浊度处理效果，继续增加 PAM 对浊度影响不大，建议 $FeCl_3$ 投加量为 100mg/L，PAM 投加量为 1mg/L。

（4）处理余水时，采用 PAM＋PAC 联合调理效果最好，针对本工程余水处理研究，建议 PAC 投加量为 20mg/L，PAM 投加量为 2mg/L。

6.4 淤泥处置试验

1. 泥砂分离方案

为了给泥砂分离技术等提供基础理论数据，项目部委托院试验中心开展北支江底泥污染物检测和土工试验，于北支江河道底泥中取 3 处样品进行检测，检测结果见表 6.4－1 和表 6.4－2。

表 6.4－1 底泥污染物检测结果

检测项目	监测点位			单位
	QY0＋800.00	QY4＋080.00	QY5＋700.00	
pH	6.66	6.74	6.65	无量纲
总氮	2.52×10^3	2.51×10^3	2.24×10^3	mg/kg
总磷	681	527	522	mg/kg
氨氮	0.73	1.15	0.85	mg/kg
有机质	18.5	22.8	21.3	%
总镉	0.1	0.03	0.03	mg/kg
总汞	0.264	0.23	0.22	mg/kg
总铅	41	37	37	mg/kg
总铬	52	38	43	mg/kg
总镍	39	31	47	mg/kg
总锌	90	82	109	mg/kg
砷	10	14.9	23.9	mg/kg
总铜	23	18	15	mg/kg
锑	0.712	0.824	0.779	mg/kg
铍	0.16	0.08	0.09	mg/kg
钴	19.1	18.1	14.6	mg/kg
钒	18.5	18.1	11.2	mg/kg
甲基汞	ND	ND	ND	μg/kg
矿物油	0.947	0.513	0.409	mg/kg
苯并［a］芘	0.5	ND	ND	mg/kg
六六六	ND	ND	ND	μg/kg
滴滴涕	ND	ND	ND	μg/kg

续表

检测项目	监测点位			单位
	QY0+800.00	QY4+080.00	QY5+700.00	
多环芳烃	/	/	/	/
萘苊烯	ND	ND	ND	mg/kg
苊	ND	ND	ND	mg/kg
芴	ND	ND	ND	mg/kg
菲	ND	ND	ND	mg/kg
蒽	ND	ND	ND	mg/kg
荧蒽	ND	ND	ND	mg/kg
芘	ND	ND	ND	mg/kg
苯并［a］蒽	ND	ND	ND	mg/kg
䓛	ND	ND	ND	mg/kg
苯并［b］荧蒽	ND	ND	ND	mg/kg
苯并［k］荧蒽	ND	ND	ND	mg/kg
二苯并［a，h］蒽	ND	ND	ND	mg/kg
苯并［g，h，i］芘	ND	ND	ND	mg/kg
茚并［1，2，3-cd］芘	ND	ND	ND	mg/kg

表 6.4-2　　北支江底泥土工试验结果

序号	土样编号	土的颜色	土分类名称	天然状态的物理性指标	颗粒组成/%									
				含水率 W_0/%	碎石			砾石		粗砂	中砂	细砂	粉粒	黏粒
					>200mm	200～60mm	60～20mm	20～5mm	5～2mm	2～0.5mm	0.5～0.25mm	0.25～0.075mm	0.075～0.005mm	<0.005mm
1	QY0+800.00	灰色	砂质粉土	34.9						0.9	11.8	7.9	69.7	9.7
2	QY4+080.00	灰色	粉质黏土	54.1						0.0	0.0	10.8	58.9	30.3
3	QY5+700.00	灰色	砂质粉土	35.1						0.0	0.0	11.7	78.5	9.8

根据表6.4-1底泥污染物检测结果，北支江底泥污染物主要以总氮、总磷为主，底泥污染物的释放会使水体富营养化，施工过程中应注意底泥污染物的外泄。土工试验分析结果（表6.4-2）表明，底泥颗粒组成主要以粉粒为主，可利用的中砂和细砂平均占比14%，且砂砾偏细，这不利于泥砂分离和砂砾回收，因此在处理砂性底泥过程中既要考虑

底泥形成的泥浆中污染物的去除，又要兼顾砂料等分离和回收利用。

图 6.4-1 泥砂分离系统（航拍图）

根据以上试验分析，结合工程经验，初步明确泥砂分离方案如下。

（1）根据泥沙颗粒粒径和密度不同特性并结合水力学原理，通过泥砂分离池（图 6.4-1）实现泥沙混合物中泥沙的第一次初步自然分离。

（2）通过立式泥沙泵将沉砂池底部沉积的砂料通过泵送至水力旋流器中，利用离心力分离不同密度混合物，实现泥水与砂料的第二次分离，泥水进入细砂回收桶，细砂回收桶中底部沉积泥沙再次循环进入水力旋流器中，而砂料进入叶轮洗砂机。

（3）采用处理过的回用余水清洗砂料，将砂料表面附着污染物清除，进入振动脱水筛中进行脱水、脱泥，最终生产出满足建筑用砂标准的砂料，剩余的泥浆通过沉砂池中溢流堰和细砂回收桶中溢流管道进入下一道固液分离工序。

2. *主要参数确定*

（1）确定旋流器直径。直径是旋流器的重要技术参数，它主要影响水力旋流器生产能力和分离物料粒度的大小。一般说来，它的生产能力和分离粒度都随水力旋流器直径增大而增大。结合现场实际工况对水力旋流器直径，进行了仔细研究和测试，经过查阅文献技术资料和初期试运行时的生产经验，在众多水力旋流器中，筛选出 5 组理论上适宜本工程细砂物料特性的旋流器直径。现场对以上 5 组直径的旋流器分别进行试验验证（表 6.4-3），从对水力旋流器出料端分离细砂含泥率的现场检测结果来看，使用直径 150mm 的旋流器洗砂效果最佳。

表 6.4-3　　水力旋流器洗砂试验表

规格型号	直径/mm	溢流粒/μm	溢流管直径/mm	排砂嘴直径/mm	平均含泥率/%	备注
FX-125	125	20～50	14，18，25，35	15，25	4.3	取样 7 组
FX-150	150	35～75	20，40，32，25	32，24，16	3.9	取样 7 组
FX-250	250	40～100	26，34，50，69	20，25，35	4.2	取样 7 组
FX-300	300	45～105	65，75	35，40	4.5	取样 7 组
FX-350	350	50～110	115，105，95	80，70，60	4.1	取样 7 组

（2）明确叶轮洗砂机筛网孔径。颗粒分析检测结果显示，砂料回收的细度模数为 1.4，则本工程砂的平均粒径在 0.25mm 以下。目前市场上轮式洗砂机的筛网孔径最小为 2mm，泥砂等物料完全可以穿过孔径。采用 2mm 孔径的筛网进行洗砂试验时，泥砂、粉土等物料全部透过孔径，洗选效果很不理想。

由于目前的制作工艺暂时无法制造出更小孔径的轮式洗砂机使用的筛网，从现有的筛网条件入手，提出了采用不同孔径筛网错位叠加的解决方案。现场分别进行了 3 组试验，叶轮洗砂机的出料端进行收集，试验结果（表 6.4-4）表明使用两个 3mm 和 2mm 孔径的筛网叠加效果最好，试验见图 6.4-2。

表 6.4-4　　叶轮洗砂机筛网孔径组合试验表

序号	筛网孔径组合	洗砂含泥率检测/%	备　注
1	2mm 与 2mm	4.0	取样 9 组
2	2mm 与 3mm	3.8	取样 9 组
3	3mm 与 3mm	4.2	取样 9 组

(3) 确定脱水筛筛网孔径。脱水筛主要包括砂料的筛分与脱水作用。在筛网孔径比较小时，为了方便，通常采用目数来表示筛网孔径大小，目数与筛网孔径成反比，即目数越大筛网孔径越小。脱水筛孔径过小会造成砂料脱水、脱泥不充分，孔径过大会造成砂料回收效果差。因此，脱水筛筛网孔径对砂料的回收效果有着重要作用。

图 6.4-2　叶轮洗砂机筛网洗砂试验（2mm 与 3mm 叠加）

结合砂料检测报告中颗粒级配分析，现场选取了 8 组筛网孔径进行试验，试验表明在选用 100 目的脱水筛筛网孔径进行洗砂时，洗砂效果比较理想，试验结果见表 6.4-5。

表 6.4-5　　脱水筛不同筛网孔径洗砂试验结果

序号	目数	对应粒径/μm	洗砂含泥率检测/%	备　注
1	48	300	3.8	取样 5 组
2	50	270	3.9	取样 5 组
3	60	250	3.6	取样 5 组
4	65	230	4.2	取样 5 组
5	70	212	4.0	取样 5 组
6	80	180	3.7	取样 5 组
7	90	160	3.8	取样 5 组
8	100	150	3.5	取样 5 组

6.5　结语

北支江底泥消纳场地距离清淤河道较远，同时，北支江底泥所形成的泥浆具备体量大、含砂量高、泥浆浓度低、悬浮物不易沉降、污染物成分复杂等特点，因此，如何保证底泥清淤及输送的高效性、连续性、环保性、提高大体量砂性底泥的逐级减量和无害处置技术是本项目的重点问题之一。本章主要介绍了北支江河道砂性底泥大规模“疏浚、固化、储存、利用”全过程关键技术，可供类似工程参考和借鉴。

参 考 文 献

[1] 徐志钧. 水泥土搅拌法处理地基［M］. 北京：机械工业出版社，2004.

[2] 郦建俊. 水泥土的强度特性、固结机理与本构关系的研究［D］. 西安：西安建筑科技大学，2005.

[3] 牛志荣. 地基处理技术及工程应用［M］. 北京：中国建材工业出版社，2004.

[4] 郑俊杰. 地基处理技术［M］. 武汉：华中科技大学出版社，2004.

[5] 叶观宝，陈望春，杨晓明. 水泥土早期强度的室内试验研究［J］. 岩土工程技术，2003，6（3）：346-348.

[6] Broms B B. Stabilization of soft clay with lime cement columns in SoutheastAsia［J］. Beijing：Proceeding of the international conference on engineering problems of regional soils，1988：41-67.

[7] Chu E H. Treatment of soft clays with high organic content using lime piles［J］. Singapore，ditto，1985（b）：986-991.

[8] Wayne A. Soil cement a material with many applications［J］. Concrete Intemational Journal，1991，13（1）：49-52.

[9] Jaroslav F. Behavior of a cemented clay［J］. Canadian Geotechnology Journal，1995，32（5）：899-904.

[10] 陈书华，周书杰. 换填水泥土在滨海新闸影响工程软土地基处理中的应用［J］. 吉林水利，2009，6：17-18.

[11] 陈宝勤，陈恭轼. 超深水泥搅拌桩处理大型油罐深厚软基的设计和检测［J］. 地基处理，1998，9（3）：14-28.

[12] 黄建和. 水泥土搅拌桩在九江市堤防基础处理中的应用［J］. 人民长江，2001，4（2）：11-12.

[13] 刘兆锋. 深搅水泥土防渗墙在堤防防渗工程中的应用［J］. 人民长江，2009，40（6）：72-74.

[14] 王迎春，李家正，朱冠美，等. 三峡工程二期围堰防渗墙塑性混凝特性［J］. 长江科学院院报，2001，18（1）：31-34.

[15] 王清友. 浅述塑性混凝土防渗墙［J］. 中国水利，1991，3：41-42.

[16] 周传弘，王威. 简述塑性混凝土防渗墙墙体材料［J］. 黑龙江水利科技，2003，4：84-85.

[17] 李文林. 塑性混凝土防渗墙技术综述［J］. 水利水电，1995，3：54-59.

[18] 张雷顺，杨明林. 塑性混凝土渗透性能试验研究［J］. 人民黄河，2011，33（2）：140-142.

[19] 李清富，张鹏. 塑性混凝土抗渗性试验研究［J］. 工业建筑，2007，37（4）：48-51.

[20] 赵海增，余自若，王月. 混凝土三轴压力学性能研究现状［J］. 混凝土，2014，12：25-31.

[21] Banfill P F G，Xu Y M，Domone P U. Relationship between the theology of unvibrated fresh concrete and its flow under vibration in a vertical pipe apparatus［J］. Magazine of Concrete Research，1999，51（3）：181-190.

[22] 刘纪吕. 塑性混凝土防渗墙的开发与应用技术［J］. 水利水电施工，1996，3：28-30.

[23] Arturo R，Nicholas C. Bentonite slurry trenches［J］. Engineering Geology，1985，21（3）：333-339.

[24] 王清友，孙万功，熊欢. 塑性混凝土防渗墙［M］. 北京：中国水利水电出版社，2008.

[25] 杨鲲鹏，吕晓琳. 小浪底上游围堰防渗墙塑性混凝土应用技术［J］. 建材技术与应用，2010，2：20-22.

[26] 高大钊，叶观宝，叶书麟. 地基加固新技术［M］. 北京：机械工业出版社，1999.

[27] 白永年. 中国堤坝防渗加固新技术 [M]. 北京：中国水利水电出版社，2001.
[28] 陈春生. 高压喷射注浆技术及其应用研究 [D]. 南京：河海大学，2007.
[29] 王立武，等. 旋喷成桩新技术—振孔旋喷 [J]. 西部探矿工程，2001，1：32-33.
[30] 何颐华，杨斌. 双排护坡桩试验与计算的研究 [J]. 建筑结构学报，1996，17 (2)：58-66.
[31] 刘钊. 双排支护桩结构的分析及试验研究 [J]. 岩土工程学报，1992，14 (5)：76-80.
[32] 谭永坚，何颐华. 黏性土中悬臂双排护坡桩的受力性能研究 [J]. 建筑科学，1993，4：28-34.
[33] 万智，王贻荪，李刚. 双排桩支护结构的分析与计算 [J]. 湖南大学学报（自然科学版），2001，(S1)：116-120，131.
[34] 余志成，施文华. 深基坑护坡桩技术的几项新发展 [J]. 建筑技术，1994，21 (5)：272-279.
[35] 蒋天涛. 刚架护坡桩的试验研究与应用 [J]. 建筑技术，1997，28 (2)：116-118.
[36] 张富军. 双排桩支护结构研究 [D]. 成都：西南交通大学，2004.
[37] 熊冰，徐良德. 渝黔高速公路 C、D 段深路堑高边坡处治方式浅析 [J]. 路基工程，2001，2：10-11.
[38] 熊治文，马辉. 全埋式双排抗滑桩的受力分布 [J]. 路基工程，2002，3：5-11.
[39] 蔡袁强，赵永倩. 软土地基深基坑中双排桩式围护结构有限元分析 [J]. 浙江大学学报（自然科学版），1997，31 (4)：442-448.
[40] 陆培毅，杨靖，韩丽君. 双排桩尺寸效应的有限元分析 [J]. 天津大学学报，2006，39 (8)：963-967.
[41] 周翠英，刘祚秋，尚伟，等. 门架式双排抗滑桩设计计算新模式 [J]. 岩土力学，2005，26 (3)：441-444.
[42] 马明良. 基于 ABAQUS 的深基坑不同排桩支护结构有限元分析与对比 [D]. 青岛：山东科技大学，2020.
[43] 蔡明清. 双排灌注桩及搅拌桩联合支护基坑的应用 [J]. 中国农村水利水电，2013，10：68-71.
[44] 陈耀光，滕延京，阎明礼，等. 长螺旋钻孔管内泵压 CFG 桩承载力性状的对比试验分析 [J]. 建筑科学，2000，4：53-56.
[45] 陈耀光，阎明礼，滕延京，等. 长螺旋钻孔管内泵压 CFG 桩混合料的试验研究 [J]. 建筑技术，2001，3：158-160.
[46] 马乾. 长螺旋钻孔压灌桩承载特性分析与试验研究 [D]. 合肥：合肥工业大学，2012.
[47] 陈鸿华. 饱和厚砂层中的桩基应用 [D]. 广州：华南理工大学，2012.
[48] 郑俊杰，朱峰，袁内镇. 软土地区长螺旋钻孔压灌桩试验研究 [J]. 华中科技大学学报（自然科学版），2002，30 (9)：101-103.
[49] 蒋孙春. 基于南宁典型地层组合模型长螺旋钻孔压灌桩与螺纹柱的适用性研究 [D]. 南宁：广西大学，2017.
[50] Brown M J，Powell J. Comparison of rapid load pile testing of driven and CFA piles installed in high OCR clay [J]. Soils and Foundations，2012，52 (6)：1033-1042.
[51] Polishchuk A I，Tarasov A A. CFA pile carrying capacity determination in weak clay soils for renovated-building foundations [J]. Soil Mechanics and Foundation Engineering，2017，54 (1)：38-44.
[52] 刘钟，杨松，卢璟春，等. 螺旋挤土灌注桩与长螺旋灌注桩承载力足尺试验研究 [J]. 岩土工程学报，2010，32 (S2)：127-131.
[53] Russo G. Experimental investigations and analysis on different pile load testing procedures [J]. Acta Geotechnica，2013，8 (1)：17-31.
[54] Liu B，Zhang D，Xi P. Mechanical behaviors of SD and CFA piles using BOTDA-based fiber optic sensor system：A comparative field test study [J]. Measurement，2017，100 (104)：253-262.

[55] 王荣华. 基于 FOA - GRNN 长螺旋钻孔压灌混凝土桩质量预测 [D]. 邯郸：河北工程大学，2018.
[56] 李华. 长螺旋钻孔压灌混凝土桩可靠度研究 [D]. 武汉：武汉理工大学，2004.
[57] 李真. 长螺旋钻孔管内泵压 CFG 桩复合地基受荷机理分析 [D]. 昆明：昆明理工大学，2008.
[58] 周立祥. 长螺旋钻孔压灌混凝土桩承载特性研究及工程应用 [D]. 长沙：中南大学，2010.
[59] 牛海连. 长螺旋钻孔压灌混凝土桩复合地基理论与设计计算方法研究 [D]. 青岛：山东科技大学，2009.
[60] 沈琪. 深厚风化岩与砂土层中长螺旋钻孔压灌桩承载特性研究 [D]. 南昌：南昌大学，2018.
[61] 郑威. 竖向荷载下长螺旋钻孔压灌桩的群桩承载力研究 [D]. 合肥：合肥工业大学，2012.
[62] Jzefiak K，Zbiciak A，Maslakowski M，et al. Numerical modelling and bearing capacity analysis of pile foundation [J]. Procedia Engineering，2015，111：356 - 363.
[63] 王小平，张明远，刘飞鹏，等. 长螺旋压灌混凝土桩-土相互作用的数值模拟 [J]. 武汉理工大学学报，2006，28 (10)：73 - 76.
[64] 刘钟，卢琢春，张义，等. 砂土中螺旋挤土灌注桩受力性状模型试验研究 [J]. 岩石力学与工程学报，2011，30 (3)：616 - 624.
[65] 潘建伟，黄潮松，尹登旺. 长螺旋钻孔压灌混凝土后插钢筋笼成桩质量控制措施 [J]. 施工技术，2014，43 (6)：5 - 7.
[66] 杨树萍，史迎青. 长螺旋钻孔压灌桩的施工与质量控制 [J]. 工程与建设，2009，23 (6)：845 - 847.
[67] 李岳. 长螺旋钻孔压灌桩模型试验及数值模拟研究 [D]. 杭州：浙江大学，2020.
[68] 王岷，康进辉，刘钊. 超流态长螺旋钻孔灌注桩在基础施工中的应用 [J]. 水利水电技术，2012，43 (5)：73 - 77.
[69] 唐孟雄，赵锡宏. 深基坑周围地表沉降及变形分析 [J]. 建筑科学，1996，4：31 - 35.
[70] 王军，刘世作. 深基坑工程降水引发的常见事故原因分析及防范措施 [J]. 江苏建筑，1998，4：21 - 23.
[71] 俞建霖，龚晓南. 基坑工程变形性状研究 [J]. 土木工程学报，2002，4：86 - 90.
[72] 蒋建平，高广运. 挤土桩施工的环境问题及其防治措施 [J]. 施工技术，2004，1：9 - 11.
[73] 骆冠勇，潘泓，曹洪，等. 承压水减压引起的沉降分析 [J]. 岩土力学，2004，S2：196 - 200.
[74] 唐翠萍，许烨霜，沈水龙，等. 基坑开挖中地下水抽取对周围环境的影响分析 [J]. 地下空间与工程学报，2005，4：634 - 637.
[75] 许烨霜，余恕国，沈水龙. 地下水开采引起地面沉降预测方法的现状与未来 [J]. 防灾减灾工程学报，2006，3：352 - 357.
[76] 张孟喜，黄瑾，王玉玲. 基坑开挖对地下管线影响的有限元分析及神经网络预测 [J]. 岩土工程学报，2006，S1：1350 - 1354.
[77] 刘继国，曾亚武. FLAC3D 在深基坑开挖与支护数值模拟中的应用 [J]. 岩土力学，2006，3：505 - 508.
[78] 聂宗泉，张尚根，孟少平. 软土深基坑开挖地表沉降评估方法研究 [J]. 岩土工程学报，2008，8：1218 - 1223.
[79] 贾敏才，王磊，周健. 基坑开挖变形的颗粒流数值模拟 [J]. 同济大学学报（自然科学版），2009，37 (5)：612 - 617.
[80] 任丽芳，袁宝远. 地下连续墙基坑开挖及其变形数值模拟分析 [J]. 人民长江，2010，41 (14)：59 - 64.
[81] 薛丽影，杨斌. 基坑开挖对周边环境影响的试验研究 [J]. 西北地震学报，2011，33 (S1)：185 - 189.

[82] 尹盛斌，丁红岩．软土基坑开挖引起的坑外地表沉降预测数值分析［J］．岩土力学，2012，33（4）：1210－1216．
[83] 耿会勇．长江沿岸深基坑长期降水条件下周围建筑物沉降控制技术研究［D］．青岛：青岛理工大学，2015．
[84] 梁勇然．条形基坑的突涌分析［J］．岩土工程学报，1996，1：75－79．
[85] 张杰青，陈海兵，施木俊，等．基坑地下承压水的控制设计及抢险方法［J］．岩石力学与工程学报，2000，S1：1108－1110．
[86] 刘国彬，王洪新．上海浅层粉砂地层承压水对基坑的危害及治理［J］．岩土工程学报，2002，6：790－792．
[87] 郑剑升，张克平，章立峰．承压水地层基坑底部突涌及解决措施［J］．隧道建设，2003，5：25－27．
[88] 马石城，印长俊，邹银生．抗承压水基坑底板的厚度分析与计算［J］．工程力学，2004，2：204－208．
[89] 葛孝椿．用覆盖层土的浮重与渗透力计算基坑下承压水降深［J］．水利水电科技进展，2004，4：12－70．
[90] 吕培林，雷震宇，董月英．承压水作用下条形基坑坑底整体加固厚度研究［J］．地下空间与工程学报，2005，3：478－481．
[91] 严驰，冯海涛，李亚坡．深基坑开挖中坑内降承压水的有限元模拟分析［J］．西安石油大学学报（自然科学版），2007，2：29－175．
[92] 丁春林，王东方．基于塑性破坏的承压水基坑突涌计算模型研究［J］．工程力学，2007，11：126－131．
[93] 丁春林．软土地区弱透水层承压水基坑突涌计算模型研究［J］．工程力学，2008，10：194－199．
[94] 翁其平，王卫东．深基坑承压水控制的设计方法与工程应用［J］．岩土工程学报，2008，30（S1）：343－348．
[95] 孙玉永，周顺华，肖红菊．承压水基坑抗突涌稳定判定方法研究［J］．岩石力学与工程学报，2012，31（2）：399－405．
[96] 王玉林，谢康和，卢萌盟，等．受承压水作用的基坑底板临界厚度的确定方法［J］．岩土力学，2010，31（5）：1539－1544．
[97] 郑琼．封闭环境下深基坑开挖时的承压水控制［J］．建筑施工，2012，34（9）：874－875．
[98] 李镜培，张飞，梁发云，等．承压水基坑突涌机制离心模型试验与数值模拟［J］．同济大学学报（自然科学版），2012，40（6）：837－842．
[99] 孙玉永，周顺华，肖红菊．承压水基坑抗突涌稳定判定方法研究［J］．岩石力学与工程学报，2012，31（2）：399－405．
[100] 蔡淑钊．砂性土地基超深基坑支护技术研究［D］．杭州：浙江大学，2013．
[101] 王雪，樊贵盛．汾河河道及滩地铅镉汞分布特征研究［J］．人民黄河，2015，10：74－77．
[102] 黎甜．底泥调理对其重金属分布及迁移研究［D］．武汉：湖北工业大学，2020．
[103] 吴林林．黑臭河道净化试验研究及综合治理工程应用［D］．上海：华东师范大学，2007．
[104] 肖曲．城市河道淤泥高效脱水剂的制备与应用［D］．武汉：湖北工业大学，2016．
[105] 颜昌宙，范成新，杨建华，等．湖泊底泥环保疏浚技术研究展望［J］．环境污染与防治，2004，3：189－243．
[106] 姜霞，石志芳，刘锋，等．疏浚对梅梁湾表层沉积物重金属赋存形态及其生物毒性的影响［J］．环境科学研究，2010，9：1151－1157．
[107] 王小雨．底泥疏浚和引水工程对小型浅水城市富营养化湖泊的生态效应［D］．长春：东北师范大学，2008．

[108] 钟继承，范成新. 底泥疏浚效果及环境效应研究进展 [J]. 湖泊科学，2007，1：1-10.

[109] 裘杰. 杭州城市河道底泥特征及底泥清除技术研究 [D]. 杭州：浙江大学，2018.

[110] 付融冰，卜岩，徐珍. 美国的重金属污染防治制度探讨 [J]. 环境污染与防治，2014，5：94-101.

[111] 李剑超，褚均达，丰华丽. 河流底泥冲刷悬浮对水质影响途径的实验研究 [J]. 长江流域资源与环境，2002，2：137-140.

[112] 杨建峡. 河道底泥原位生物修复及工程应用 [D]. 重庆：重庆大学，2018.

[113] 薄录吉，王德建，颜晓，等. 底泥环保资源化利用及其风险评价 [J]. 土壤通报，2013，44 (4)：1017-1024.

[114] 孙婷. 珠江口疏浚泥处置方案研究 [D]. 青岛：中国海洋大学，2012.

[115] 邝臣坤，张太平，万金泉. 城市河涌受污染底泥的固化/稳定化处理 [J]. 环境工程学报，2012，6 (5)：1500-1506.

[116] 张捷鑫，吴纯德，陈维平，等. 污染河道治理技术研究进展 [J]. 生态科学，2005，24 (2)：178-181.

[117] 颜昌宙，范成新，杨建华，等. 湖泊底泥环保疏浚技术研究展望 [J]. 环境污染与防治，2004，26 (3)：189-192.

[118] 徐开钦，齐连惠，蛇江美孝，等. 日本湖泊水质富营养化控制措施与政策 [J]. 中国环境科学，2010，30 (z1)：86-91.

[119] 李涛，张志红，唐保荣. 荷兰填埋处置疏浚污染底泥的历程与实践 [J]. 环境工程，2006，24 (4)：48-55.

[120] 彭旭更，胡保安. 河湖疏浚底泥的固化处置技术研究进展 [J]. 水道港口，2011，32 (5)：367-372.

[121] 潘震. 温瑞塘河底泥疏浚及处理处置现状、问题及对策研究 [D]. 上海：华东师范大学，2012.

[122] 童敏. 城市污染河道底泥疏浚与吹填的重金属环境行为及生态风险研究 [D]. 上海：华东师范大学，2014.

[123] 李英杰，胡小贞，年跃刚，等. 环保疏浚新疏挖工艺 [J]. 中国农村水利水电，2010，2：13-16.

[124] 倪福生. 国内外疏浚设备发展综述 [J]. 河海大学常州分校学报，2004，18 (1)：1-9.

[125] 高伟. 国内外疏浚挖泥设备的对比与分析 [J]. 中国港湾建设，2009，2：63-67.

[126] 梁启斌，邓志华，崔亚伟. 环保疏浚底泥资源化利用研究进展 [J]. 中国资源综合利用，2010，28 (12)：23-26.

[127] 张锡辉. 水环境修复工程学原理与应用 [M]. 北京：化学工业出版社，2002.

[128] 刘贵云，姜佩华. 河道底泥资源化的意义及其途径研究 [J]. 东华大学学报（自然科学版），2002，28 (1)：33-36

[129] 梁启斌，邓志华，崔亚伟. 环保疏浚底泥资源化利用研究进展 [J]. 中国资源综合利用，2010，28 (12)：23-26.

[130] 朱广伟，周根娣. 景观水体疏浚底泥的农业利用研究 [J]. 应用生态学报，2002，13 (3)：335-339.

[131] 赵玉臣，赵伟. 马家沟底泥养分分析与肥效作用的研究 [J]. 东北农业大学学报，1996，27 (1)：26-29

[132] 宋素渭，王受泓. 底泥修复技术与资源化利用途径研究进展 [J]. 中国农村水利水电，2006，8：30-34.

[133] 秦峰，吴志超. 苏州河疏浚污泥作填埋场封场覆土的实验研究 [J]. 上海环境科学，2002，21 (3)：163-165.

[134] 宋崇渭，王受泓．底泥修复技术与资源化利用途径研究进展［J］．中国农村水利水电，2006，8：30－34．

[135] 刘贵云，姜佩华．河道底泥资源化的意义及其途径研究［J］．东华大学学报：自然科学版，2002，28（1）：33－36．

[136] 张春雷，朱伟，李磊，等．湖泊疏浚泥固化筑堤现场试验研究［J］．中国港湾建设，2007，1：27－29．

[137] 刘贵云，李承勇，翼旦立．河道底泥陶粒对生活污水中 NH_3－N的深度处理试验研究［J］．东华大学学报：自然科学版，2004，29（5）：100－103．